중학 수학 내신 대비 기출문제집

3-2 기말고사

정답과 풀이는 EBS 중학사이트(mid.ebs.co.kr)에서 다운로드 받으실 수 있습니다.

교재 내용 문의	교재 내용 문의는 EBS 중학사이트(mid.ebs.co.kr)의 교재 Q&A 서비스를 활용하시기 바랍니다.	교재 정오표 공지	발행 이후 발견된 정오 사항을 EBS 중학사이트 정오표 코너에서 알려 드립니다. **교재학습자료 → 교재 → 교재 정오표**	교재 정정 신청	공지된 정오 내용 외에 발견된 정오 사항이 있다면 EBS 중학사이트를 통해 알려 주세요. **교재학습자료 → 교재 → 교재 선택 → 교재 Q&A**

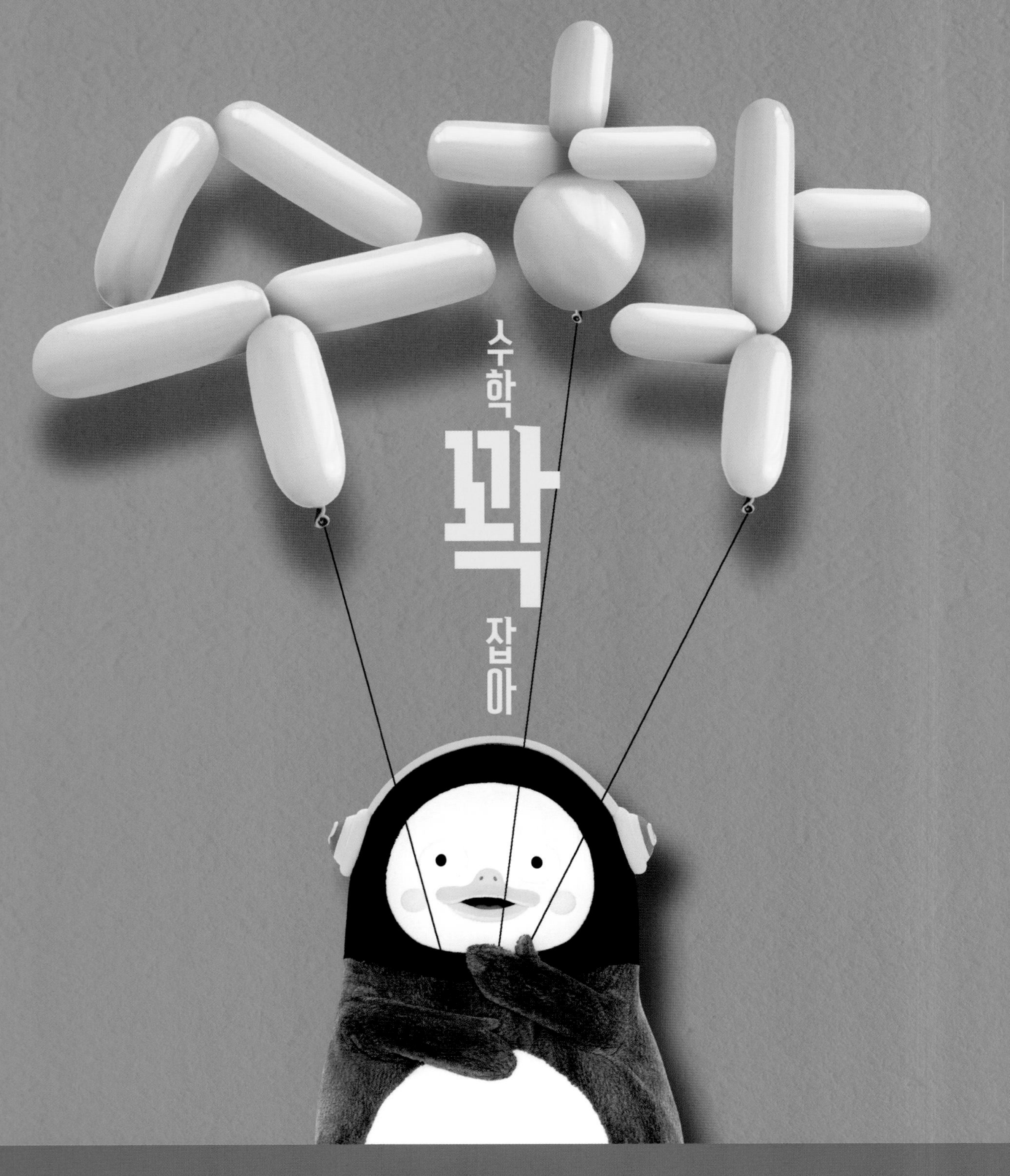

중학 수학 완성

EBS 선생님 **무료강의 제공**

중학 수학
내신 대비
기출문제집

3-2 기말고사

구성과 활용법

1

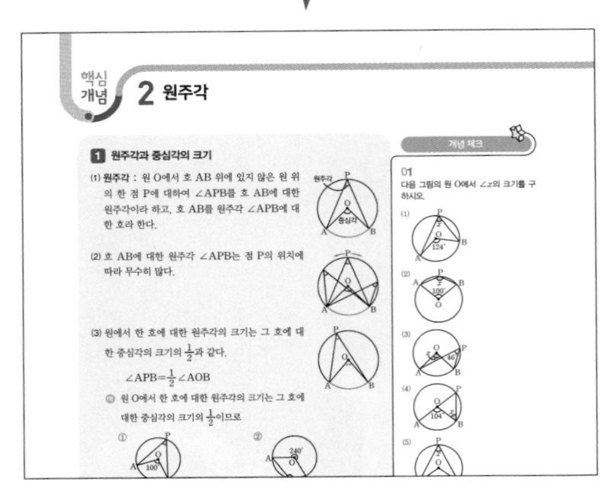

핵심 개념 + 개념 체크

체계적으로 정리된 교과서 개념을 통해 학습한 내용을 복습하고, 개념 체크 문제를 통해 자신의 실력을 점검할 수 있습니다.

2

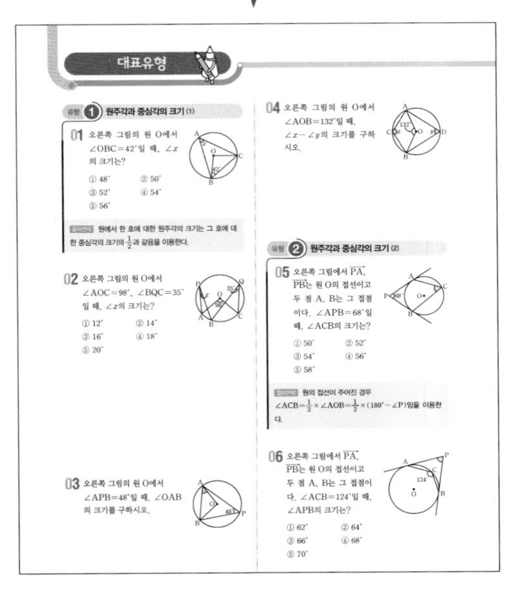

대표 유형 학습

중단원별 출제 빈도가 높은 대표 유형을 선별하여 유형별 유제와 함께 제시하였습니다.

대표 유형별 풀이 전략을 함께 파악하며 문제 해결 능력을 기를 수 있습니다.

부록

8

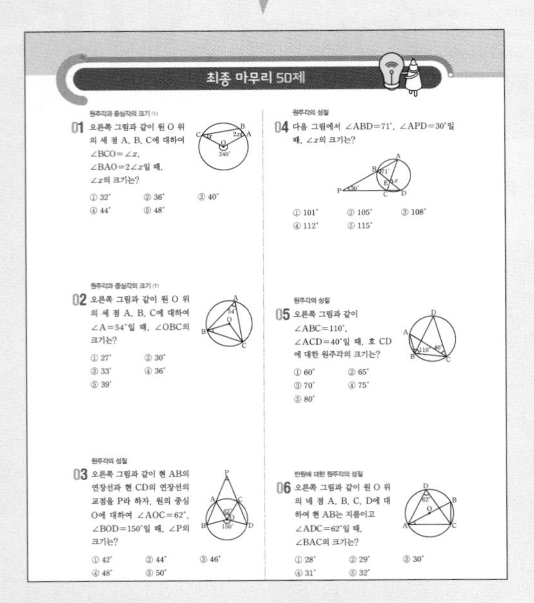

최종 마무리 50제

시험 직전, 최종 실력 점검을 위해 50문제를 선별했습니다. 유형별 문항으로 부족한 개념을 바로 확인하고 학교 시험 준비를 완벽하게 마무리할 수 있습니다.

7

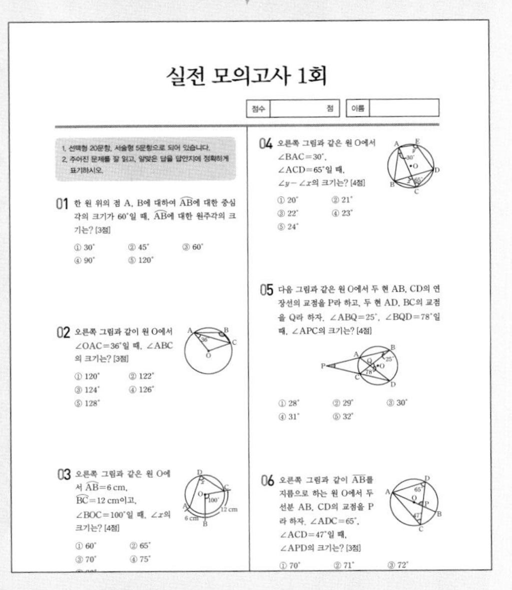

실전 모의고사(3회)

실제 학교 시험과 동일한 형식으로 구성한 3회분의 모의고사를 통해, 충분한 실전 연습으로 시험에 대비할 수 있습니다.

3

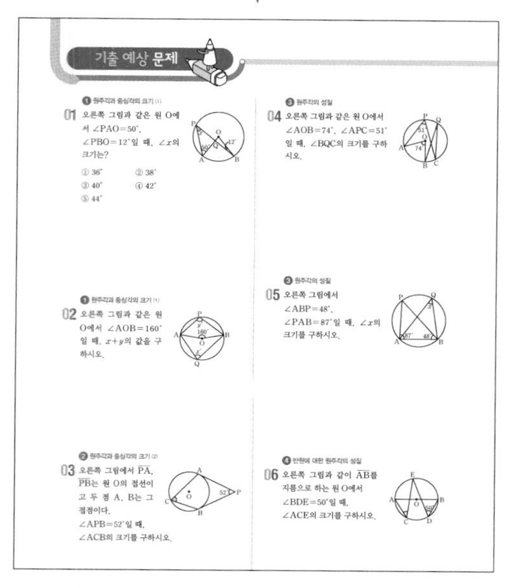

기출 예상 문제

학교 시험을 분석하여 기출 예상 문제를 구성하였습니다. 학교 선생님이 직접 출제하신 적중률 높은 문제들로 대표 유형을 복습할 수 있습니다.

4

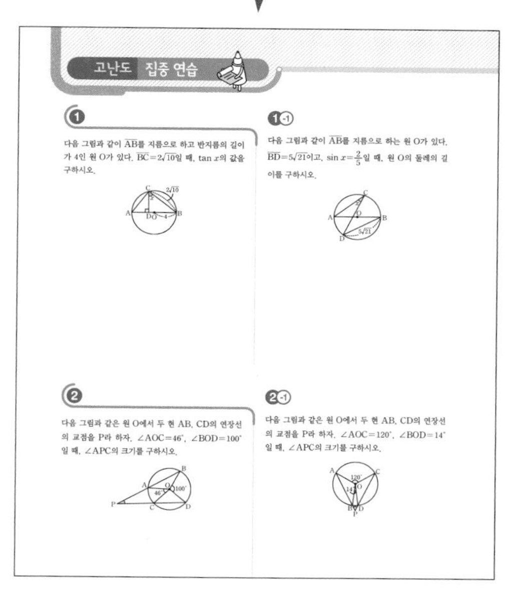

고난도 집중 연습

중단원별 틀리기 쉬운 유형을 선별하여 구성하였습니다. 쌍둥이 문제를 다시 한 번 풀어보며 고난도 문제에 대한 자신감을 키울 수 있습니다.

6

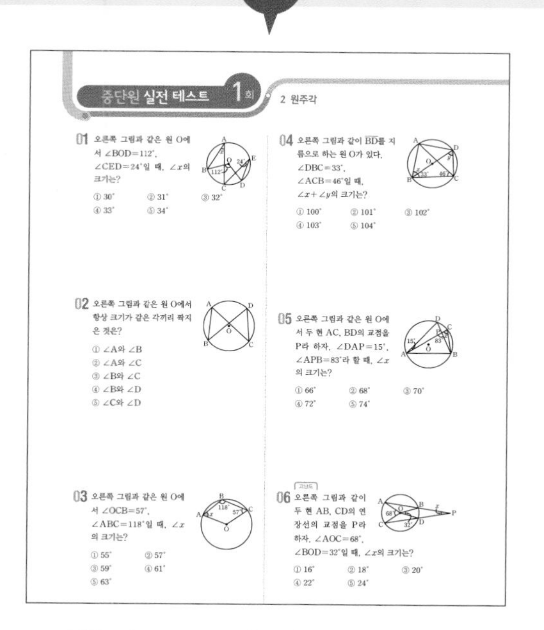

중단원 실전 테스트(2회)

고난도와 서술형 문제를 포함한 실전 형식 테스트를 2회 구성했습니다. 중단원 학습을 마무리하며 자신이 보완해야 할 부분을 파악할 수 있습니다.

5

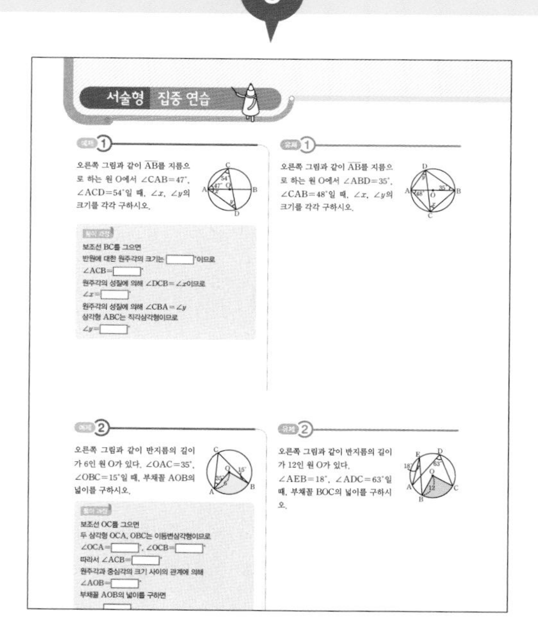

서술형 집중 연습

서술형으로 자주 출제되는 문제를 제시하였습니다. 예제의 빈칸을 채우며 풀이 과정을 서술하는 방법을 연습하고, 유제와 해설의 채점 기준표를 통해 서술형 문제에 완벽하게 대비할 수 있습니다.

이 책의 차례

3 – 2 중간

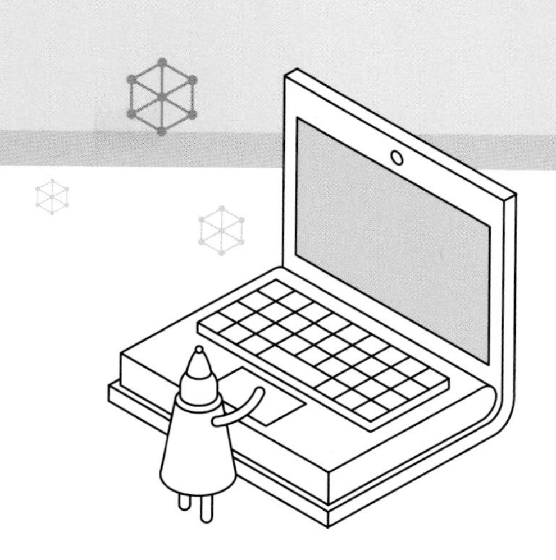

학습 계획표

매일 일정한 분량을 계획적으로 학습하고, 공부한 후 '학습한 날짜'를 기록하며 체크해 보세요.

	대표 유형 학습	기출 예상 문제	고난도 집중 연습	서술형 집중 연습	중단원 실전 테스트 1회	중단원 실전 테스트 2회
원주각	/	/	/	/	/	/
원주각의 활용	/	/	/	/	/	/
대푯값과 산포도	/	/	/	/	/	/
상관관계	/	/	/	/	/	/

	실전 모의고사 1회	실전 모의고사 2회	실전 모의고사 3회	최종 마무리 50제
부록	/	/	/	/

Ⅵ. 원의 성질

2
원주각

핵심 개념

2 원주각

1 원주각과 중심각의 크기

(1) **원주각** : 원 O에서 호 AB 위에 있지 않은 원 위의 한 점 P에 대하여 ∠APB를 호 AB에 대한 원주각이라 하고, 호 AB를 원주각 ∠APB에 대한 호라 한다.

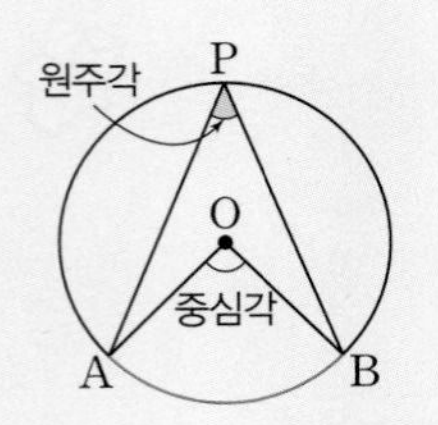

(2) 호 AB에 대한 원주각 ∠APB는 점 P의 위치에 따라 무수히 많다.

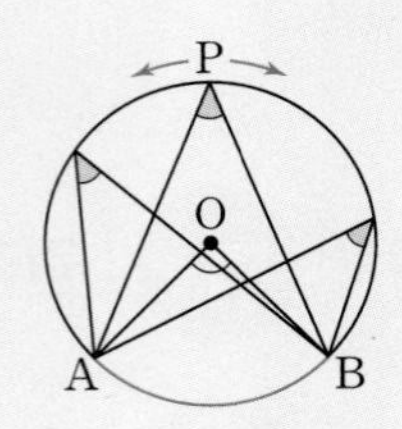

(3) 원에서 한 호에 대한 원주각의 크기는 그 호에 대한 중심각의 크기의 $\frac{1}{2}$과 같다.

$$\angle APB=\frac{1}{2}\angle AOB$$

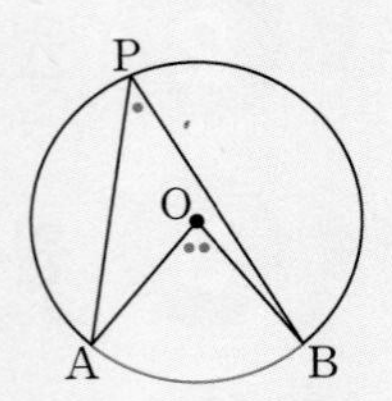

예 원 O에서 한 호에 대한 원주각의 크기는 그 호에 대한 중심각의 크기의 $\frac{1}{2}$이므로

①

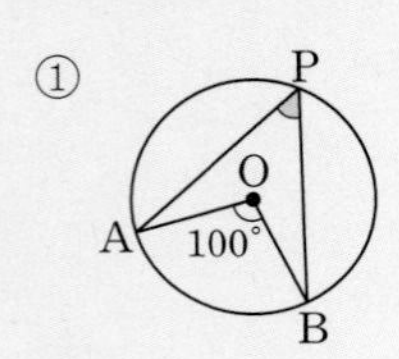

$\angle APB=100°\times\frac{1}{2}=50°$

②

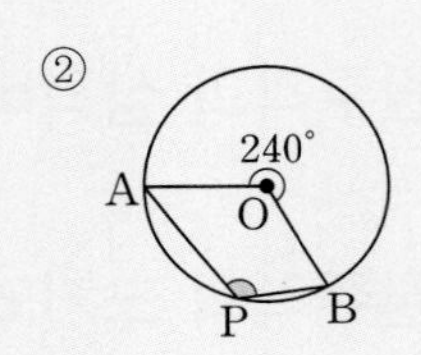

$\angle APB=240°\times\frac{1}{2}=120°$

2 원주각의 성질

(1) 원에서 한 호에 대한 원주각의 크기는 모두 같다.

$$\angle AP_1B=\angle AP_2B=\angle AP_3B$$

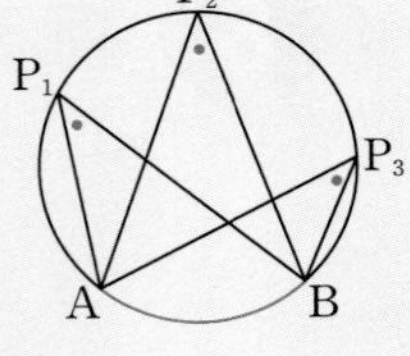

(2) 반원에 대한 원주각의 크기는 90°이다.

$$\angle APB=\angle AQB=\frac{1}{2}\angle AOB=90°$$

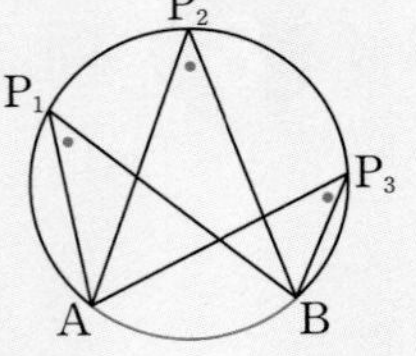

참고 (1) $\angle AP_1B$, $\angle AP_2B$, $\angle AP_3B$ 모두 호 AB에 대한 원주각이므로

$\angle AP_1B=\angle AP_2B=\angle AP_3B$
$=\frac{1}{2}\angle AOB$

개념 체크

01
다음 그림의 원 O에서 $\angle x$의 크기를 구하시오.

(1)

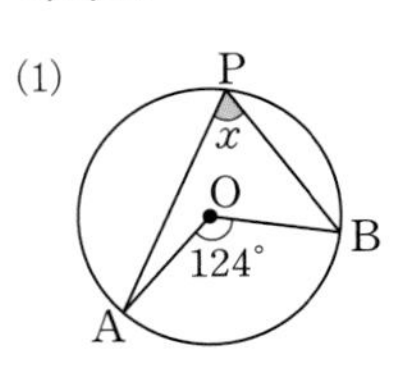

(2)

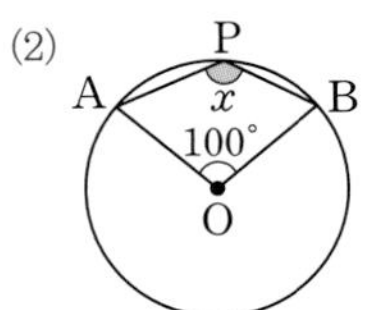

(3)

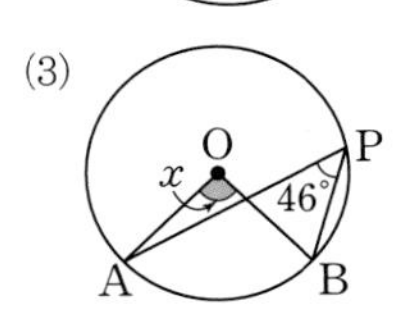

(4)

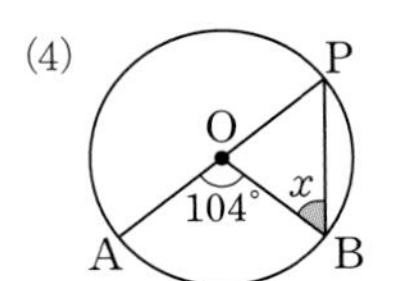

(5)

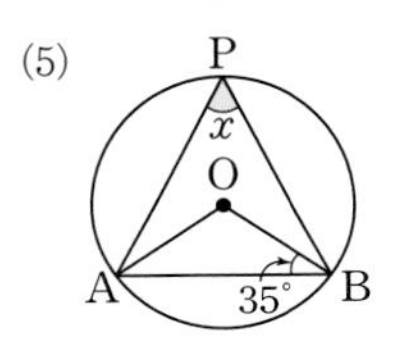

02
다음 그림의 원 O에서 $\angle x$, $\angle y$의 크기를 각각 구하시오.

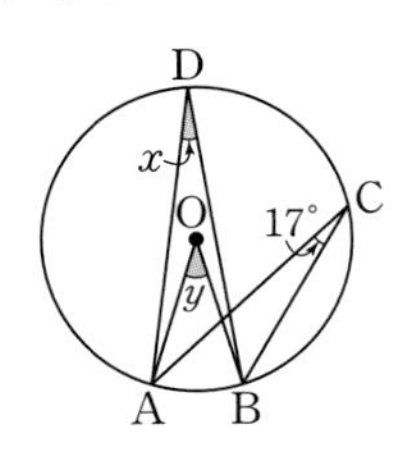

03
다음 그림에서 $\overline{AC}$가 원 O의 지름일 때, $\angle x$의 크기를 구하시오.

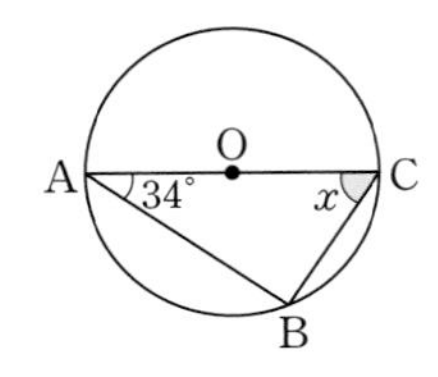

Ⅵ. 원의 성질

3 원주각의 크기와 호의 길이

한 원에서

(1) 같은 길이의 호에 대한 원주각의 크기는 서로 같다.

$\widehat{AB}=\widehat{CD}$이면 $\angle APB=\angle CQD$

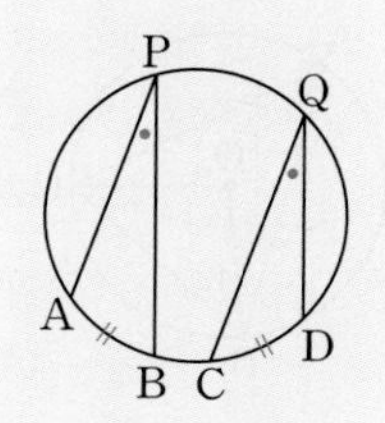

(2) 같은 크기의 원주각에 대한 호의 길이는 서로 같다.

$\angle APB=\angle CQD$이면 $\widehat{AB}=\widehat{CD}$

(3) 호의 길이는 그 호에 대한 원주각의 크기에 정비례한다.

$\widehat{AB}:\widehat{CD}=\angle x:\angle y$

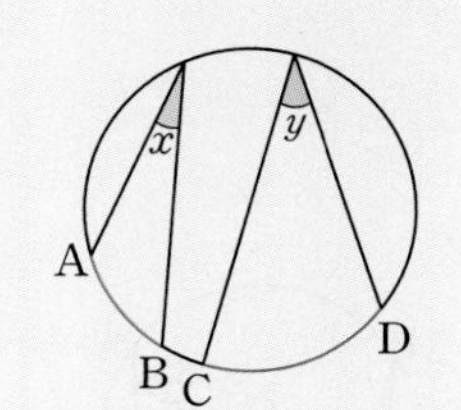

예 $\angle APB:\angle BPC=1:2$이면 $\widehat{AB}:\widehat{BC}=1:2$이다.

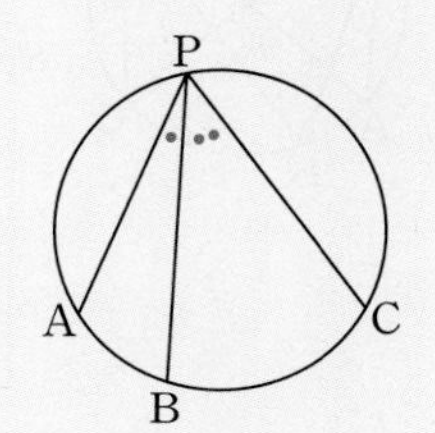

(4) 모든 호에 대한 원주각의 크기의 합은 180°이므로 $\widehat{AB}$의 길이가 원주의 $\frac{1}{k}$이면

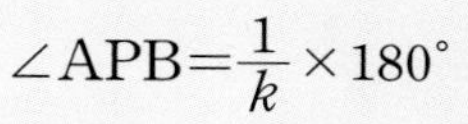

$\angle APB=\frac{1}{k}\times 180°$

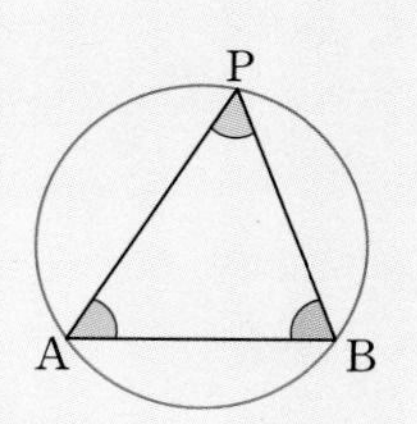

참고 원주각의 크기와 현의 길이는 정비례하지 않는다.

4 네 점이 한 원 위에 있을 조건

선분 AB에 대하여 두 점 P, Q가 같은 쪽에 있을 때,

(1) $\angle APB=\angle AQB$이면

네 점 A, B, P, Q는 한 원 위에 있다.

(2) 네 점 A, B, P, Q가 한 원 위에 있으면

$\angle APB=\angle AQB$이다.

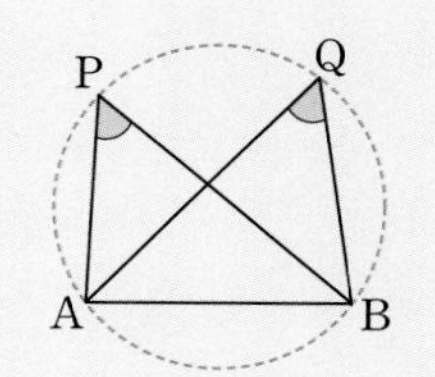

개념 체크

04

다음 그림에서 x의 값을 구하시오.

(1)

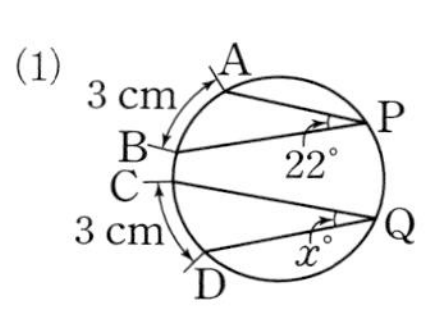

(2)

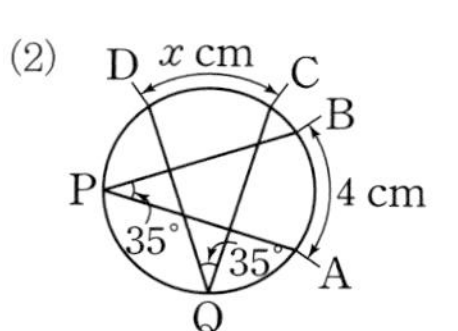

(3)

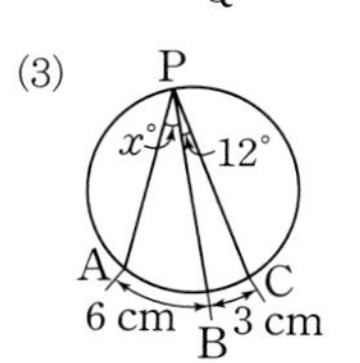

(4)

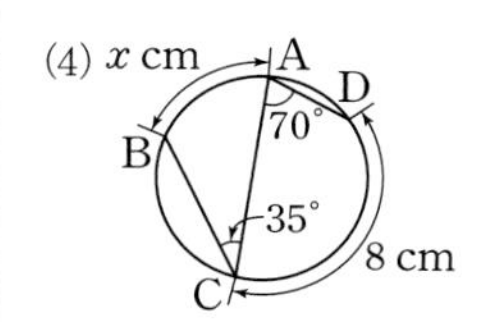

05

다음 그림에서 네 점 A, B, C, D가 한 원 위에 있도록 하는 $\angle x$의 크기를 구하시오.

(1)

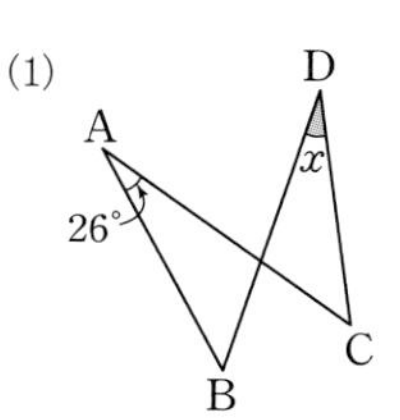

(2)

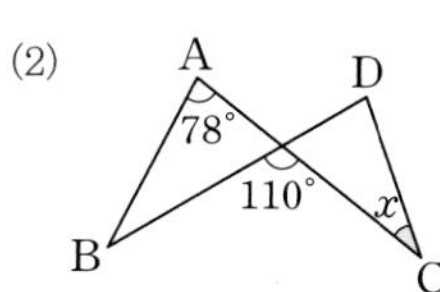

(3)

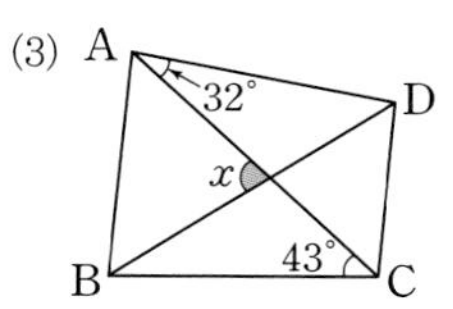

(4)

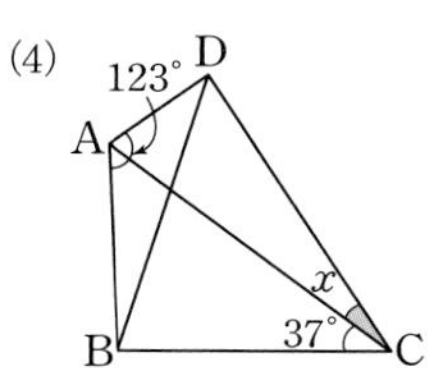

대표유형

유형 1 원주각과 중심각의 크기 (1)

01 오른쪽 그림의 원 O에서 $\angle OBC=42^\circ$일 때, $\angle x$의 크기는?

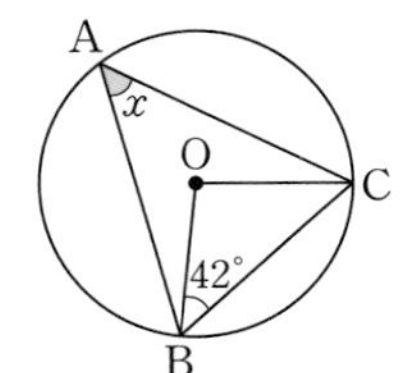

① 48°　② 50°
③ 52°　④ 54°
⑤ 56°

풀이전략 원에서 한 호에 대한 원주각의 크기는 그 호에 대한 중심각의 크기의 $\frac{1}{2}$과 같음을 이용한다.

02 오른쪽 그림의 원 O에서 $\angle AOC=98^\circ$, $\angle BQC=35^\circ$일 때, $\angle x$의 크기는?

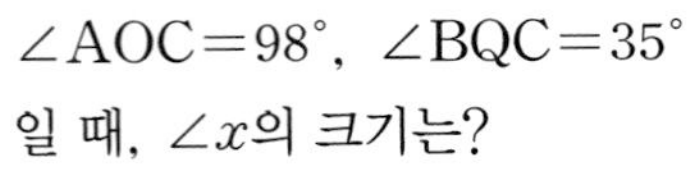

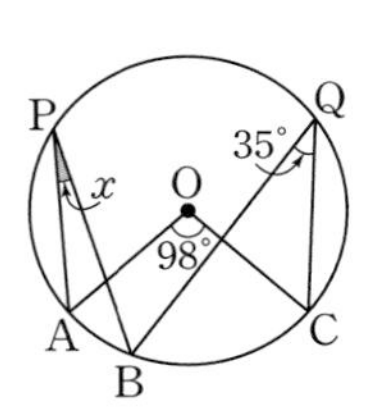

① 12°　② 14°
③ 16°　④ 18°
⑤ 20°

03 오른쪽 그림의 원 O에서 $\angle APB=48^\circ$일 때, $\angle OAB$의 크기를 구하시오.

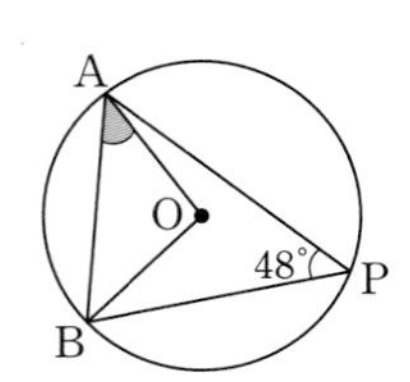

04 오른쪽 그림의 원 O에서 $\angle AOB=132^\circ$일 때, $\angle x-\angle y$의 크기를 구하시오.

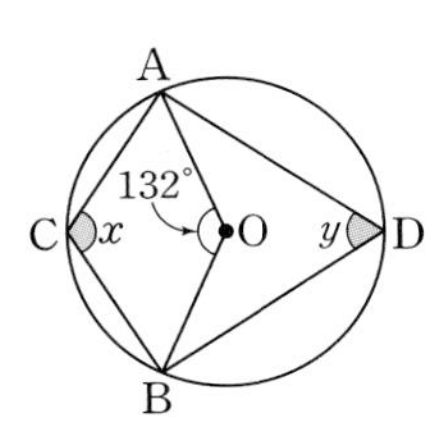

유형 2 원주각과 중심각의 크기 (2)

05 오른쪽 그림에서 $\overrightarrow{PA}$, $\overrightarrow{PB}$는 원 O의 접선이고 두 점 A, B는 그 접점이다. $\angle APB=68^\circ$일 때, $\angle ACB$의 크기는?

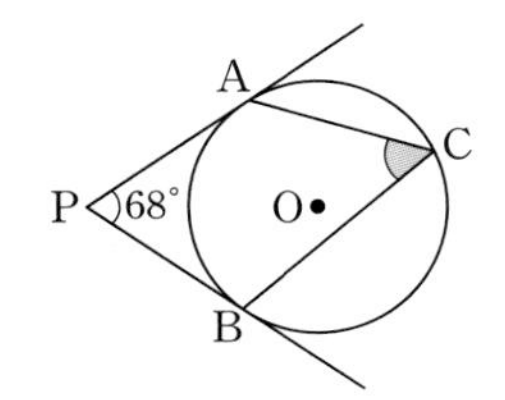

① 50°　② 52°
③ 54°　④ 56°
⑤ 58°

풀이전략 원의 접선이 주어진 경우
$\angle ACB=\frac{1}{2}\times\angle AOB=\frac{1}{2}\times(180^\circ-\angle P)$임을 이용한다.

06 오른쪽 그림에서 $\overrightarrow{PA}$, $\overrightarrow{PB}$는 원 O의 접선이고 두 점 A, B는 그 접점이다. $\angle ACB=124^\circ$일 때, $\angle APB$의 크기는?

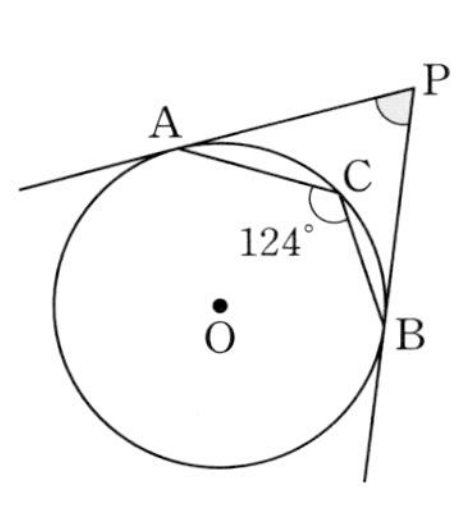

① 62°　② 64°
③ 66°　④ 68°
⑤ 70°

유형 3 원주각의 성질

07 오른쪽 그림에서 $\angle BAC=48^\circ$, $\angle ADB=43^\circ$, $\angle ACD=30^\circ$일 때, $\angle x$의 크기는?

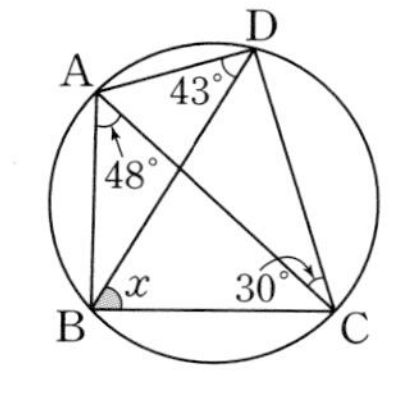

① 51° ② 53° ③ 55°
④ 57° ⑤ 59°

풀이전략 원에서 한 호에 대한 원주각의 크기는 모두 같음을 이용한다.

08 오른쪽 그림에서 $\angle APB=85^\circ$, $\angle DAC=24^\circ$일 때, $\angle ACB$의 크기는?

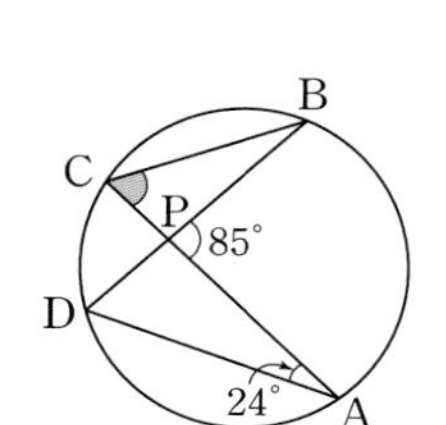

① 59° ② 61°
③ 63° ④ 65°
⑤ 67°

09 오른쪽 그림에서 두 현 AB, CD의 연장선의 교점을 P라 하고, $\angle PAC=30^\circ$, $\angle APD=42^\circ$일 때, $\angle ABD$의 크기를 구하시오.

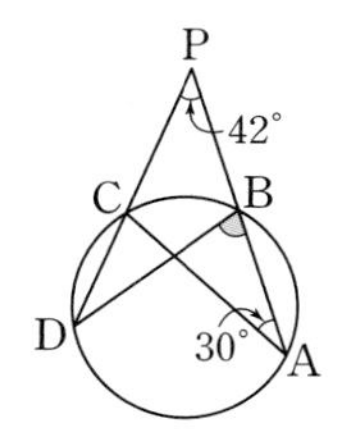

유형 4 반원에 대한 원주각의 성질

10 오른쪽 그림에서 $\overline{AB}$는 원 O의 지름이고 $\angle BAD=34^\circ$일 때, $\angle x$의 크기는?

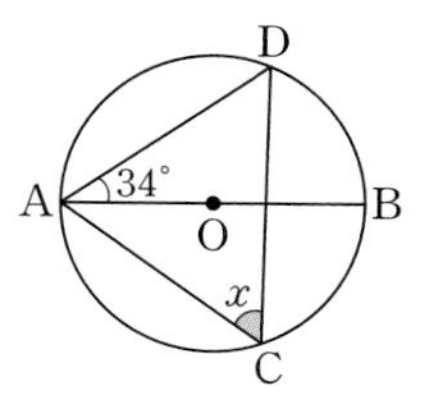

① 54° ② 56°
③ 58° ④ 60°
⑤ 62°

풀이전략 반원에 대한 원주각의 크기는 90°임을 이용한다.

11 오른쪽 그림과 같이 $\overline{AB}$를 지름으로 하는 원 O가 있다. $\angle BAC=25^\circ$, $\angle ABD=28^\circ$일 때, $\widehat{CD}$에 대한 중심각의 크기는?

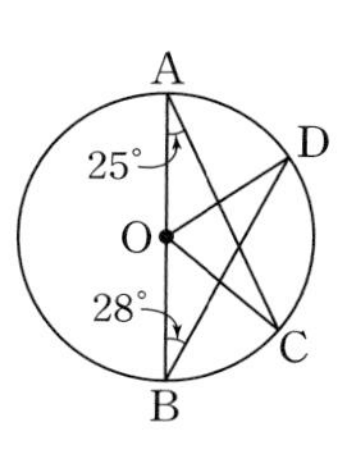

① 66° ② 68° ③ 70°
④ 72° ⑤ 74°

12 오른쪽 그림과 같이 $\overline{AB}$를 지름으로 하는 반원 O가 있다. $\angle APB=56^\circ$일 때, $\angle COD$의 크기는?

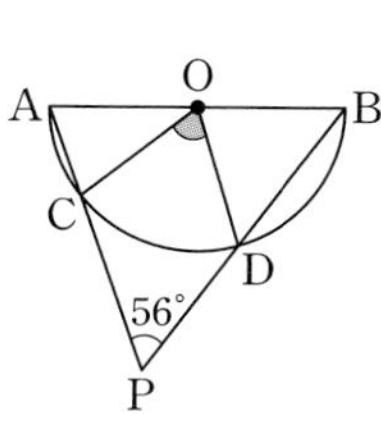

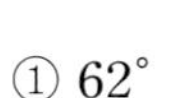

① 62° ② 64° ③ 66°
④ 68° ⑤ 70°

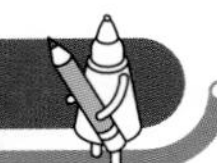

유형 5 원주각과 삼각비의 값

13 오른쪽 그림과 같이 $\overline{AB}$가 원 O의 지름이고 $\overline{BO}=10$, $\overline{AC}=12$일 때, 삼각형 ABC에 대하여 $\sin A\times\cos A$의 값을 구하시오.

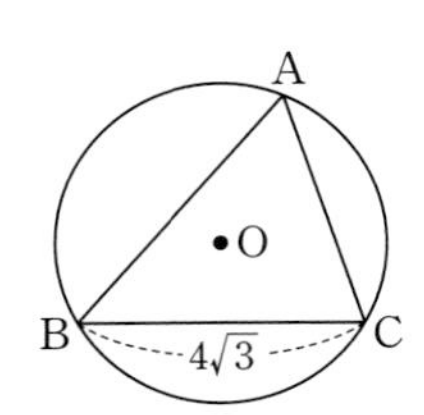

풀이전략 삼각형 ACB가 $\angle C=90^\circ$인 직각삼각형임을 이용한다.

14 오른쪽 그림과 같이 원 O에 내접하는 삼각형 ABC에서 $\tan A=\sqrt{3}$, $\overline{BC}=4\sqrt{3}$일 때, 원 O의 넓이를 구하시오.

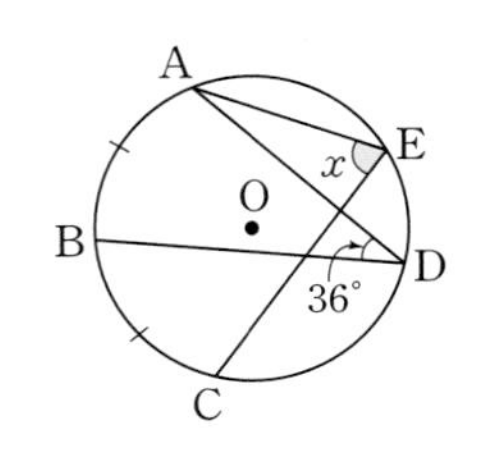

15 오른쪽 그림과 같이 반지름의 길이가 4인 원 O에 내접하는 삼각형 ABC에서 $\overline{BC}=5$일 때, $\tan A$의 값을 구하시오.

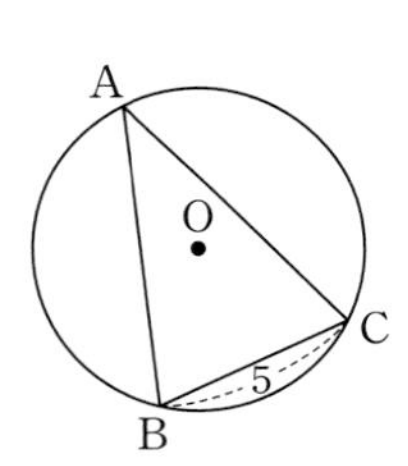

16 오른쪽 그림에서 $\triangle ABC$는 원 O에 내접하고 $\angle B=45^\circ$, $\overline{AC}=6$일 때, 원 O의 둘레의 길이를 구하시오.

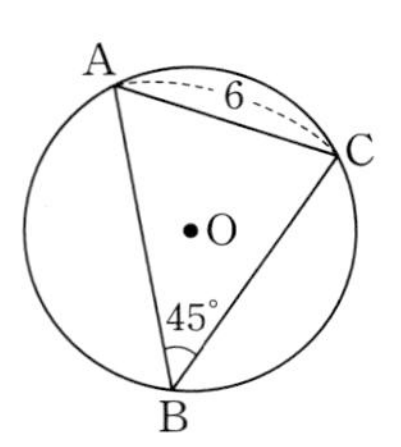

유형 6 원주각의 크기와 호의 길이 (1)

17 오른쪽 그림과 같은 원 O에서 $\widehat{AB}=\widehat{BC}$, $\angle ADB=36^\circ$일 때, $\angle x$의 크기는?

① 68°　② 70°
③ 72°　④ 74°
⑤ 76°

풀이전략 한 원에서
① 같은 길이의 호에 대한 원주각의 크기는 서로 같다.
② 같은 크기의 원주각에 대한 호의 길이는 서로 같다.

18 오른쪽 그림과 같이 $\overline{AB}$를 지름으로 하는 반원 O에서 $\widehat{BC}=\widehat{CD}$, $\angle CAB=29^\circ$일 때, $\angle APD$의 크기는?

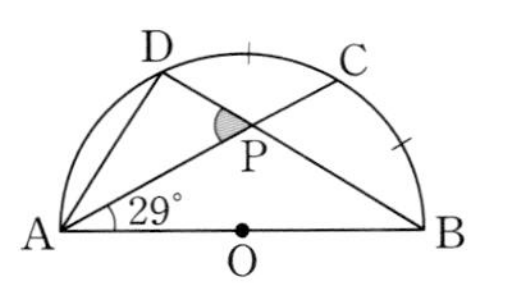

① 57°　② 59°　③ 61°
④ 63°　⑤ 65°

유형 7 원주각의 크기와 호의 길이 (2)

19 오른쪽 그림에서 두 현 AC, BD의 교점을 P라 하고, $\widehat{AB}=4\text{ cm}$, $\angle CAD=52°$, $\angle APB=78°$일 때, $\widehat{CD}$의 길이를 구하시오.

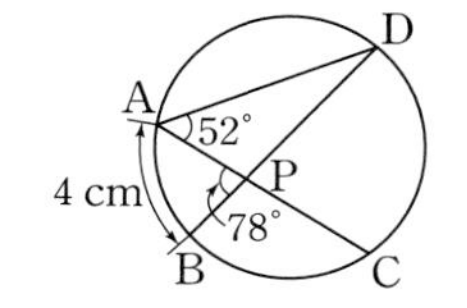

풀이전략 한 원에서 호의 길이는 그 호에 대한 원주각의 크기에 정비례함을 이용한다.

20 오른쪽 그림에서 두 현 AB, CD의 연장선의 교점을 P라 하고, $\angle ACD=32°$, $\widehat{AD}=2\text{ cm}$, $\widehat{BEC}=6\text{ cm}$일 때, $\angle x$의 크기는?

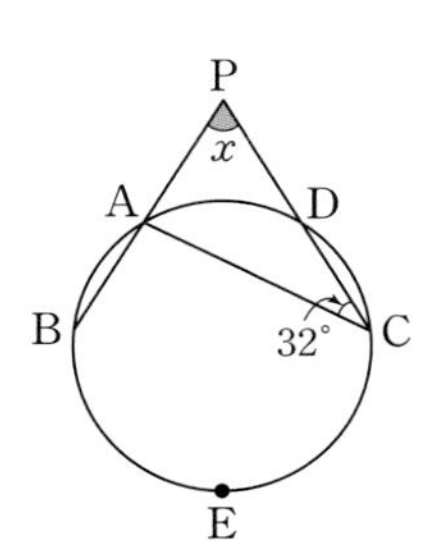

① 62° ② 63°
③ 64° ④ 65°
⑤ 66°

21 오른쪽 그림과 같이 반지름의 길이가 12 cm인 원에서 두 현 AB, CD의 교점을 P라 하자. $\angle APC=45°$일 때, $\widehat{AC}$의 길이와 $\widehat{BD}$의 길이의 합을 구하시오.

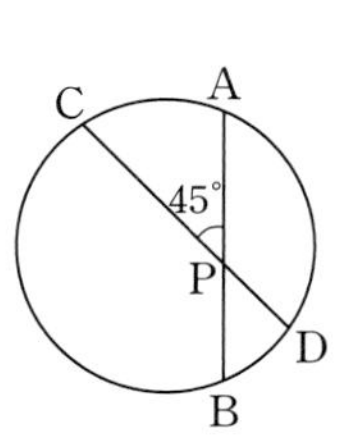

22 오른쪽 그림에서 원의 반지름의 길이가 20 cm일 때, $\widehat{PA}$의 길이와 $\widehat{PC}$의 길이의 합을 구하시오.

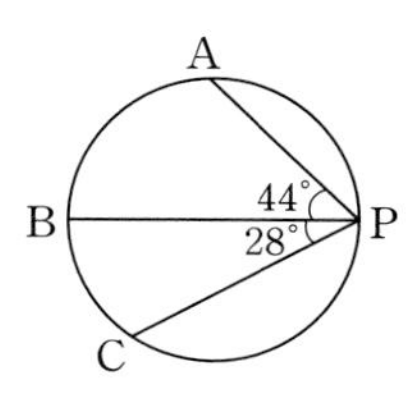

유형 8 네 점이 한 원 위에 있을 조건

23 오른쪽 그림과 같은 사각형 ABCD에서 $\angle ADC=112°$, $\angle ACB=41°$이다. 네 점 A, B, C, D가 한 원 위에 있도록 하는 $\angle x$의 크기는?

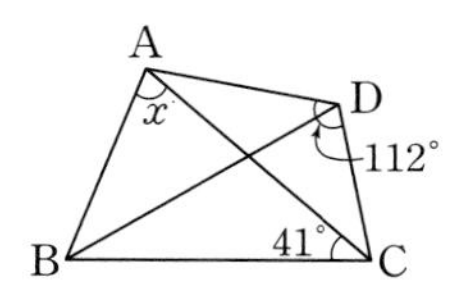

① 65° ② 67° ③ 69°
④ 71° ⑤ 73°

풀이전략 네 점 A, B, C, D가 한 원 위에 있으려면 $\angle BAC=\angle BDC$, $\angle ADB=\angle ACB$이어야 함을 이용한다.

24 오른쪽 그림에서 두 선분 AD, BC의 연장선의 교점을 P, 두 선분 AC, BD의 교점을 Q라 하자. $\angle APB=50°$, $\angle DBP=33°$일 때, 네 점 A, B, C, D가 한 원 위에 있도록 하는 $\angle x$의 크기를 구하시오.

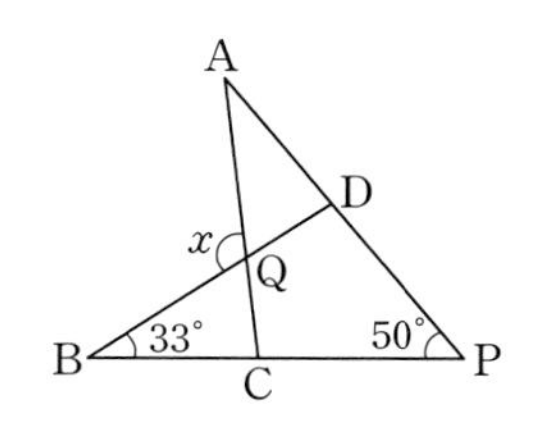

기출 예상 문제

❶ 원주각과 중심각의 크기 (1)

01 오른쪽 그림과 같은 원 O에서 $\angle PAO=50^\circ$, $\angle PBO=12^\circ$일 때, $\angle x$의 크기는?

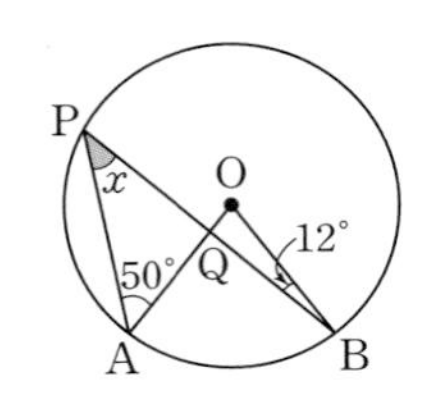

① 36° ② 38°
③ 40° ④ 42°
⑤ 44°

❶ 원주각과 중심각의 크기 (1)

02 오른쪽 그림과 같은 원 O에서 $\angle AOB=160^\circ$일 때, $x+y$의 값을 구하시오.

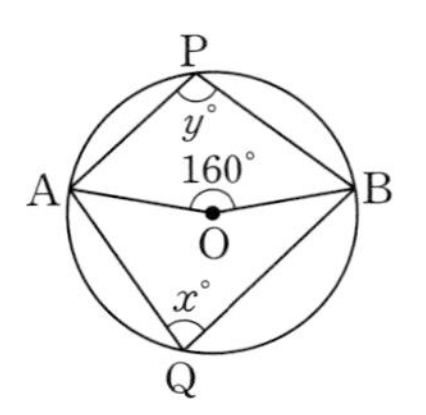

❷ 원주각과 중심각의 크기 (2)

03 오른쪽 그림에서 $\overline{PA}$, $\overline{PB}$는 원 O의 접선이고 두 점 A, B는 그 접점이다. $\angle APB=52^\circ$일 때, $\angle ACB$의 크기를 구하시오.

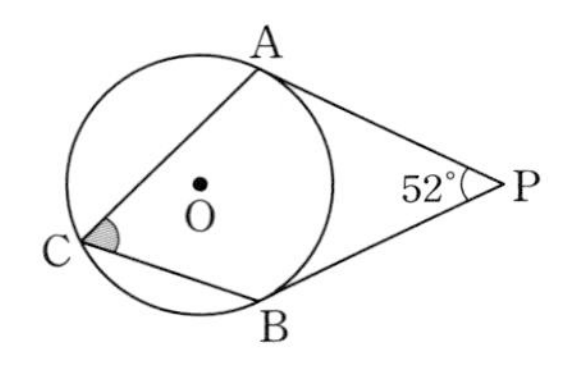

❸ 원주각의 성질

04 오른쪽 그림과 같은 원 O에서 $\angle AOB=74^\circ$, $\angle APC=51^\circ$일 때, $\angle BQC$의 크기를 구하시오.

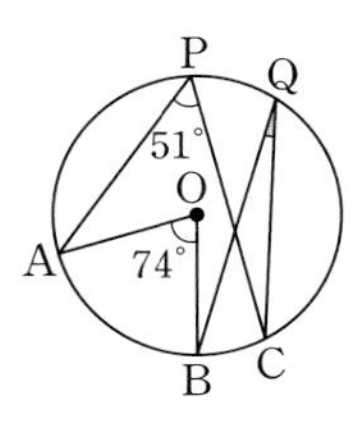

❸ 원주각의 성질

05 오른쪽 그림에서 $\angle ABP=48^\circ$, $\angle PAB=87^\circ$일 때, $\angle x$의 크기를 구하시오.

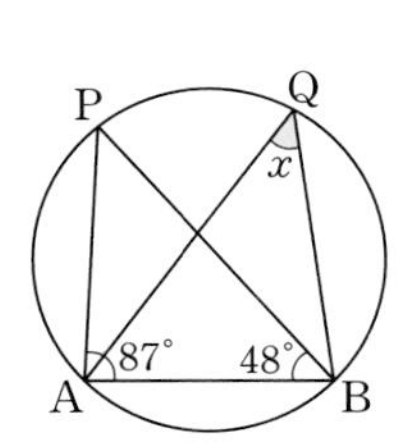

❹ 반원에 대한 원주각의 성질

06 오른쪽 그림과 같이 $\overline{AB}$를 지름으로 하는 원 O에서 $\angle BDE=50^\circ$일 때, $\angle ACE$의 크기를 구하시오.

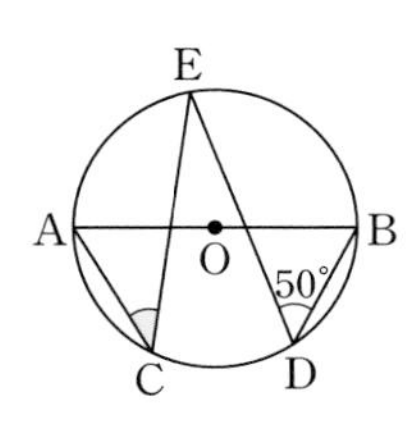

❹ 반원에 대한 원주각의 성질

07 오른쪽 그림과 같이 $\overline{AB}$를 지름으로 하는 원 O에서 $\angle ACD=38°$일 때, $\angle DAB$의 크기를 구하시오.

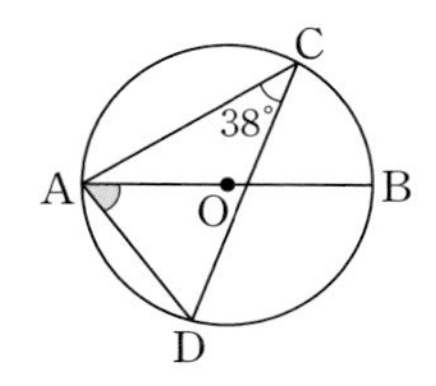

❺ 원주각과 삼각비의 값

08 오른쪽 그림과 같이 원 O에 내접하는 삼각형 ABC가 있다. $\angle A=60°$, $\overline{BC}=5\sqrt{3}$일 때, 원 O의 둘레의 길이를 구하시오.

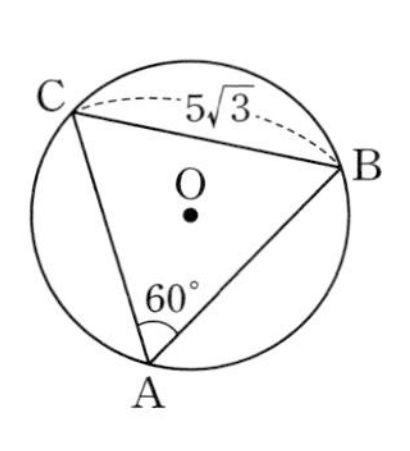

❻ 원주각의 크기와 호의 길이 (1)

09 오른쪽 그림에서 $\overline{AB}$는 원 O의 지름이고 $\widehat{AC}=\widehat{CD}$, $\angle BAD=22°$일 때, $\angle x$의 크기를 구하시오.

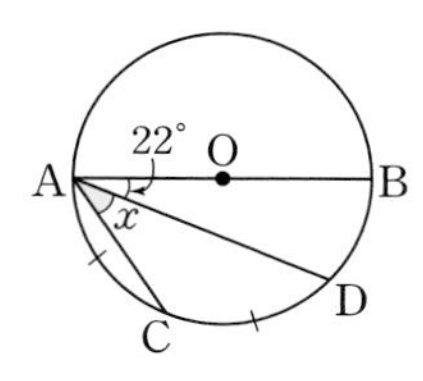

❼ 원주각의 크기와 호의 길이 (2)

10 오른쪽 그림에서 $\widehat{AB}=4$ cm, $\widehat{CD}=12$ cm, $\angle ADB=24°$일 때, $\angle x$의 크기를 구하시오.

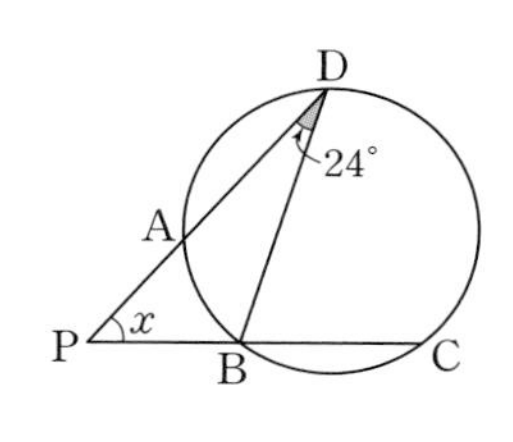

❼ 원주각의 크기와 호의 길이 (2)

11 오른쪽 그림에서 두 현 AC, BD의 교점을 P라 하자. $\widehat{AD}:\widehat{BC}=1:2$이고 $\angle BPC=81°$일 때, $\angle x$의 크기를 구하시오.

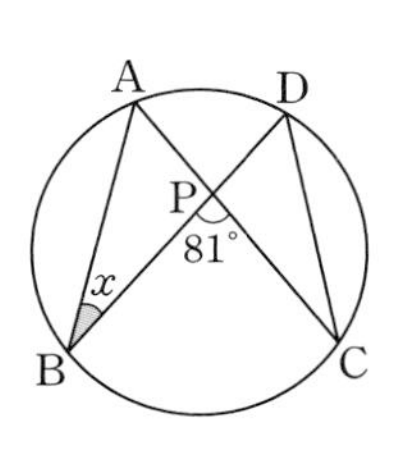

❽ 네 점이 한 원 위에 있을 조건

12 오른쪽 그림에서 두 선분 AB, CD의 연장선의 교점을 P라 하자. 네 점 A, B, C, D가 한 원 위에 있고, $\angle BCP=25°$, $\angle APC=46°$일 때, $\angle x$의 크기를 구하시오.

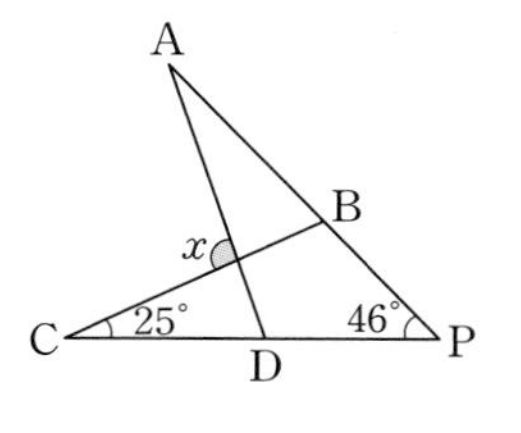

고난도 집중 연습

1

다음 그림과 같이 $\overline{AB}$를 지름으로 하고 반지름의 길이가 4인 원 O가 있다. $\overline{BC}=2\sqrt{10}$일 때, $\tan x$의 값을 구하시오.

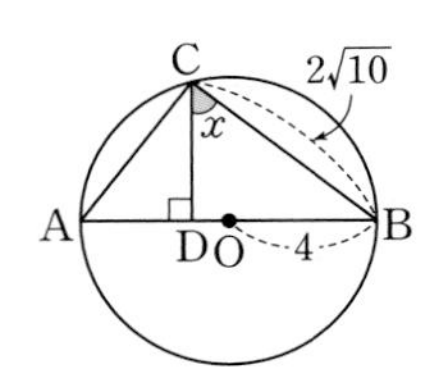

1-1

다음 그림과 같이 $\overline{AB}$를 지름으로 하는 원 O가 있다. $\overline{BD}=5\sqrt{21}$이고, $\sin x=\frac{2}{5}$일 때, 원 O의 둘레의 길이를 구하시오.

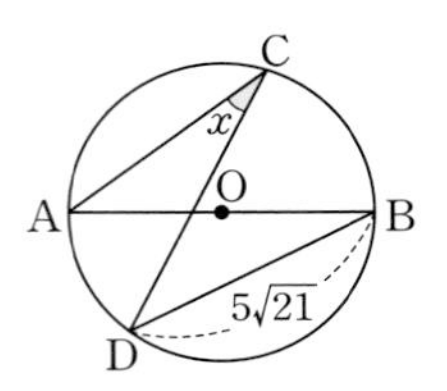

2

다음 그림과 같은 원 O에서 두 현 AB, CD의 연장선의 교점을 P라 하자. $\angle AOC=46°$, $\angle BOD=100°$일 때, $\angle APC$의 크기를 구하시오.

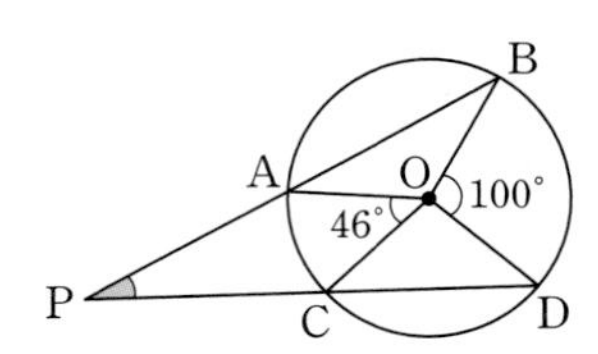

2-1

다음 그림과 같은 원 O에서 두 현 AB, CD의 연장선의 교점을 P라 하자. $\angle AOC=120°$, $\angle BOD=14°$일 때, $\angle APC$의 크기를 구하시오.

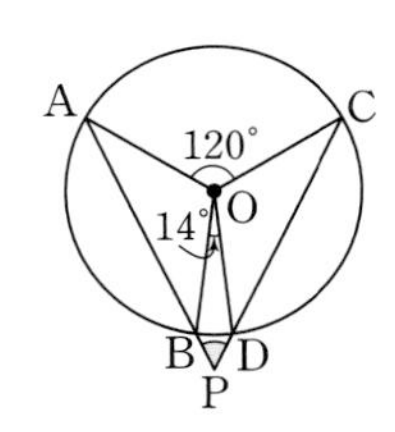

3

다음 그림에서 $\overline{PA}$, $\overline{PB}$는 원 O의 접선이고 두 점 A, B는 그 접점이다. 두 점 M, N은 각각 원의 중심에서 두 현 AQ, BQ에 내린 수선의 발이다. $\overline{OM}=\overline{ON}$, $\angle P=56°$일 때, $\angle x$의 크기를 구하시오.

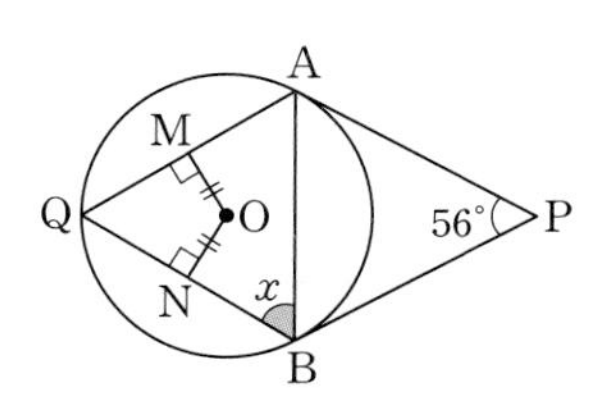

3-1

다음 그림에서 $\overrightarrow{PA}$, $\overrightarrow{PB}$는 원 O의 접선이고 두 점 A, B는 그 접점이다. $\widehat{AQ}=\widehat{BQ}$, $\angle P=52°$일 때, $\angle ABQ$의 크기를 구하시오.

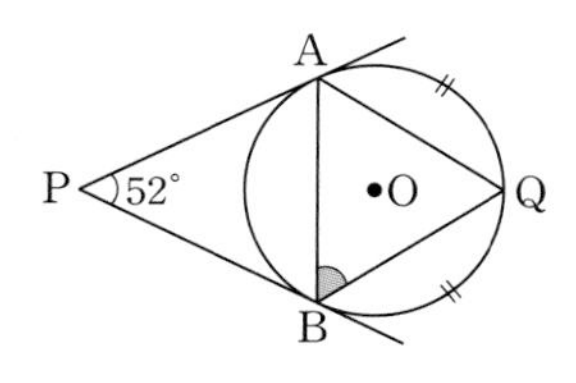

4

다음 그림과 같이 두 현 AB, CD의 연장선의 교점을 P, 두 현 AD, BC의 교점을 Q라 하자.

$\angle AQC=104°$, $\angle APC=32°$일 때, $\angle x$의 크기를 구하시오.

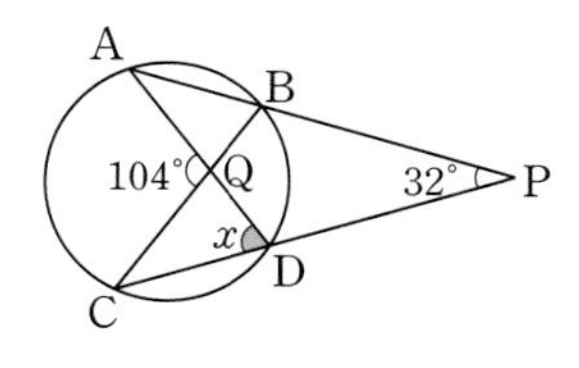

4-1

다음 그림과 같이 두 선분 AD, BC의 연장선의 교점을 P, 두 선분 AC, BD의 교점을 Q라 하자. 네 점 A, B, C, D는 한 원 위에 있고, $\angle CQD=130°$, $\angle P=52°$일 때, $\angle x$의 크기를 구하시오.

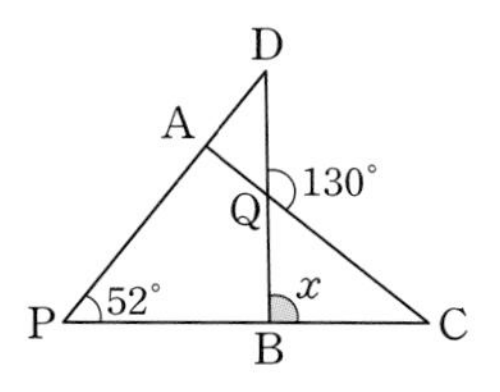

서술형 집중 연습

예제 1

오른쪽 그림과 같이 $\overline{AB}$를 지름으로 하는 원 O에서 $\angle CAB=47^\circ$, $\angle ACD=54^\circ$일 때, $\angle x$, $\angle y$의 크기를 각각 구하시오.

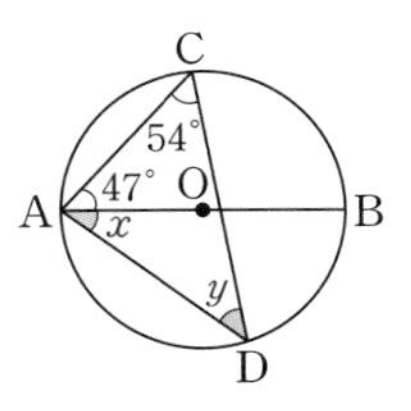

풀이 과정

보조선 BC를 그으면
반원에 대한 원주각의 크기는 ☐°이므로
$\angle ACB=$☐°
원주각의 성질에 의해 $\angle DCB=\angle x$이므로
$\angle x=$☐°
원주각의 성질에 의해 $\angle CBA=\angle y$
삼각형 ABC는 직각삼각형이므로
$\angle y=$☐°

유제 1

오른쪽 그림과 같이 $\overline{AB}$를 지름으로 하는 원 O에서 $\angle ABD=35^\circ$, $\angle CAB=48^\circ$일 때, $\angle x$, $\angle y$의 크기를 각각 구하시오.

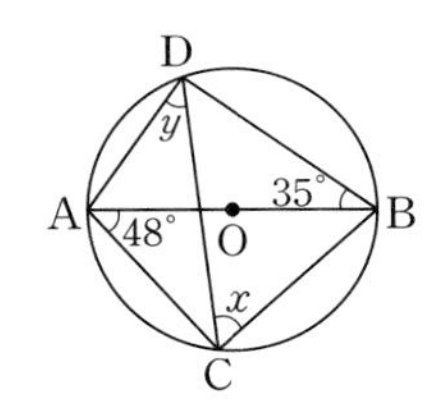

예제 2

오른쪽 그림과 같이 반지름의 길이가 6인 원 O가 있다. $\angle OAC=35^\circ$, $\angle OBC=15^\circ$일 때, 부채꼴 AOB의 넓이를 구하시오.

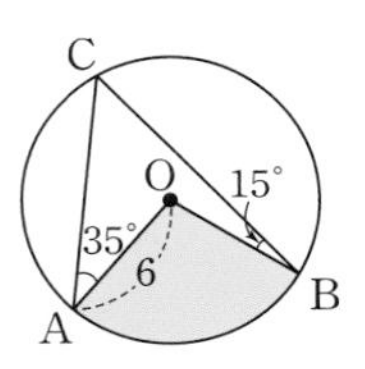

풀이 과정

보조선 OC를 그으면
두 삼각형 OCA, OBC는 이등변삼각형이므로
$\angle OCA=$☐°, $\angle OCB=$☐°
따라서 $\angle ACB=$☐°
원주각과 중심각의 크기 사이의 관계에 의해
$\angle AOB=$☐°
부채꼴 AOB의 넓이를 구하면

$$6\times6\times\frac{\square}{360}\times\pi=\square$$

유제 2

오른쪽 그림과 같이 반지름의 길이가 12인 원 O가 있다.
$\angle AEB=18^\circ$, $\angle ADC=63^\circ$일 때, 부채꼴 BOC의 넓이를 구하시오.

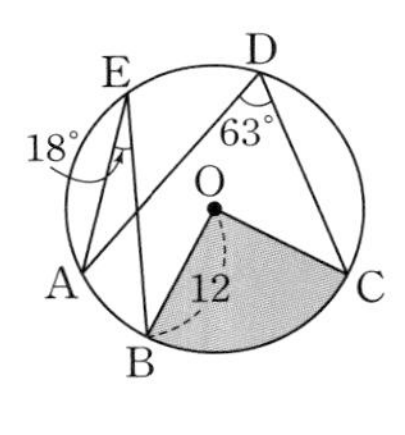

예제 3

오른쪽 그림과 같이 두 현 AC, BD의 교점을 P라 하자.
$2\widehat{AD}=\widehat{BC}$, $\angle DPC=102°$일 때, $\angle x$의 크기를 구하시오.

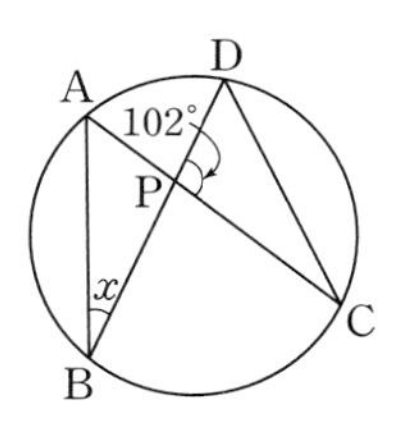

풀이 과정

$2\widehat{AD}=\widehat{BC}$이므로 $\widehat{AD}$와 $\widehat{BC}$의 길이의 비는
1 : ☐
한 원에서 호의 길이와 원주각의 크기는 정비례하므로
$\angle BAC$의 크기는 $\angle x$의 ☐배이다.
즉, $\angle BAC=$☐
$\angle DPC=102°$이므로 $\angle BPC=$☐°
$\angle x+\angle BAC=\angle BPC$이므로
$\angle x=$☐°

유제 3

오른쪽 그림과 같이 두 현 AC, BD의 교점을 P라 하자.
$3\widehat{CD}=\widehat{AB}$, $\angle CPB=84°$일 때, $\angle x$의 크기를 구하시오.

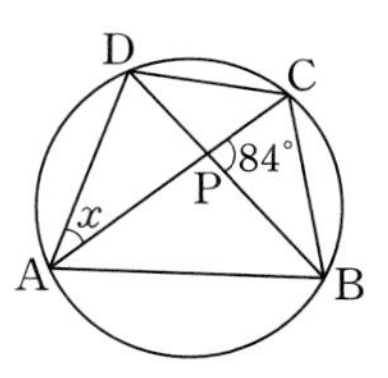

예제 4

오른쪽 그림과 같이 삼각형 ABC는 반지름의 길이가 6인 원 O에 내접한다. $\overline{AB}=8$일 때, $\sin C$의 값을 구하시오.

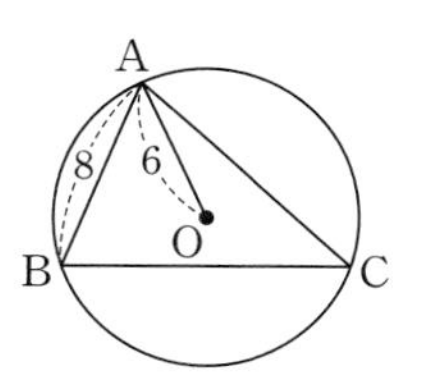

풀이 과정

선분 OA의 연장선을 그어 원 O와 만나는 점을 D라 하자.
보조선 BD를 그으면
반원에 대한 원주각의 크기는 ☐°이므로
$\angle ABD=$☐°
삼각형 ABD는 직각삼각형이므로
$\sin D=\frac{☐}{☐}$
이때 원주각의 성질에 의해
$\angle D=\angle C$이므로
$\sin C=\sin D=\frac{☐}{☐}=\frac{☐}{☐}$

유제 4

오른쪽 그림과 같이 삼각형 ABC는 반지름의 길이가 8인 원 O에 내접한다. 점 A에서 선분 BC에 내린 수선의 발을 H라 하고, $\overline{AB}=12$, $\overline{AC}=10$일 때, $\overline{AH}$의 길이를 구하시오.
(단, 점 O는 선분 BC 위에 있지 않다.)

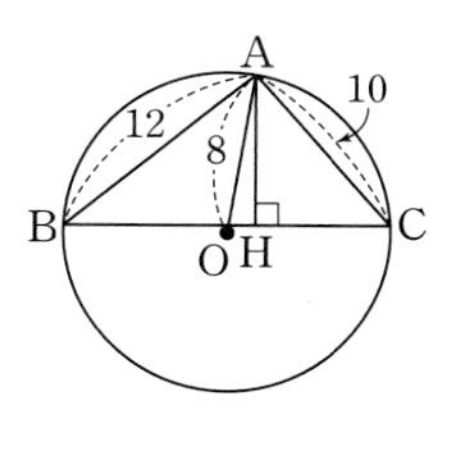

01 오른쪽 그림과 같은 원 O에서 $\angle BOD=112°$, $\angle CED=24°$일 때, $\angle x$의 크기는?

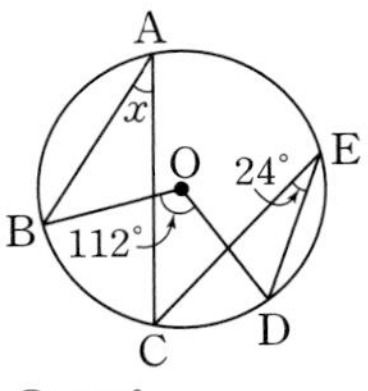

① 30° ② 31° ③ 32°
④ 33° ⑤ 34°

02 오른쪽 그림과 같은 원 O에서 항상 크기가 같은 각끼리 짝지은 것은?

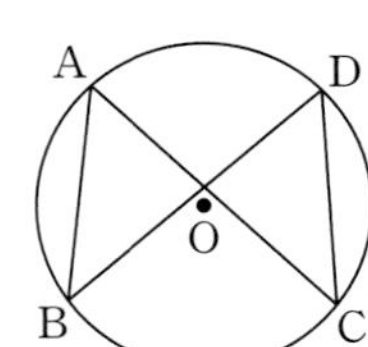

① $\angle A$와 $\angle B$
② $\angle A$와 $\angle C$
③ $\angle B$와 $\angle C$
④ $\angle B$와 $\angle D$
⑤ $\angle C$와 $\angle D$

03 오른쪽 그림과 같은 원 O에서 $\angle OCB=57°$, $\angle ABC=118°$일 때, $\angle x$의 크기는?

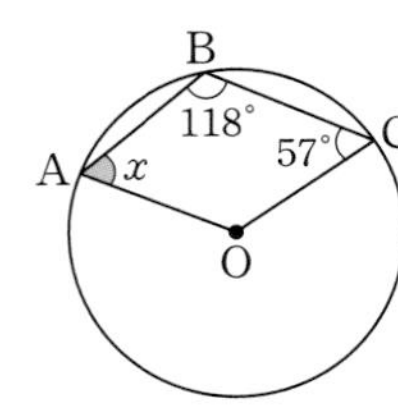

① 55° ② 57°
③ 59° ④ 61°
⑤ 63°

04 오른쪽 그림과 같이 $\overline{BD}$를 지름으로 하는 원 O가 있다. $\angle DBC=33°$, $\angle ACB=46°$일 때, $\angle x+\angle y$의 크기는?

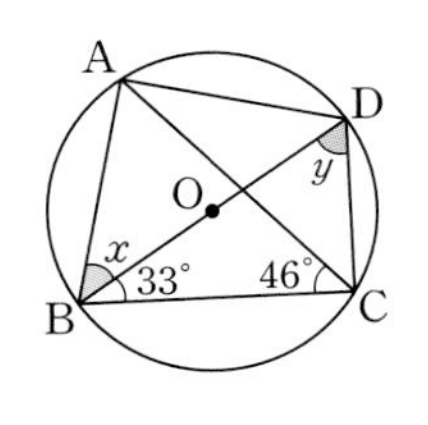

① 100° ② 101° ③ 102°
④ 103° ⑤ 104°

05 오른쪽 그림과 같은 원 O에서 두 현 AC, BD의 교점을 P라 하자. $\angle DAP=15°$, $\angle APB=83°$라 할 때, $\angle x$의 크기는?

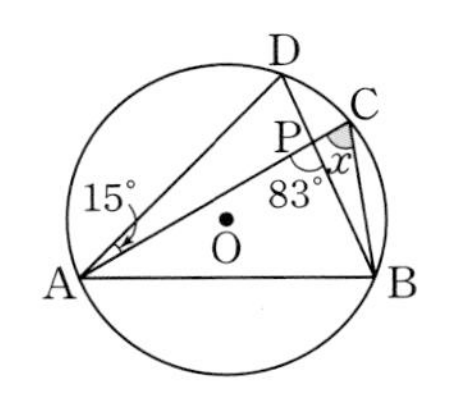

① 66° ② 68° ③ 70°
④ 72° ⑤ 74°

고난도

06 오른쪽 그림과 같이 두 현 AB, CD의 연장선의 교점을 P라 하자. $\angle AOC=68°$, $\angle BOD=32°$일 때, $\angle x$의 크기는?

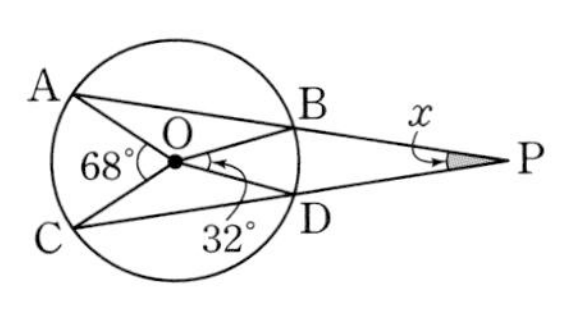

① 16° ② 18° ③ 20°
④ 22° ⑤ 24°

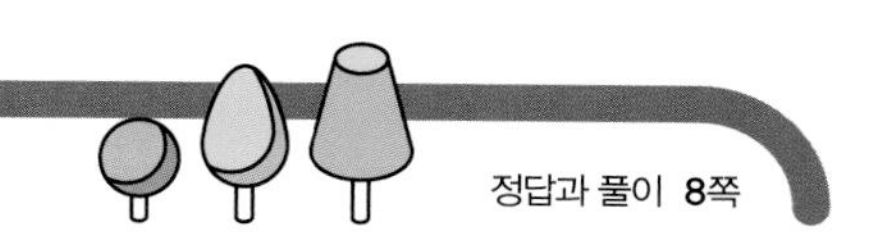

07 오른쪽 그림과 같이 원 O에 내접하는 △ABC에서 $\overline{AC}=20$ cm, $\tan B=\frac{5}{2}$일 때, 원 O의 넓이는?

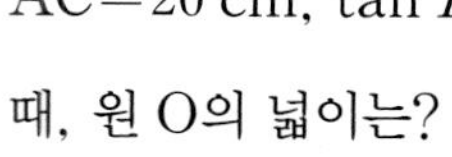

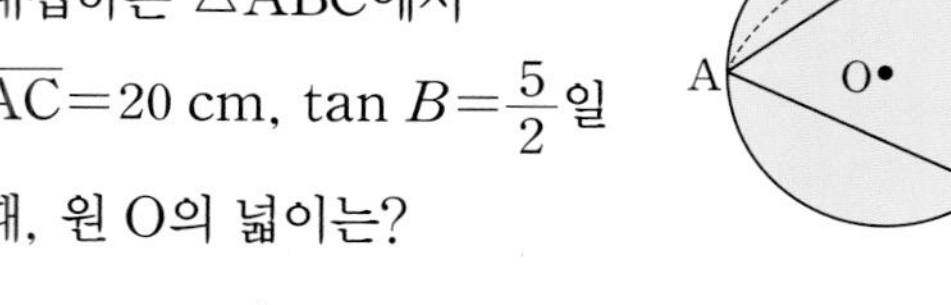

① 110π cm^2　② 116π cm^2　③ 122π cm^2　④ 128π cm^2　⑤ 134π cm^2

고난도

08 오른쪽 그림과 같이 $\overline{AB}$를 지름으로 하는 반원 O가 있다. $\widehat{AD}=\widehat{CD}$, $\angle CAB=36^\circ$일 때, $\angle CAD$의 크기는?

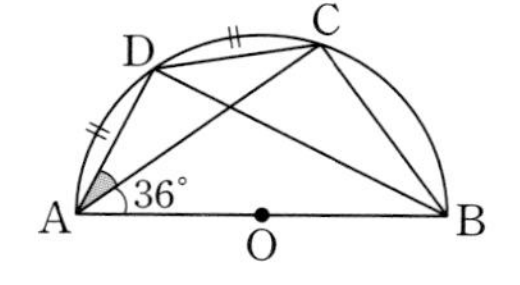

① 25°　② 26°　③ 27°　④ 28°　⑤ 29°

09 오른쪽 그림에서 두 현 AC, BD의 교점을 P라 하자. $\widehat{AB}=\widehat{CD}$, $\angle ACB=32^\circ$일 때, $\angle x$의 크기는?

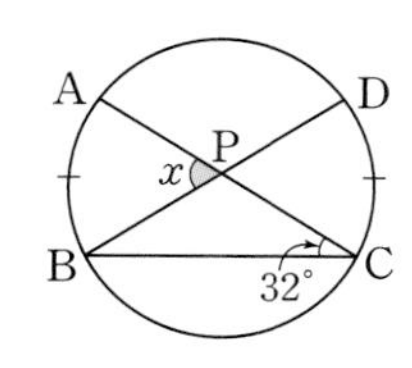

① 60°　② 62°　③ 64°　④ 66°　⑤ 68°

10 오른쪽 그림과 같이 $\overline{AB}$를 지름으로 하는 원 O가 있다. $\angle CAB=40^\circ$, $\widehat{CB}=12$ cm일 때, $\widehat{AC}$의 길이는?

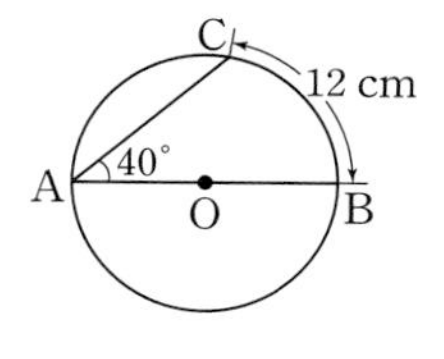

① 11 cm　② 12 cm　③ 13 cm　④ 14 cm　⑤ 15 cm

11 오른쪽 그림에서 $\angle ABC=78^\circ$, $\angle ACB=59^\circ$일 때, 네 점 A, B, C, D가 한 원 위에 있도록 하는 $\angle x$의 크기는?

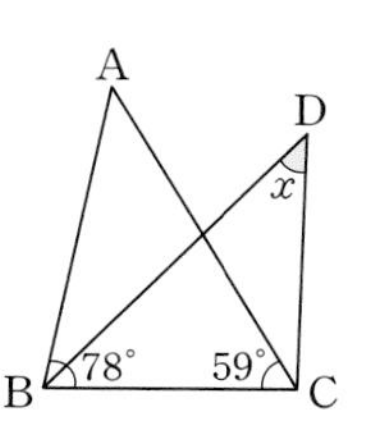

① 43°　② 44°　③ 45°　④ 46°　⑤ 47°

12 다음 중 네 점 A, B, C, D가 한 원 위에 있는 것을 모두 고르면? (정답 2개)

①
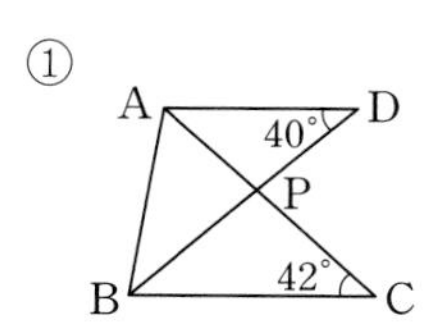

②
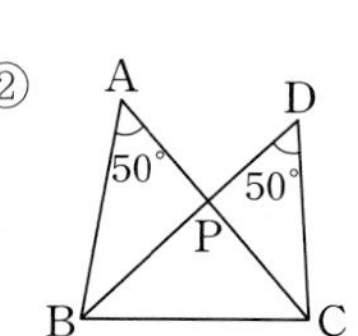

③
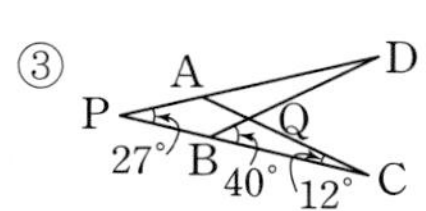

④
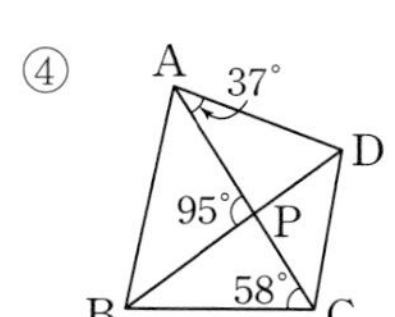

⑤
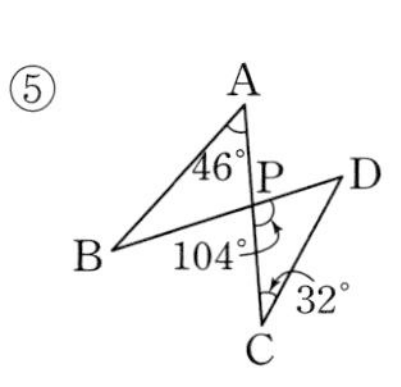

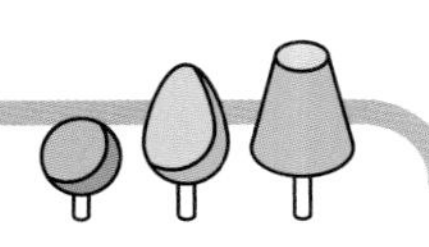

서술형

고난도

13 오른쪽 그림에서 $\widehat{AB}=\widehat{AD}$이고 $\angle ACD=53^\circ$일 때, $\angle BAD$의 크기를 구하시오.

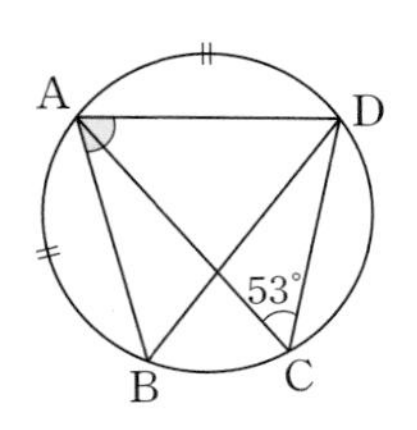

14 오른쪽 그림과 같은 원 O에서 $\angle AEB=15^\circ$, $\angle BDC=22^\circ$일 때, $\widehat{AC}$에 대한 중심각의 크기를 구하시오.

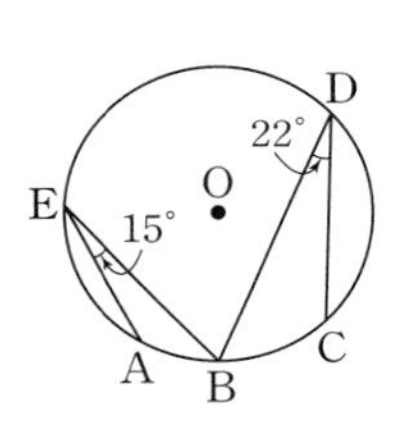

고난도

15 오른쪽 그림과 같은 원 O에서 두 현 AB, CD의 연장선의 교점을 P라 하자. $\widehat{AB}=\widehat{BD}=\widehat{CD}$, $\angle BPD=36^\circ$일 때, $\angle ABC$의 크기를 구하시오.

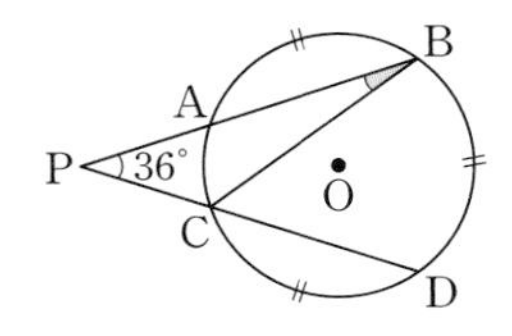

고난도

16 오른쪽 그림과 같이 $\overline{BC}$를 지름으로 하는 원 O에서 두 현 AB, CD의 연장선의 교점을 P라 하고, $\angle AOD=54^\circ$일 때, $\angle APD$의 크기를 구하시오.

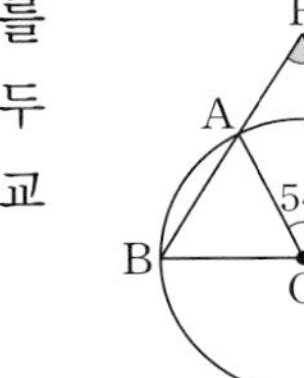

01 오른쪽 그림과 같은 원 O에서 $\angle ADC=68^\circ$, $\angle AOB=82^\circ$일 때, $\angle BEC$의 크기는?

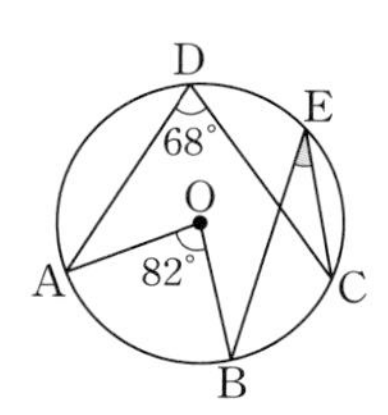

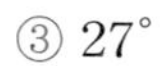

① 25° ② 26°
③ 27° ④ 28°
⑤ 29°

02 오른쪽 그림과 같은 원 O에서 $\angle BCD=124^\circ$일 때, $\angle y-\angle x$의 크기는?

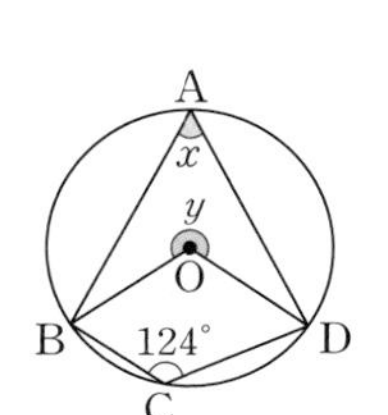

① 186° ② 188°
③ 190° ④ 192°
⑤ 194°

고난도

03 오른쪽 그림과 같은 원 O에서 $\overrightarrow{PA}$, $\overrightarrow{PB}$는 접선이고 두 점 A, B는 접점이다. $\angle APB=58^\circ$일 때, $\angle x+\angle y$의 크기는?

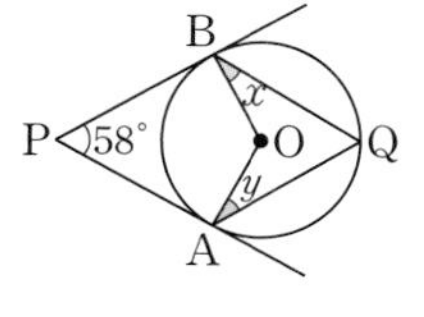

① 60° ② 61° ③ 62°
④ 63° ⑤ 64°

04 오른쪽 그림과 같이 $\overline{AC}$, $\overline{BD}$를 지름으로 하는 원 O가 있다. $\angle BAC=27^\circ$일 때, $\angle x$의 크기는?

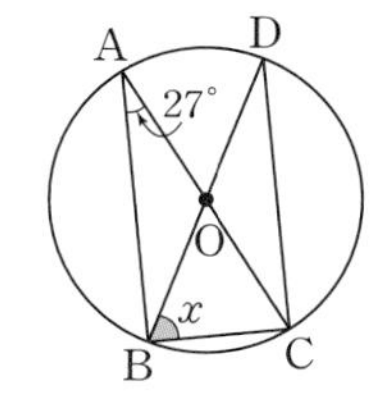

① 57° ② 59°
③ 61° ④ 63°
⑤ 65°

05 오른쪽 그림에서 $\overline{AC}$는 원 O의 지름이고 $\angle DBC=32^\circ$, $\angle BDC=24^\circ$일 때, $\angle y-\angle x$의 크기는?

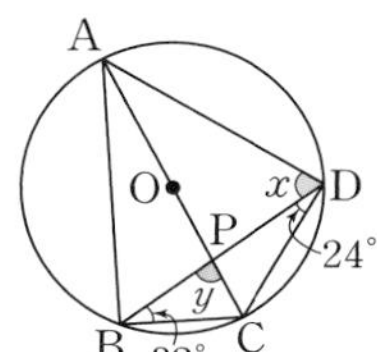

① 10° ② 12°
③ 14° ④ 16°
⑤ 18°

06 오른쪽 그림과 같이 $\overline{AC}$, $\overline{BE}$를 지름으로 하는 원 O가 있다. $\angle AEB=54^\circ$일 때, $\angle x$의 크기는?

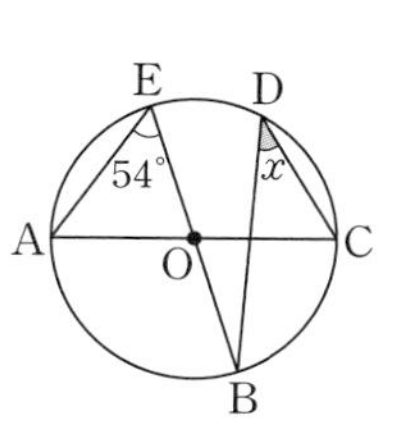

① 32° ② 34°
③ 36° ④ 38°
⑤ 40°

고난도

07 오른쪽 그림에서 $\widehat{AD}=\widehat{CD}$이고 $\angle BDC=63^\circ$, $\angle DBC=32^\circ$일 때, $\angle x$의 크기는?

① 53° ② 54° ③ 55°
④ 56° ⑤ 57°

08 오른쪽 그림에서 $\overline{AD} /\!/ \overline{BC}$이고 $\widehat{CD}=\widehat{DE}$, $\angle CBE=64^\circ$일 때, $\angle AEB$의 크기는?

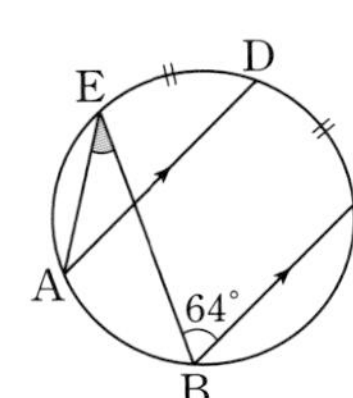

① 30° ② 32° ③ 34°
④ 36° ⑤ 38°

09 오른쪽 그림에서 두 현 AC, BD의 교점을 P라 하자. $\angle DPC=129^\circ$이고 $\widehat{AB}:\widehat{CD}=2:1$일 때, $\angle ACB$의 크기는?

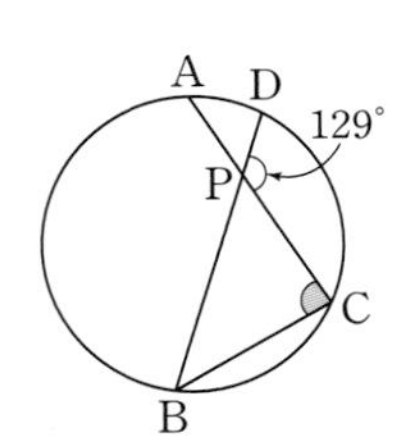

① 80° ② 82° ③ 86°
④ 88° ⑤ 90°

10 다음 그림과 같이 □ABCD에 외접하는 원 O가 있다. $\widehat{AB}:\widehat{BC}:\widehat{CD}:\widehat{DA}=2:4:1:2$일 때, $\angle ABC$의 크기는?

① 50° ② 55° ③ 60°
④ 65° ⑤ 70°

11 오른쪽 그림에서 $\widehat{AB}$, $\widehat{CD}$의 길이가 각각 원주의 $\frac{1}{10}$, $\frac{1}{6}$일 때, $\angle x$의 크기는?

① 42° ② 44° ③ 46°
④ 48° ⑤ 50°

12 다음 〈보기〉에서 네 점 A, B, C, D가 한 원 위에 있는 것만을 있는 대로 고른 것은?

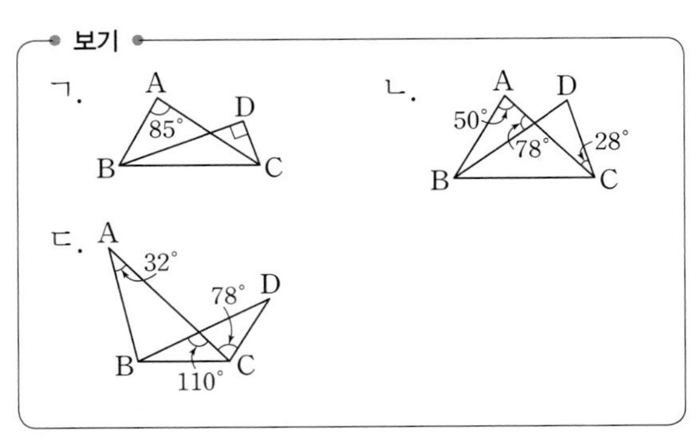

① ㄱ ② ㄴ ③ ㄷ
④ ㄱ, ㄷ ⑤ ㄴ, ㄷ

유형 3 원에 내접하는 다각형의 성질

07 오른쪽 그림과 같이 원 O에 내접하는 오각형 ABCDE가 있다. $\angle BOC=60^\circ$이고 $\angle D=80^\circ$일 때, $\angle A$의 크기는?

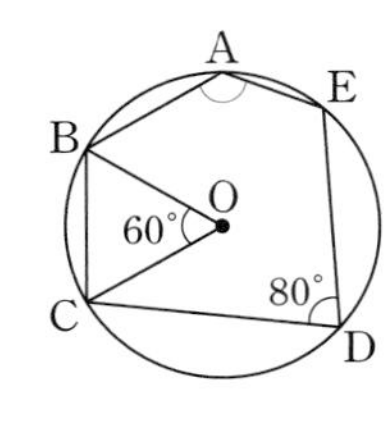

① 100° ② 110° ③ 120°
④ 130° ⑤ 140°

풀이전략 원에 내접하는 다각형은 삼각형 또는 사각형으로 나누어 생각한다.

08 오른쪽 그림과 같이 원에 내접하는 오각형 ABCDE에서 $\overline{AB}=\overline{BC}$이고 $\angle A=115^\circ$, $\angle B=100^\circ$일 때, $\angle D$의 크기는?

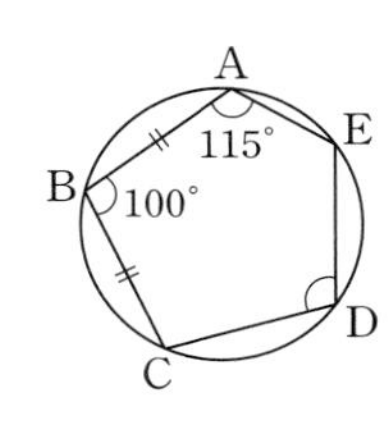

① 100° ② 105° ③ 110°
④ 115° ⑤ 120°

09 오른쪽 그림과 같이 원에 내접하는 육각형 ABCDEF에 대하여 $\angle A=121^\circ$, $\angle C=135^\circ$일 때, $\angle E$의 크기는?

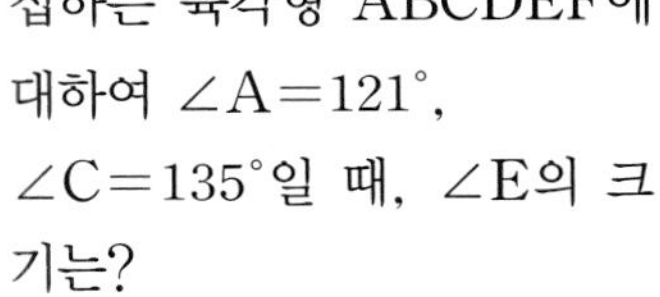

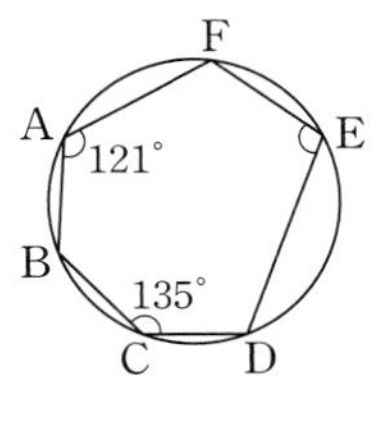

① 94° ② 99° ③ 104°
④ 109° ⑤ 114°

유형 4 사각형이 원에 내접하기 위한 조건

10 다음 중 사각형 ABCD가 반드시 원에 내접하는 것만을 있는 대로 고른 것은?

ㄱ. 등변사다리꼴 ABCD
ㄴ. 평행사변형 ABCD
ㄷ. 마름모 ABCD
ㄹ. 정사각형 ABCD

① ㄱ, ㄴ ② ㄱ, ㄷ ③ ㄱ, ㄹ
④ ㄴ, ㄹ ⑤ ㄷ, ㄹ

풀이전략 사각형이 원에 내접하기 위해서는 대각의 크기의 합이 180°이다.

11 오른쪽 그림에서 네 점 A, B, C, D가 한 원 위에 있을 때, x의 값은?

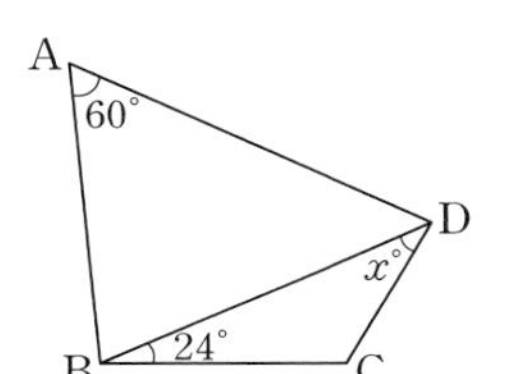

① 24 ② 28
③ 32 ④ 36
⑤ 40

12 오른쪽 그림과 같은 사각형 ABCD가 원에 내접하도록 하는 $\angle x$의 크기는?

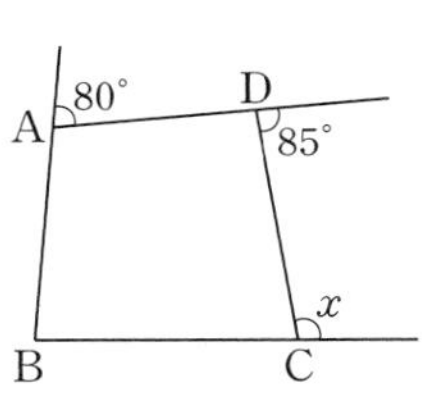

① 95° ② 100°
③ 105° ④ 110°
⑤ 115°

대표유형

유형 5 원의 접선과 현이 이루는 각의 성질

13 오른쪽 그림과 같이 직선 AT가 원 O의 접선이고 점 A는 그 접점이며 $\overline{BC}$가 원 O의 지름일 때, $\angle x$의 크기는?

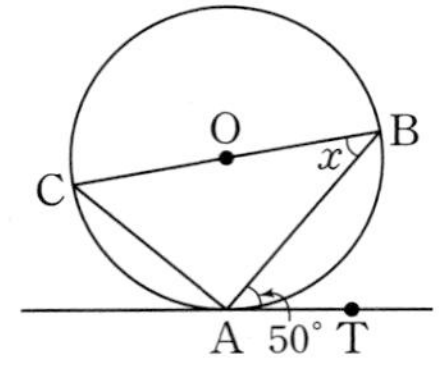

① 35° ② 40° ③ 45° ④ 50° ⑤ 55°

풀이전략 원의 접선과 현이 이루는 각의 성질을 이용하여 각의 크기를 구한다.

14 오른쪽 그림에서 직선 AT는 원 O의 접선이고 점 A는 접점일 때, $\angle x$의 크기는?

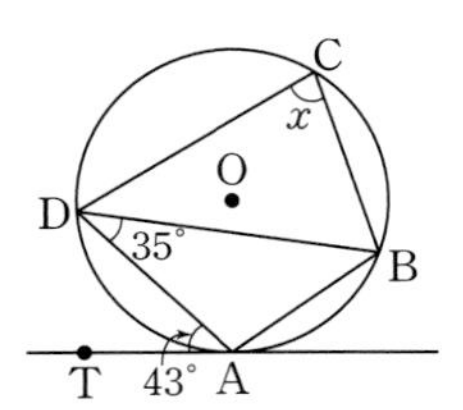

① 60° ② 70° ③ 78° ④ 86° ⑤ 94°

15 오른쪽 그림과 같이 선분 PA가 삼각형 ABC의 외접원의 접선이고 점 A는 접점이다. $\angle B=100°$, $\angle PCA=35°$일 때, $\angle P$의 크기는?

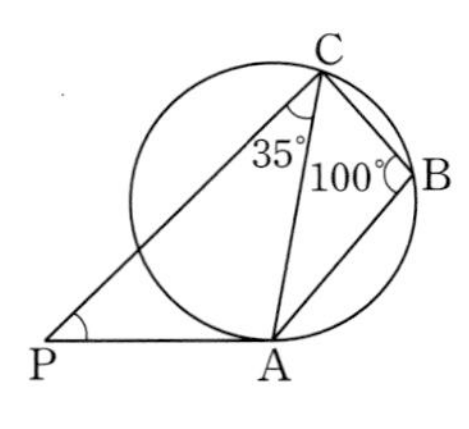

① 30° ② 35° ③ 40° ④ 45° ⑤ 50°

유형 6 원 밖의 한 점에서 그은 접선

16 다음 그림과 같이 $\overrightarrow{PA}$와 $\overrightarrow{PB}$는 원 밖의 한 점 P에서 원에 그은 두 접선이고 점 A, B가 그 접점이며 $\angle CAD=70°$, $\angle APB=54°$일 때, $\angle CBE$의 크기는?

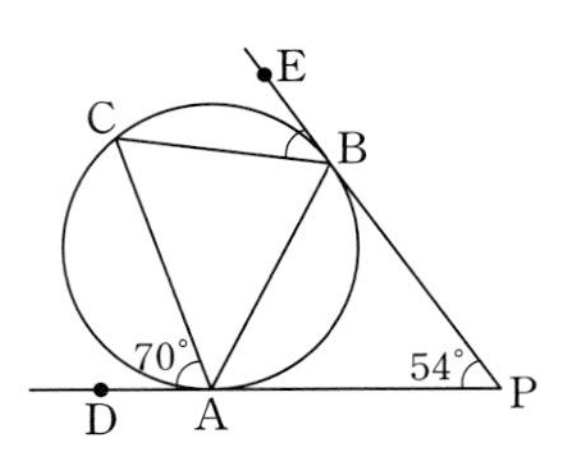

① 46° ② 47° ③ 48° ④ 49° ⑤ 50°

풀이전략 두 접선이 각각 현과 이루는 각을 구한다.

17 다음 그림과 같이 원 위의 세 점 A, B, C에 대하여 두 점 A, B에서 각각 원에 그은 두 접선의 교점을 P라 하자. $\angle P=30°$이고 $\overset{\frown}{AC} : \overset{\frown}{BC}=3 : 4$일 때, $\angle ABC$의 크기는?

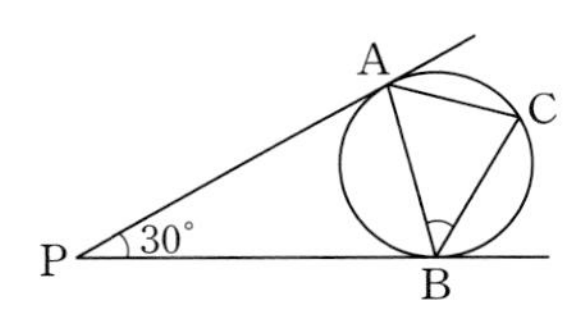

① 40° ② 45° ③ 50° ④ 55° ⑤ 60°

18 오른쪽 그림과 같이 원 O는 삼각형 ABC의 내접원이자 삼각형 DEF의 외접원이다. $\angle DFE=70°$일 때, $\angle B$의 크기는?

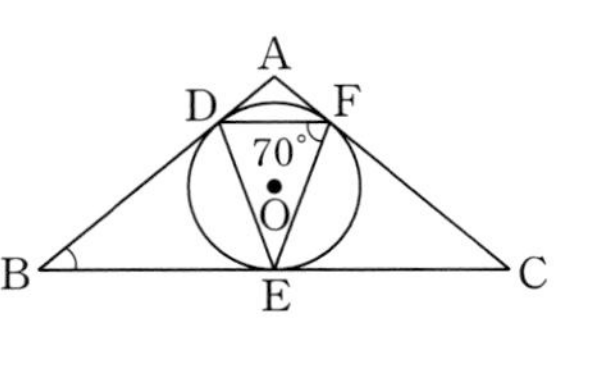

① 40° ② 45° ③ 50° ④ 55° ⑤ 60°

유형 7 원의 접선과 현의 연장선의 교점

19 오른쪽 그림과 같이 원 위의 세 점 A, B, C에 대하여 $\overline{AB}=\overline{BC}$이고 직선 AT는 원의 접선이며 $\angle BAT=75°$이다. 직선 AT와 현 BC의 연장선의 교점을 P라고 할 때, $\angle P$의 크기는?

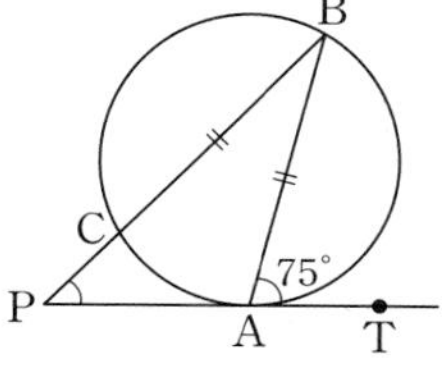

① 30° ② 35° ③ 40°
④ 45° ⑤ 50°

풀이전략 삼각형의 외각의 크기는 나머지 두 내각의 크기의 합과 같음을 이용한다.

20 오른쪽 그림과 같이 원에 내접하는 사각형 ABCD에 대하여 점 A에서 원에 그은 접선과 현 CD의 연장선의 교점을 P라 하자. $\angle B=105°$이고 $\angle P=45°$일 때, $\angle ACD$의 크기는?

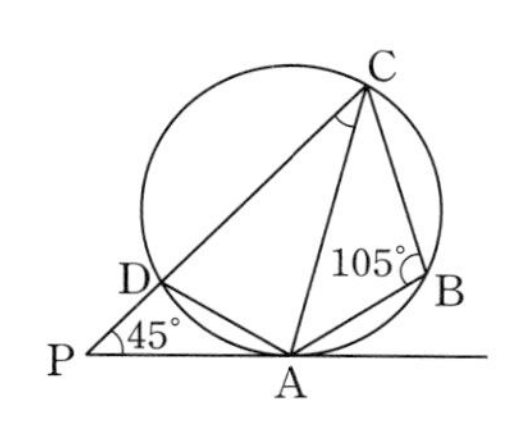

① 30° ② 35° ③ 40°
④ 45° ⑤ 50°

21 다음 그림과 같이 반직선 PA는 점 A에서 원에 접하는 원 O의 접선이고 직선 PO가 원과 만나는 두 점을 각각 B, C라 하자. $\angle PAC=33°$일 때, $\angle P$의 크기는?

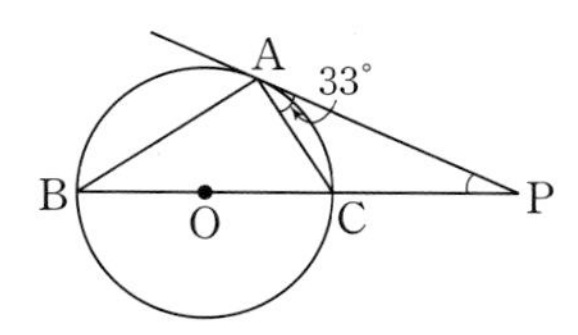

① 24° ② 27° ③ 30°
④ 33° ⑤ 36°

유형 8 접하는 두 원의 접선과 현

22 다음 그림과 같이 두 원 O, O′이 점 P에서 직선 QQ′과 접한다. 점 P를 지나는 두 직선이 원 O, O′과 만나는 점을 각각 A, B, C, D라 할 때, $\angle CAP=42°$, $\angle BDP=53°$이다. 이때 $\angle APC$의 크기는?

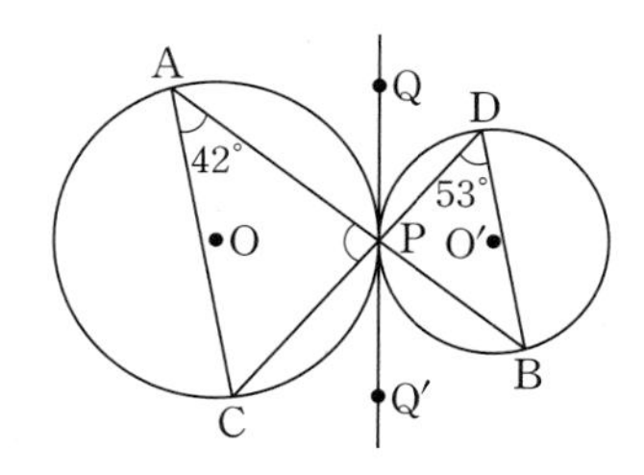

① 81° ② 82° ③ 83°
④ 84° ⑤ 85°

풀이전략 각 원의 현이 접선과 이루는 각을 구한다.

23 오른쪽 그림과 같이 직선 QQ′은 점 P에서 접하는 두 원의 공통인 접선이다. 점 P를 지나는 두 직선이 두 원과 만나는 점을 각각 A, B, C, D라 할 때, $\angle BAC=120°$, $\angle APC=70°$이다. 이때 $\angle PDB$의 크기는?

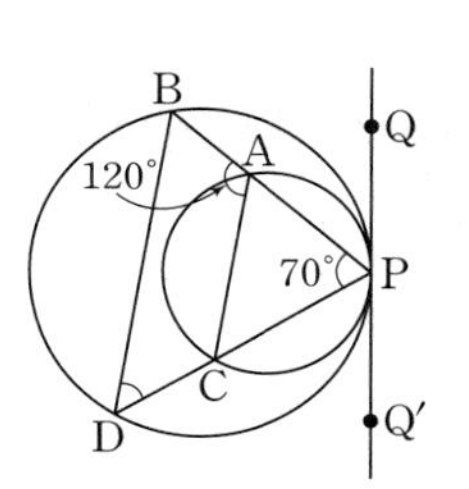

① 50° ② 55° ③ 60°
④ 65° ⑤ 70°

24 오른쪽 그림과 같이 직선 QQ′은 점 P에서 접하는 두 원의 공통인 접선이다. 점 P를 지나는 두 직선이 두 원과 만나는 점을 각각 A, B, C, D라 할 때, 다음 중 옳지 <u>않은</u> 것은?

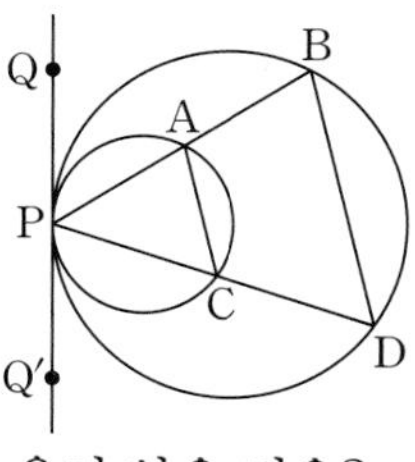

① $\angle PAC=\angle CPQ'$
② $\angle BDP=\angle BPQ$
③ $\angle PAC=\angle PBD$
④ $\overline{AC} /\!/ \overline{BD}$
⑤ $\overline{PA} : \overline{AB}=\overline{AC} : \overline{BD}$

기출 예상 문제

❶ 원에 내접하는 사각형의 성질

01 오른쪽 그림과 같이 원 위의 네 점 A, B, C, D에 대하여 $\angle ACB=30^\circ$이고 $\overline{AC}=\overline{BC}$일 때, $\angle D$의 크기는?

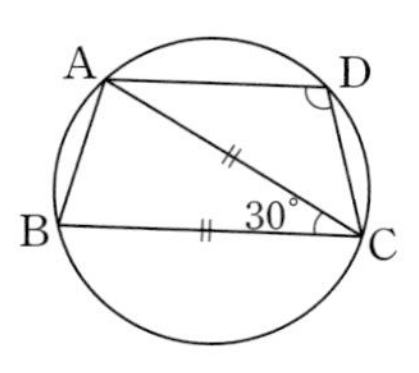

① 95° ② 100° ③ 105°
④ 110° ⑤ 115°

❶ 원에 내접하는 사각형의 성질

02 오른쪽 그림과 같이 사각형 ABCD가 원 O에 내접하고 $\angle BOD=124^\circ$일 때, $\angle BCD$의 크기는?

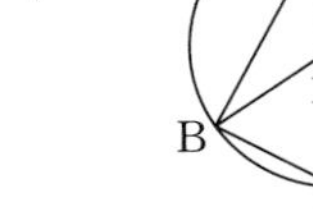

① 116° ② 118°
③ 120° ④ 122°
⑤ 124°

❶ 원에 내접하는 사각형의 성질

03 오른쪽 그림과 같이 원 위의 점 A, B, C, D, E에 대하여 $\overline{AC}$와 $\overline{BD}$의 교점을 F라 하자. $\angle BAC=40^\circ$, $\angle BFC=128^\circ$일 때, $\angle AED$의 크기는?

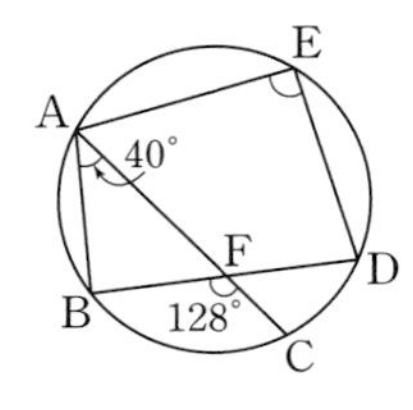

① 92° ② 96° ③ 100°
④ 104° ⑤ 108°

❶ 원에 내접하는 사각형의 성질

04 오른쪽 그림과 같이 원 위의 네 점 A, B, C, D에 대하여 $\widehat{AB}=\widehat{BC}$, $\widehat{CD}=\widehat{DA}$이다. $\angle ADC=120^\circ$, $\overline{AD}=1\text{ cm}$일 때, $\triangle ABC$의 넓이는?

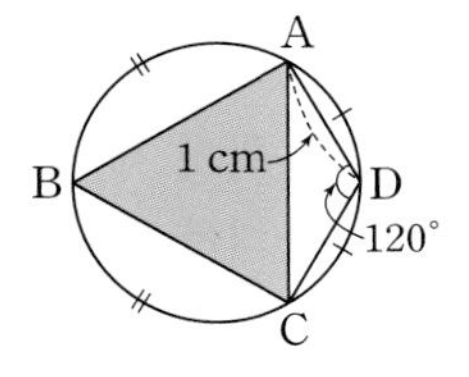

① $\frac{\sqrt{3}}{2}\text{ cm}^2$ ② $\frac{3\sqrt{3}}{4}\text{ cm}^2$ ③ $\sqrt{3}\text{ cm}^2$
④ $\frac{5\sqrt{3}}{4}\text{ cm}^2$ ⑤ $\frac{3\sqrt{3}}{2}\text{ cm}^2$

❷ 원에 내접하는 사각형의 외각의 크기

05 다음 그림과 같이 원에 내접하는 사각형 ABCD에서 $\overline{AB}$와 $\overline{CD}$의 연장선의 교점을 P라 하자. $\angle A=72^\circ$, $\angle PBC=80^\circ$일 때, $\angle P$의 크기는?

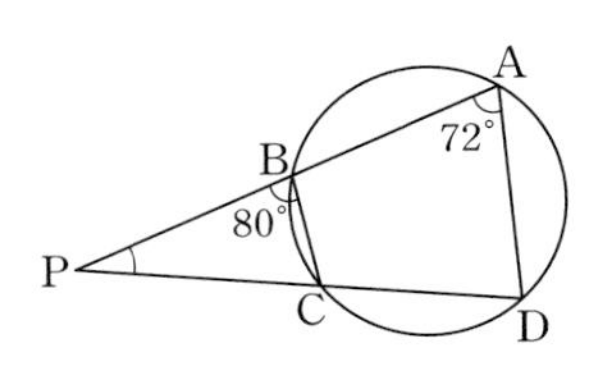

① 24° ② 28° ③ 32°
④ 36° ⑤ 40°

❷ 원에 내접하는 사각형의 외각의 크기

06 다음 그림과 같이 원 O에 내접하는 사각형 ABCD에 대하여 $\angle ADB=53^\circ$, $\angle CBE=95^\circ$일 때, $\angle BOC$의 크기는?

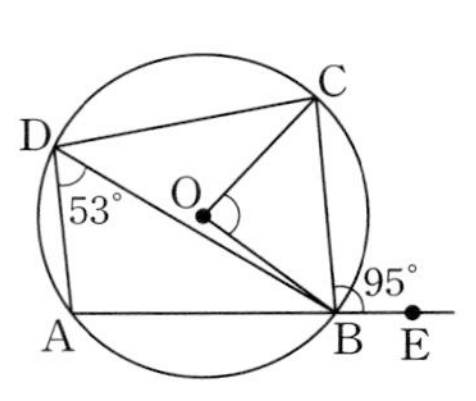

① 80° ② 81° ③ 82°
④ 83° ⑤ 84°

❷ 원에 내접하는 사각형의 외각의 크기

07 오른쪽 그림과 같이 원에 내접하는 사각형 ABCD에서 $\angle PBA=98^\circ$이고 $\overset{\frown}{AD}=\overset{\frown}{CD}$일 때, $\angle CAD$의 크기는?

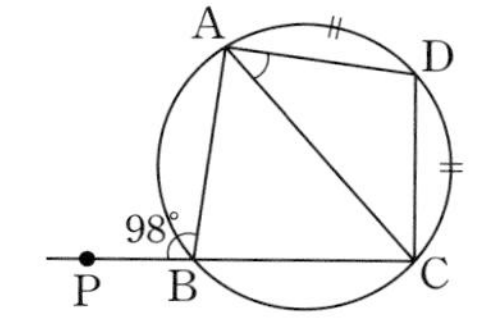

① 41° ② 43° ③ 45°
④ 47° ⑤ 49°

❷ 원에 내접하는 사각형의 외각의 크기

08 다음 그림과 같이 두 원의 교점 중 P를 지나는 직선이 두 원과 만나는 점을 각각 A, B, 두 원의 교점 중 Q를 지나는 직선이 두 원과 만나는 점을 각각 C, D라 하자. $\angle A=50^\circ$, $\angle C=60^\circ$일 때, $\angle D$의 크기는?

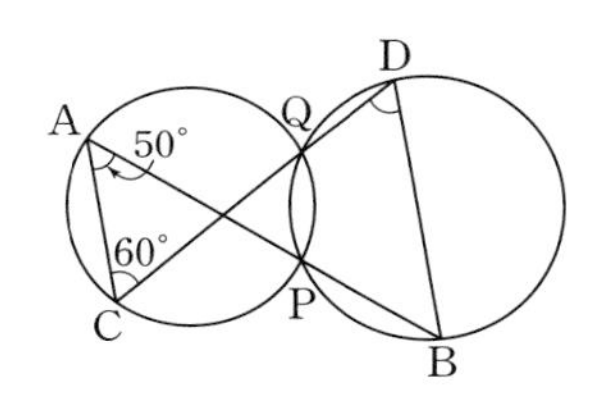

① 40° ② 45° ③ 50°
④ 55° ⑤ 60°

❸ 원에 내접하는 다각형의 성질

09 오른쪽 그림과 같이 원에 내접하는 오각형 ABCDE에서 $\angle BAE=100^\circ$, $\angle BEC=26^\circ$, $\angle DBE=32^\circ$일 때, $\angle CED$의 크기는?

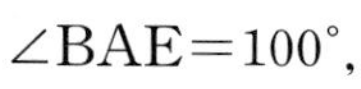

① 42° ② 46° ③ 50°
④ 54° ⑤ 58°

❹ 사각형이 원에 내접하기 위한 조건

10 오른쪽 그림과 같이 $\angle CBD=40^\circ$, $\angle BCD=85^\circ$인 사각형 ABCD가 원에 내접하기 위한 $\angle x$의 크기는?

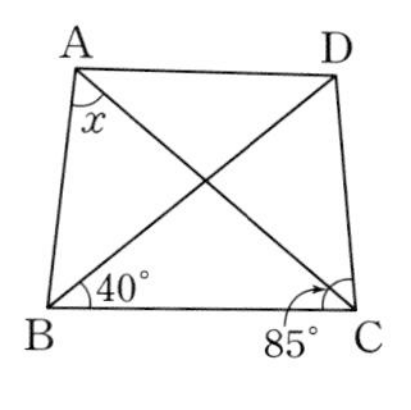

① 40° ② 45° ③ 50°
④ 55° ⑤ 60°

❹ 사각형이 원에 내접하기 위한 조건

11 오른쪽 그림에서 사각형 ABCD가 원에 내접할 때, $\angle x$의 크기는?

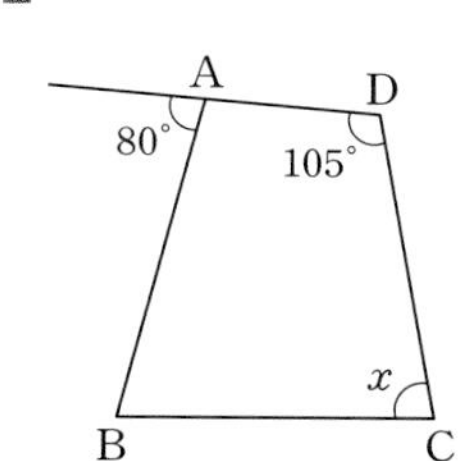

① 65° ② 70°
③ 75° ④ 80°
⑤ 85°

❹ 사각형이 원에 내접하기 위한 조건

12 다음 그림과 같이 예각삼각형 ABC의 꼭짓점 A, B, C에서 대변에 내린 수선의 발을 각각 D, E, F라 하고 세 수선이 만나는 한 점을 G라 하자. 일곱 개의 점 A, B, C, D, E, F, G 중 네 점을 택할 때, 네 점이 한 원 위에 있는 모든 경우의 수는?

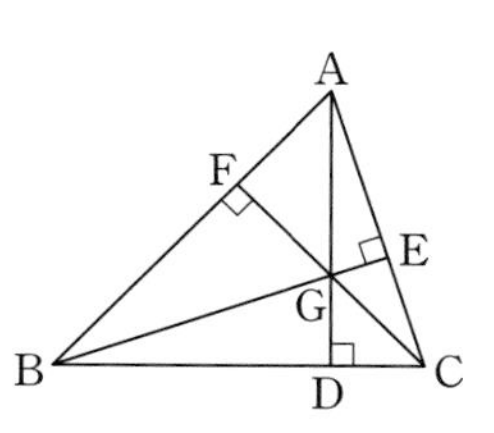

① 3 ② 6 ③ 9
④ 12 ⑤ 15

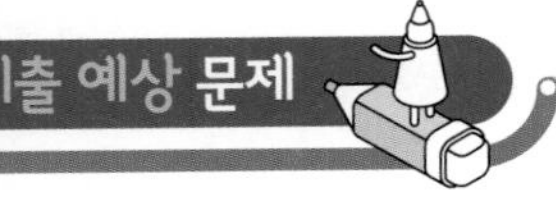

⑤ 원의 접선과 현이 이루는 각의 성질

13 오른쪽 그림과 같이 원 위의 세 점 A, B, C에 대하여 직선 AT는 원의 접선이고 $\angle BAC=68^\circ$, $\angle ACB=60^\circ$일 때, 다음 중 $\angle x$, $\angle y$, $\angle z$의 크기를 바르게 비교한 것은?

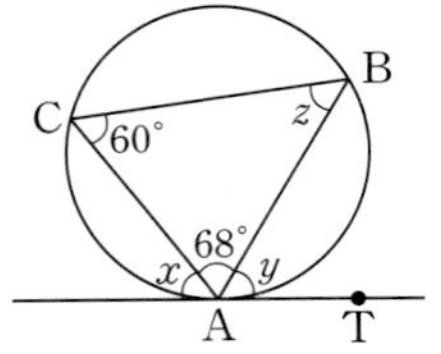

① $\angle x=\angle y<\angle z$
② $\angle x<\angle y=\angle z$
③ $\angle x=\angle z<\angle y$
④ $\angle y<\angle x=\angle z$
⑤ $\angle y=\angle z<\angle x$

⑤ 원의 접선과 현이 이루는 각의 성질

14 오른쪽 그림과 같이 사각형 ABCD는 원에 내접하고 직선 PA는 원의 접선이다. $\angle PAD=60^\circ$, $\angle ABC=97^\circ$일 때, $\angle CAD$의 크기는?

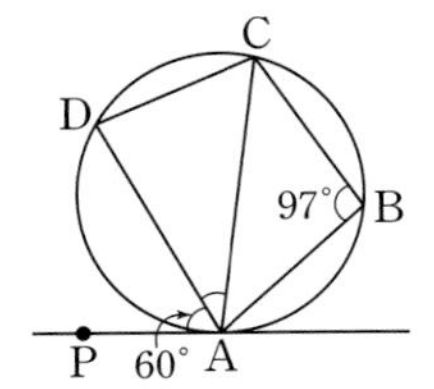

① 33° ② 34° ③ 35°
④ 36° ⑤ 37°

⑤ 원의 접선과 현이 이루는 각의 성질

15 오른쪽 그림과 같이 원 위의 네 점 A, B, C, D에 대하여 직선 PA는 원 O의 접선이고 $\overline{BC}$는 원의 지름, $\angle PAB=38^\circ$일 때, $\angle ADC$의 크기는?

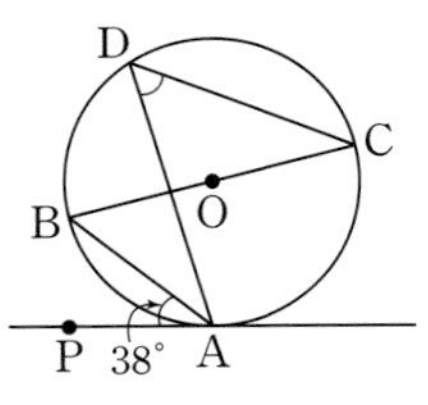

① 31° ② 38° ③ 45°
④ 52° ⑤ 59°

⑤ 원의 접선과 현이 이루는 각의 성질

16 오른쪽 그림과 같이 사각형 ABCD는 원에 내접하고 직선 AT는 점 A에서 원에 접한다. $\angle BAT=60^\circ$이고 $\widehat{AB}:\widehat{BC}=3:2$일 때, $\angle D$의 크기는?

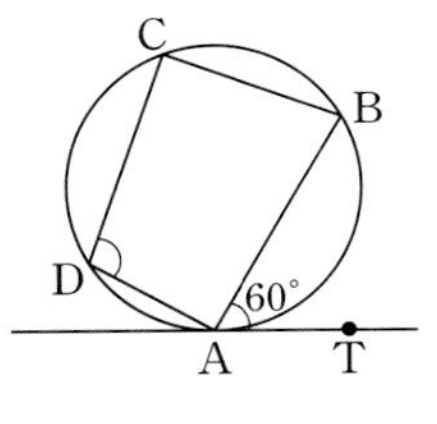

① 95° ② 100° ③ 105°
④ 110° ⑤ 115°

⑥ 원 밖의 한 점에서 그은 접선

17 다음 그림과 같이 삼각형 ABC의 내접원이면서 삼각형 DEF의 외접원인 원 O에 대하여 $\angle B=52^\circ$, $\angle C=66^\circ$일 때, $\angle DEF$의 크기는?

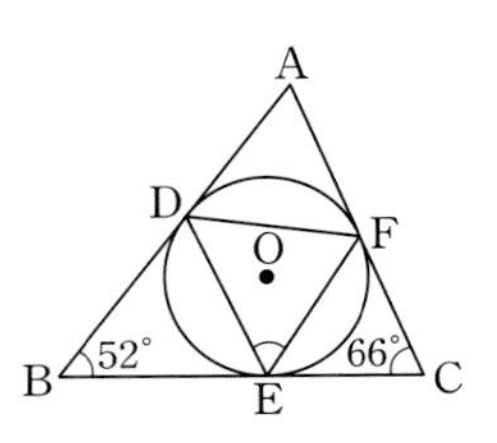

① 59° ② 60° ③ 61°
④ 62° ⑤ 63°

⑥ 원 밖의 한 점에서 그은 접선

18 다음 그림과 같이 원 O 위의 두 점 A, B에서 각각 그은 접선의 교점을 P라 하자. 호 AB 위의 점 C에 대하여 $\angle ACB=110^\circ$일 때, $\angle P$의 크기는?

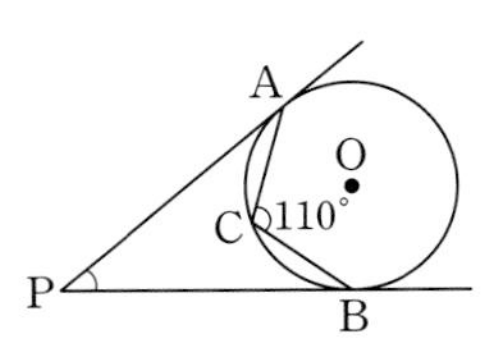

① 30° ② 35° ③ 40°
④ 45° ⑤ 50°

❼ 원의 접선과 현의 연장선의 교점

19 다음 그림과 같이 원에 내접하는 삼각형 ABC에서 현 BC의 연장선과 점 A를 지나는 원의 접선의 교점을 P라 하자. $\overline{PC}=\overline{AC}$이고 $\angle P=37°$일 때, $\angle BAC$의 크기는?

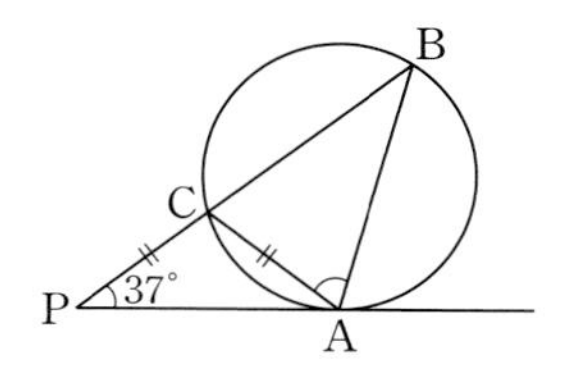

① 66° ② 67° ③ 68°
④ 69° ⑤ 70°

❼ 원의 접선과 현의 연장선의 교점

20 오른쪽 그림과 같이 점 A를 지나는 원 O의 접선과 현 BC의 연장선의 교점을 D라 하자. $\angle B=38°$, $\angle ACB=85°$, $\angle D=x°$일 때, x의 값은? (단, 점 A는 원 O 위에 있다.)

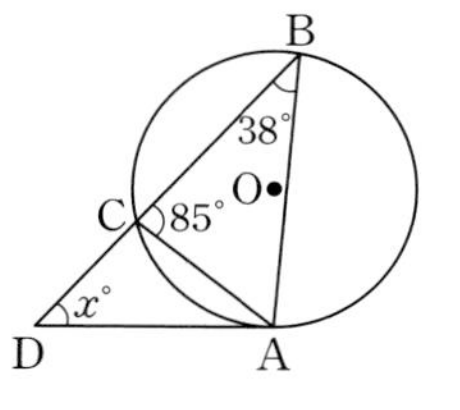

① 35 ② 38 ③ 41
④ 44 ⑤ 47

❼ 원의 접선과 현의 연장선의 교점

21 다음 그림과 같이 원 O에 내접하는 삼각형 ABC에 대하여 현 CD는 원의 지름, 직선 PA는 원 O의 접선이고 직선 CD와 직선 PA의 교점을 E라 하자. $\angle AEC=60°$, $\angle BAP=40°$일 때, $\angle BAC$의 크기는?

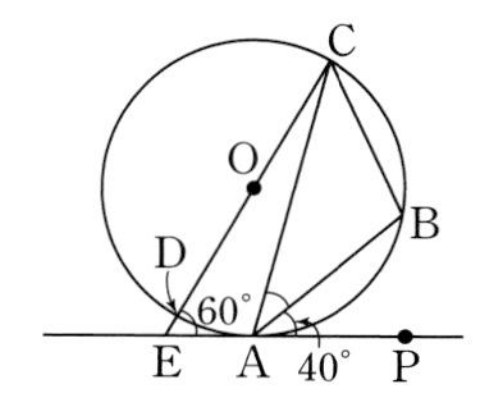

① 35° ② 40° ③ 45°
④ 50° ⑤ 55°

❼ 원의 접선과 현의 연장선의 교점

22 다음 그림과 같이 원에 내접하는 사각형 ABCD에서 변 AB의 연장선과 점 C를 지나는 원의 접선의 교점을 점 P라 하자. $\overline{BC}=\overline{CD}$이고 $\angle P=35°$, $\angle ADB=70°$일 때, $\angle A$의 크기는?

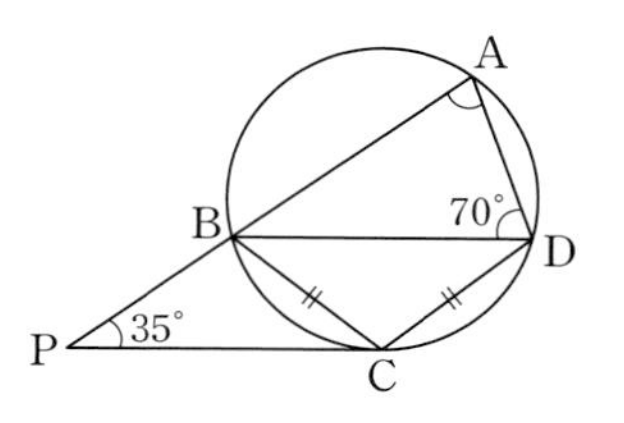

① 65° ② 70° ③ 75°
④ 80° ⑤ 85°

❽ 접하는 두 원의 접선과 현

23 오른쪽 그림과 같이 직선 QQ′은 점 P에서 접하는 두 원의 공통인 접선이다. 점 P를 지나는 두 직선이 두 원과 만나는 점을 각각 A, B, C, D라 하자. $\angle APQ=80°$, $\angle DBP=50°$일 때, $\angle AEC$의 크기는?

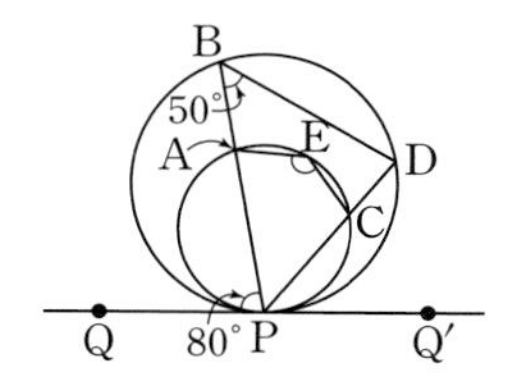

① 100° ② 110° ③ 120°
④ 130° ⑤ 140°

❽ 접하는 두 원의 접선과 현

24 다음 그림과 같이 직선 QQ′은 점 P에서 접하는 두 원의 공통인 접선이다. 점 P를 지나는 두 직선이 두 원과 만나는 점을 각각 A, B, C, D라 할 때, $\overline{BP}=2$, $\overline{CP}=6$, $\overline{DP}=3$이다. 이때 $\overline{AP}$의 길이는?

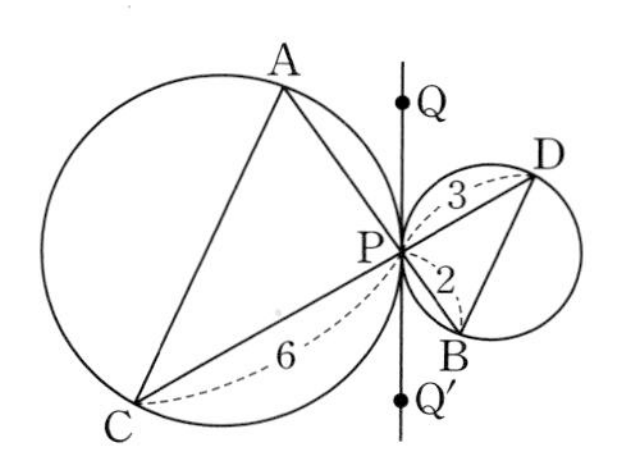

① 4 ② 5 ③ 6
④ 8 ⑤ 9

1

원에 내접하는 사각형 ABCD에서
$\angle A : \angle B : \angle C = 7 : 4 : 3$일 때, $\angle D$의 크기를 구하시오.

1-1

원에 내접하는 사각형 ABCD에서
$\angle A : \angle B : \angle C : \angle D = 8 : 3 : 2 : k$일 때, 상수 k의 값과 $\angle D$의 크기를 각각 구하시오.

2

다음 그림과 같이 원에 내접하는 정오각형 ABCDE에서 $\angle BCE$의 크기를 구하시오.

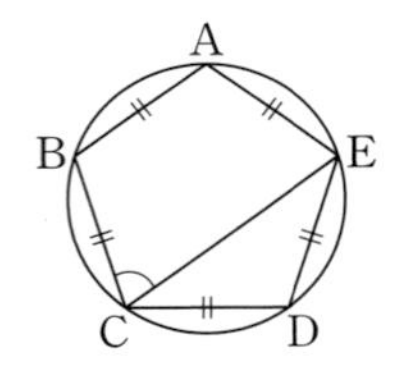

2-1

다음 그림과 같이 원에 내접하는 정오각형 ABCDE에서 호 AB 위의 점 P에 대하여 $\angle APB$의 크기를 구하시오.

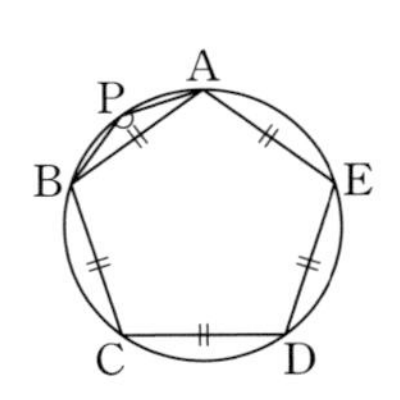

다음 그림과 같이 사각형 ABCD에 내접하는 원의 접점을 각각 E, F, G, H라 하자. $\angle B=90^\circ$이고 $\angle C=50^\circ$일 때, $\angle EHG$의 크기를 구하시오.

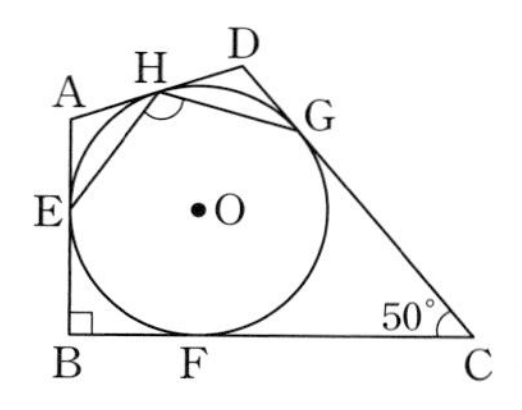

다음 그림과 같이 사각형 ABCD에 내접하는 원의 접점을 각각 E, F, G, H라 하자. $\angle C=70^\circ$, $\angle EHG=108^\circ$일 때, $\angle B$의 크기를 구하시오.

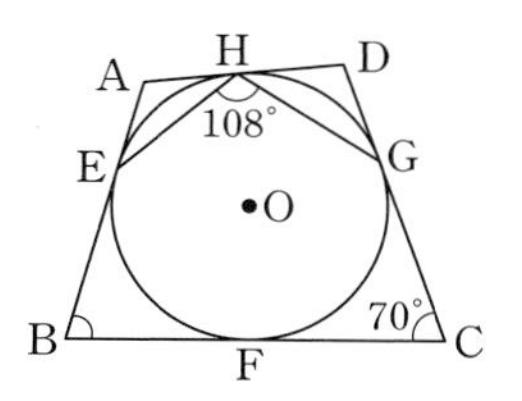

다음 그림과 같이 두 원이 점 A에서 접하고 직선 AT는 두 원의 접선이다. 큰 원의 현 AB와 직선 AT가 이루는 각의 크기가 45°, 큰 원의 현 AC와 직선 AT가 이루는 각의 크기가 60°이고, 큰 원의 현 BC가 작은 원과 점 D에서 접할 때, $\angle ADC$의 크기를 구하시오.

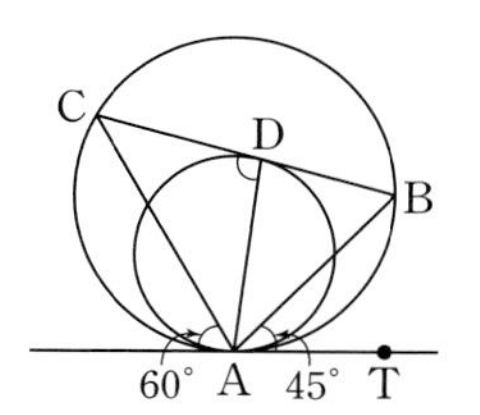

4-1

다음 그림과 같이 두 원이 점 A에서 접하고 직선 AT는 두 원의 접선이다. 큰 원의 현 AB와 직선 AT가 이루는 각의 크기가 55°, 큰 원의 현 AC와 직선 AT가 이루는 각의 크기가 45°이고, 큰 원의 현 BC가 작은 원과 점 D에서 접한다. $\overline{AB}$와 작은 원이 만나는 점을 E라 할 때, $\angle x$의 크기를 구하시오.

(단, $\angle BDE=\angle x$)

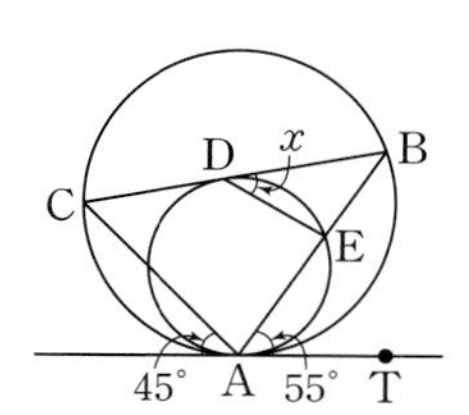

서술형 집중 연습

예제 1

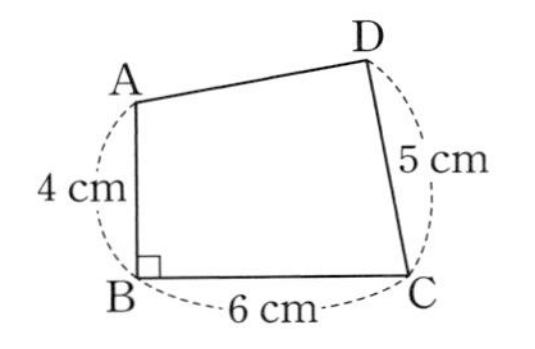

오른쪽 그림에서 사각형 ABCD가 원에 내접하는 사각형이고 $\angle B=90°$, $\overline{AB}=4$ cm, $\overline{BC}=6$ cm, $\overline{CD}=5$ cm일 때, 사각형 ABCD의 넓이를 구하시오.

풀이 과정

사각형 ABCD는 원에 내접하는 사각형이고 $\angle B=90°$이므로 $\angle D=$☐

대각선 AC를 그으면 △ABC와 △ADC는 빗변을 공유하는 직각삼각형이므로 피타고라스 정리에 의해

$☐^2+6^2=\overline{AC}^2=5^2+\overline{AD}^2$

$\overline{AD}^2=$☐, $\overline{AD}=$☐ cm

$\square ABCD=\triangle ABC+\triangle ADC$

$=\frac{1}{2}\times 4\times 6+\frac{1}{2}\times 5\times$☐

$=$☐ (cm^2)

따라서 사각형 ABCD의 넓이는 (☐) cm^2이다.

유제 1

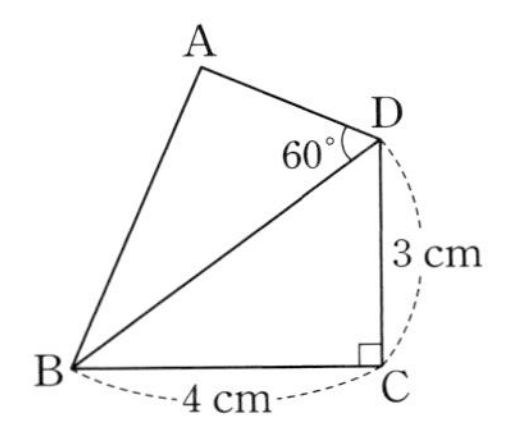

오른쪽 그림에서 사각형 ABCD가 원에 내접하는 사각형이고 $\angle ADB=60°$, $\angle C=90°$, $\overline{BC}=4$ cm, $\overline{CD}=3$ cm일 때, 사각형 ABCD의 넓이를 구하시오.

예제 2

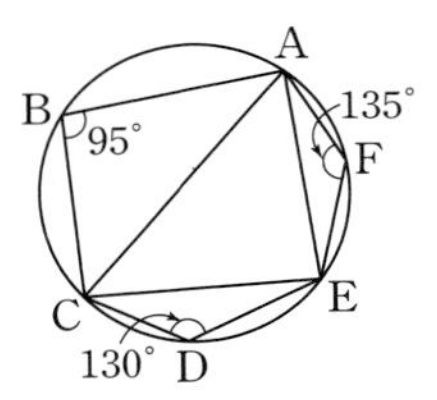

오른쪽 그림과 같이 원에 내접하는 육각형 ABCDEF에 대하여 $\angle ABC=95°$, $\angle CDE=130°$, $\angle AFE=135°$일 때, 세 호 ABC, CDE, AFE의 길이의 비인 $\overset{\frown}{ABC}:\overset{\frown}{CDE}:\overset{\frown}{AFE}$를 가장 간단한 자연수의 비로 나타내시오.

풀이 과정

사각형 ABCE는 원에 내접하므로

$\angle AEC=180°-\angle ABC=180°-$☐$=$☐

사각형 ACDE는 원에 내접하므로

$\angle CAE=180°-$☐$=180°-$☐$=$☐

사각형 ACEF는 원에 내접하므로

$\angle ACE=180°-$☐$=180°-$☐$=$☐

세 호 ABC, CDE, AFE의 길이의 비인 $\overset{\frown}{ABC}:\overset{\frown}{CDE}:\overset{\frown}{AFE}$는 각 호에 대한 원주각의 크기의 비와 같으므로

$\overset{\frown}{ABC}:\overset{\frown}{CDE}:\overset{\frown}{AFE}=\angle AEC:\angle CAE:\angle ACE$

$=85:$☐$:$☐

$=$☐$:$☐$:$☐

유제 2

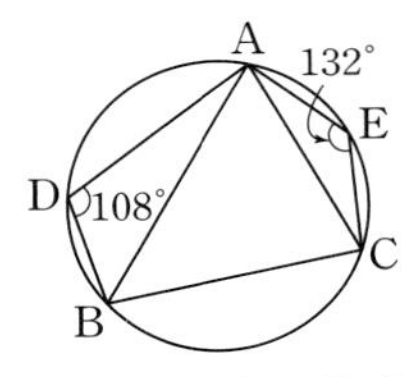

오른쪽 그림과 같이 원에 내접하는 삼각형 ABC에서 호 AB 위의 점 D와 호 AC 위의 점 E에 대하여 $\angle ADB=108°$, $\angle AEC=132°$이다. 이때 세 호 ADB, BC, AEC의 길이의 비인 $\overset{\frown}{ADB}:\overset{\frown}{BC}:\overset{\frown}{AEC}$를 가장 간단한 자연수의 비로 나타내시오.

예제 3

오른쪽 그림과 같이 원에 내접하는 삼각형 ABC에 대하여 직선 PT는 점 A에서 원에 접하는 접선이고 $\overline{BA}=\overline{BC}$, $\angle PAC=40^\circ$일 때, $\angle BAT$의 크기를 구하시오.

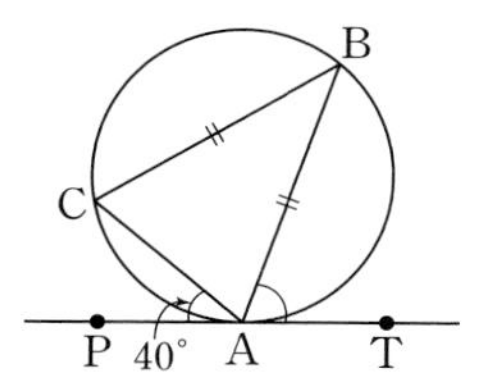

풀이 과정

접선과 현 AC가 이루는 각의 성질에 의해

$\angle ABC=\angle$☐$=$☐°

$\triangle ABC$는 $\overline{BA}=\overline{BC}$인 이등변삼각형이고 꼭지각의 크기가 ☐°이므로

$\angle ACB=\frac{1}{2}\times(180^\circ-$☐°$)=$☐°

접선과 현 AB가 이루는 각의 성질에 의해

$\angle BAT=\angle$☐$=$☐°

유제 3

오른쪽 그림과 같이 원에 내접하는 삼각형 ABC에 대하여 직선 PT는 점 A에서 원에 접하는 접선이고 $\overline{AC}=\overline{BC}$, $\angle PAC=57^\circ$일 때, $\angle BAT$의 크기를 구하시오.

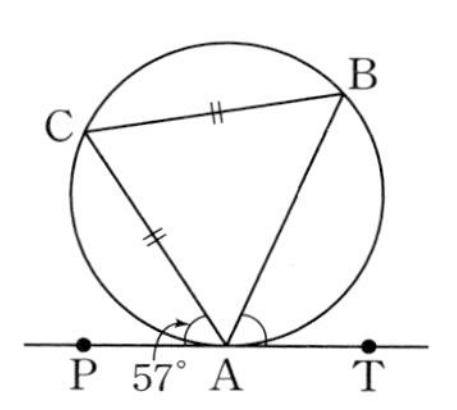

예제 4

오른쪽 그림과 같이 원 O 위의 세 점 A, B, C에 대하여 점 A에서 원에 그은 접선과 지름 BC의 연장선의 교점을 P라 하자. 이때 $x-y$의 값을 구하시오.

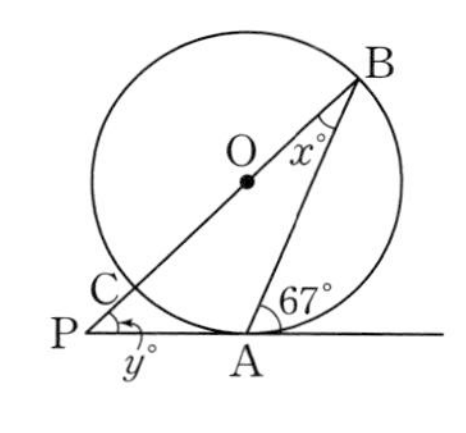

풀이 과정

현 AC를 그으면 현 BC는 지름이므로

$\angle BAC=$☐°

접선과 현 AB가 이루는 각의 성질에 의해

$\angle ACB=$☐°

$\triangle ABC$의 세 내각의 크기의 합은 180°이므로

$x^\circ=180^\circ-(90^\circ+$☐°$)=$☐°

$x=$☐

$\triangle PAB$에서 $\angle PAB$의 외각의 크기는 나머지 두 내각의 크기의 합과 같으므로

$x^\circ+y^\circ=$☐$^\circ+y^\circ=67^\circ$

$y=67-$☐$=$☐

따라서 $x-y=$☐$-$☐$=$☐

유제 4

오른쪽 그림과 같이 원 O 위의 세 점 A, B, C에 대하여 점 A에서 원에 그은 접선과 지름 BC의 연장선의 교점을 P라 하자. 이때 $\angle P$의 크기를 구하시오.

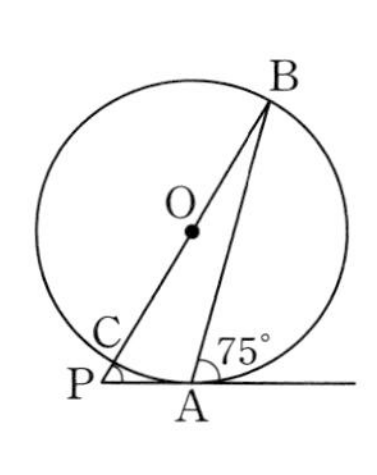

01 오른쪽 그림과 같이 원에 내접하는 사각형 ABCD에서 $\angle ABD=50°$, $\angle ACB=42°$, $\angle ADC=81°$이다. $\angle CAD=x°$, $\angle BAC=y°$일 때, $x-y$의 값은?

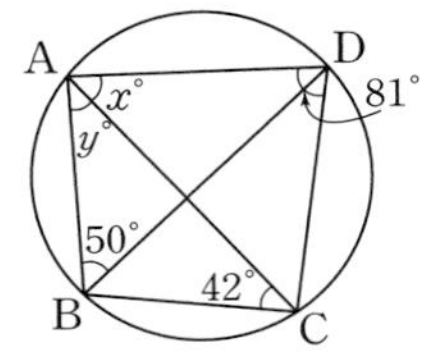

① 6　② 7　③ 8　④ 9　⑤ 10

02 다음 그림에서 x, y의 값은?

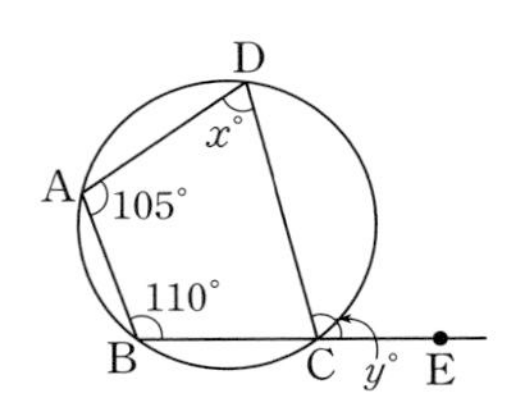

① $x=70$, $y=105$
② $x=70$, $y=110$
③ $x=75$, $y=105$
④ $x=75$, $y=110$
⑤ $x=80$, $y=105$

03 다음 그림과 같이 작은 원 위의 점 A에서 두 원의 교점 P, Q를 각각 지나는 직선을 그어 큰 원과 만나는 점을 각각 B, C라 하자. $\angle A=55°$, $\overline{AP}=\overline{PQ}$일 때, $\angle C$의 크기는?

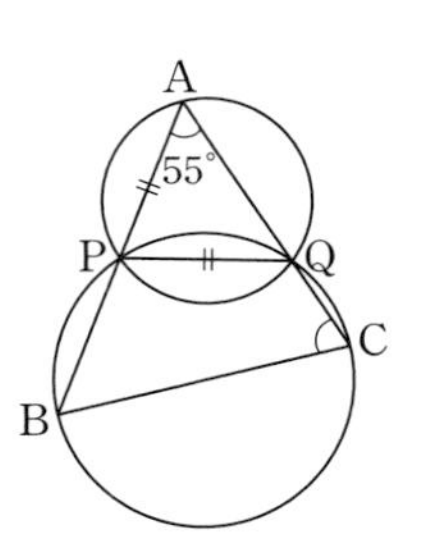

① 55°　② 60°　③ 65°　④ 70°　⑤ 75°

04 오른쪽 그림과 같이 오각형 ABCDE가 원 O에 내접한다. $\angle A=130°$, $\angle D=70°$, $\angle BOC=x°$일 때, x의 값은?

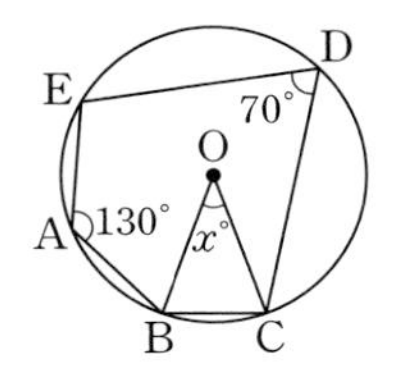

① 30　② 40　③ 50　④ 60　⑤ 70

05 다음 〈보기〉 중 사각형 ABCD가 반드시 원에 내접하는 것만을 있는 대로 고른 것은?

보기

ㄱ. 원 A 밖의 한 점 C에서 원 A에 그은 두 접선의 접점을 B, D라 할 때, 사각형 ABCD

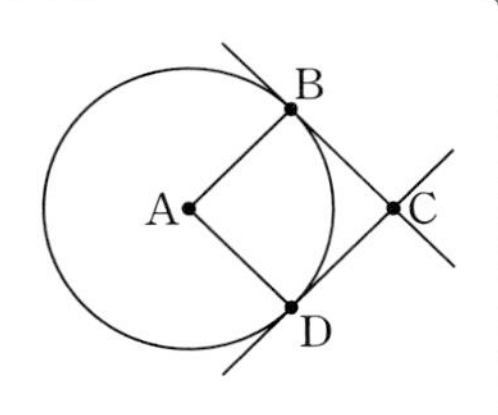

ㄴ. $\overline{AB}=\overline{BC}$이고 $\angle ABC=90°$인 사각형 ABCD

ㄷ. $\overline{AB}=\overline{CD}$이고 $\overline{AB}/\!/\overline{CD}$인 사각형 ABCD

① ㄱ　② ㄴ　③ ㄷ　④ ㄱ, ㄴ　⑤ ㄱ, ㄷ

고난도

06 오른쪽 그림과 같이 원 O에 내접하는 사각형 ABCD에 대하여 직선 PB는 원의 접선이다. $\angle BAD$의 이등분선이 점 O를 지나고 $\angle BCD=94°$일 때, $\angle PBA$의 크기는?

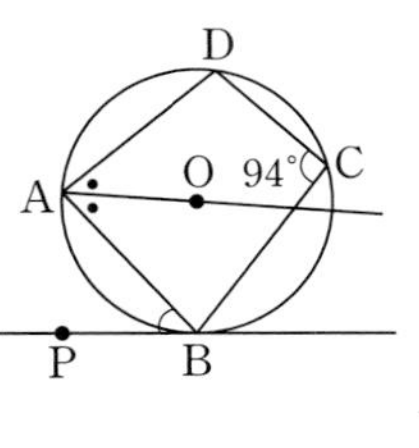

① 43°　② 44°　③ 45°　④ 46°　⑤ 47°

07 다음 그림과 같이 삼각형 ABC의 내접원이 각 변에 접하는 점을 각각 D, E, F라 하자. $\angle EDF=58°$, $\angle DFE=56°$일 때, $\angle A$의 크기는?

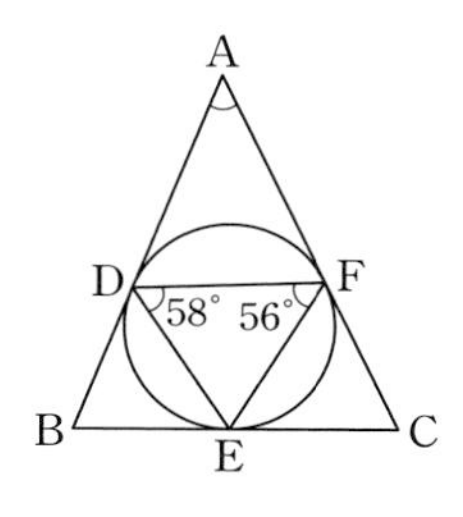

① 48° ② 52° ③ 56°
④ 60° ⑤ 64°

08 오른쪽 그림과 같이 직선 PA가 삼각형 ABC의 외접원의 접선이고 $\angle PAB=100°$일 때, $\angle ACB$의 크기는?

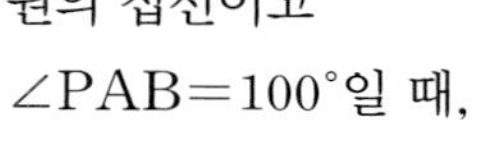

① 60° ② 65° ③ 70°
④ 75° ⑤ 80°

09 다음 그림과 같이 원 위의 네 점 A, B, C, D에 대하여 현 CD의 연장선과 점 A를 지나는 원의 접선의 교점을 P라 하자. $\angle ABC=102°$, $\angle ACD=28°$일 때, $\angle P$의 크기는?

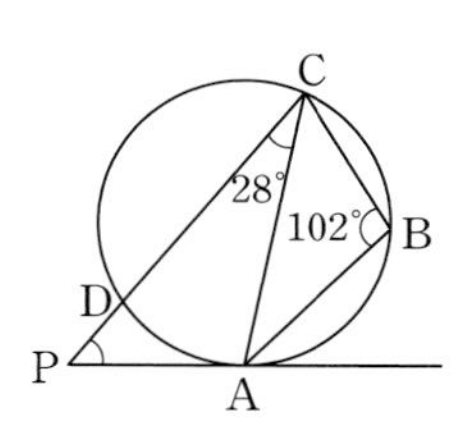

① 48° ② 50° ③ 52°
④ 54° ⑤ 56°

고난도

10 오른쪽 그림과 같이 원 O의 지름인 현 BC의 연장선과 점 A가 접점인 원의 접선의 교점을 P라 하자. $\overline{AB}=\overline{AP}=2$ cm일 때, 원 O의 넓이는?

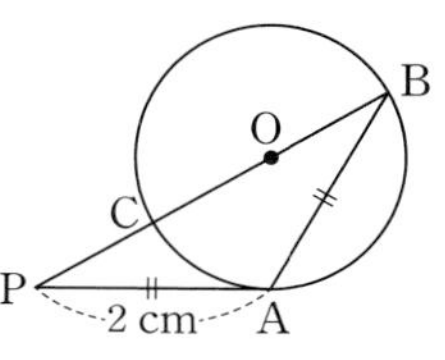

① π cm² ② $\frac{4}{3}\pi$ cm² ③ $\frac{5}{3}\pi$ cm²
④ 2π cm² ⑤ $\frac{7}{3}\pi$ cm²

11 다음 그림과 같이 직선 QQ′은 점 P에서 접하는 두 원의 공통인 접선이다. 점 P를 지나는 두 직선이 두 원과 만나는 점을 각각 A, B, C, D라 하자. $\widehat{AC}:\widehat{CP}:\widehat{AP}=3:4:5$일 때, $x-y$의 값은?

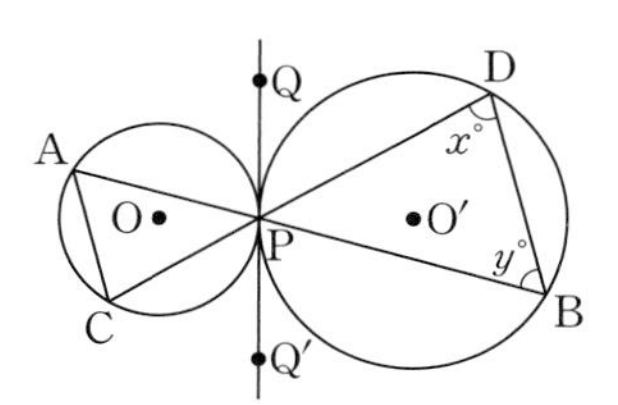

① −30 ② −15 ③ 15
④ 30 ⑤ 45

12 다음 그림과 같이 직선 QQ′은 점 P에서 접하는 두 원 O, O′의 공통인 접선이고 점 P를 지나는 직선이 두 원과 만나는 점을 각각 A, B라 하자. $\overline{BC}$는 원 O′의 지름이고 $\angle PBC=40°$일 때, 호 AP에 대한 원주각인 $\angle x$의 크기는?

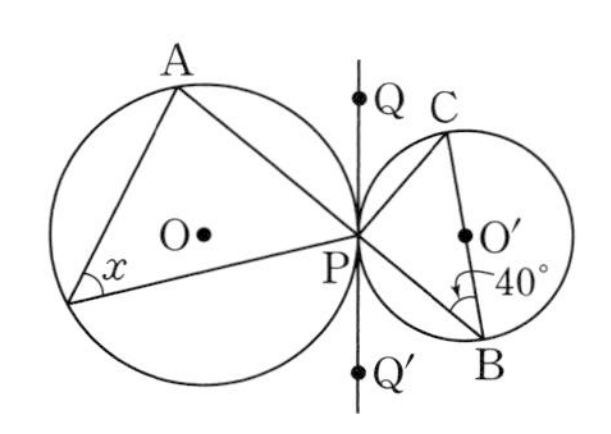

① 35° ② 40° ③ 45°
④ 50° ⑤ 55°

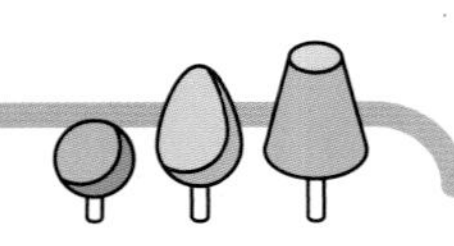

서술형

13 다음 그림과 같이 점 A, B, C, D, E가 한 원 위에 있고 $\angle AEC=102°$, $\angle DCE=25°$일 때, $\angle x-\angle y$의 크기를 구하시오.

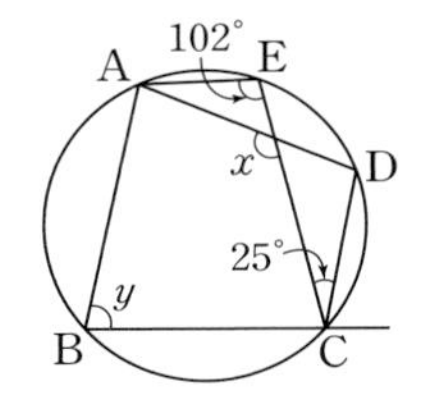

14 다음 그림과 같이 원 O에 내접하는 사각형 ABCD에 대하여 $\angle ABE=96°$, $\angle OCB=35°$일 때, $\angle x$의 크기를 구하시오.

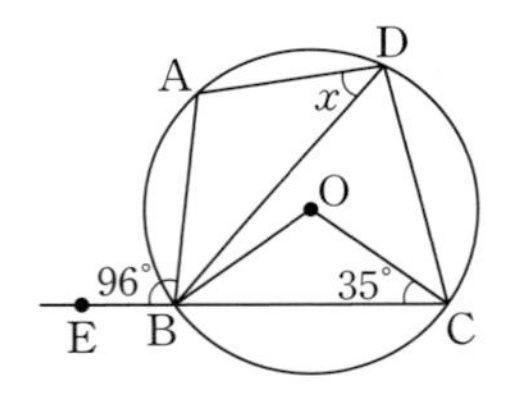

15 다음 그림과 같이 원 위의 네 점 A, B, C, D에 대하여 직선 DP가 원의 접선이고 $\angle ABD=18°$, $\angle BCD=54°$, $\angle CDP=72°$일 때, $\widehat{AB}:\widehat{CD}$를 가장 간단한 자연수의 비로 나타내시오.

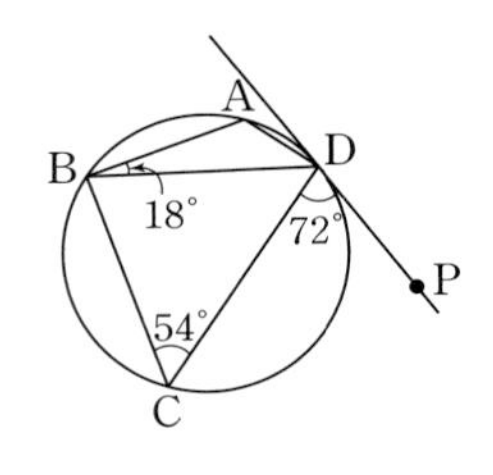

고난도

16 다음 그림과 같이 원 위의 네 점 A, B, C, D에 대하여 현 AB의 연장선과 점 C에서 원에 그은 접선의 교점을 P라 하자. $\overline{AB}=\overline{AC}$이고 $\angle P=30°$일 때, $\angle ADC$의 크기를 구하시오.

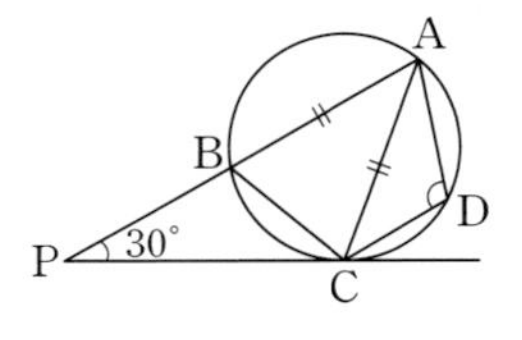

01 오른쪽 그림과 같이 원 위의 점 A, B, C, D, E에 대하여

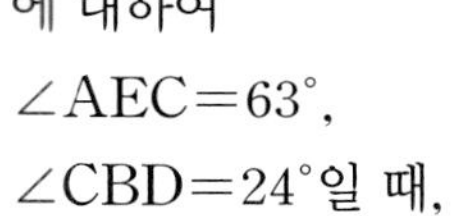

$\angle AEC=63^\circ$,
$\angle CBD=24^\circ$일 때,
$\angle ABD$의 크기는?

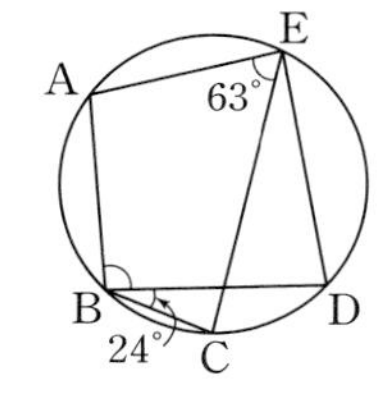

① 93° ② 96° ③ 99°
④ 102° ⑤ 105°

02 오른쪽 그림과 같이 원 O 위의 네 점 A, B, C, D에 대하여 $\angle OAD=15^\circ$, $\angle OCD=72^\circ$일 때, $\angle ABC$의 크기는?

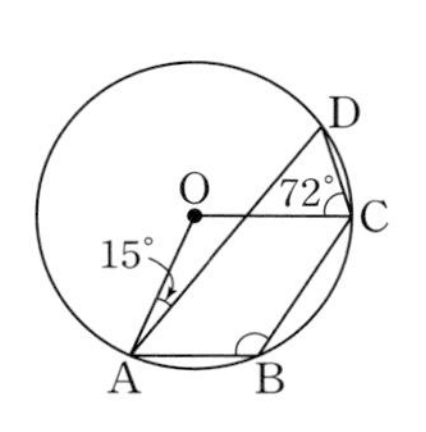

① 120° ② 123° ③ 126°
④ 129° ⑤ 132°

03 다음 그림과 같이 원에 내접하는 사각형 ABCD에서 $\angle CAD=50^\circ$, $\angle BDC=48^\circ$일 때, $\angle DCE$의 크기는?

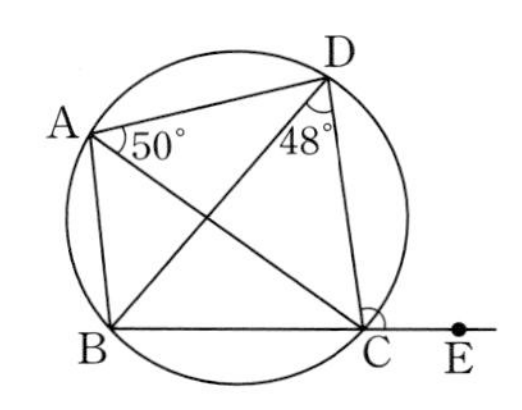

① 94° ② 96° ③ 98°
④ 100° ⑤ 102°

04 다음 그림과 같이 원에 내접하는 사각형 ABCD에서 현 AB와 CD의 연장선의 교점을 P, 현 AD와 BC의 연장선의 교점을 Q라 하자. $\angle P=35^\circ$, $\angle Q=40^\circ$일 때, $\angle x$의 크기는?

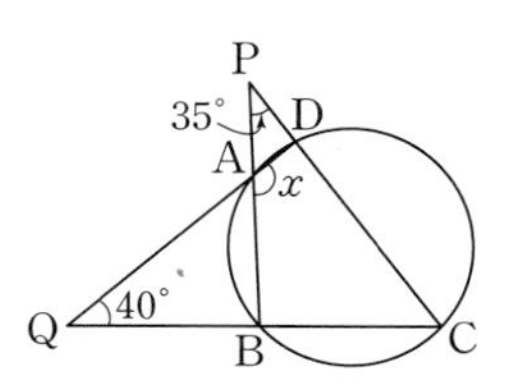

① 120° ② 122.5° ③ 125°
④ 127.5° ⑤ 130°

05 오른쪽 그림과 같이 원에 내접하는 오각형 ABCDE에 대하여 $\angle ABC=93^\circ$, $\angle AED=107^\circ$일 때, $\angle CAD$의 크기는?

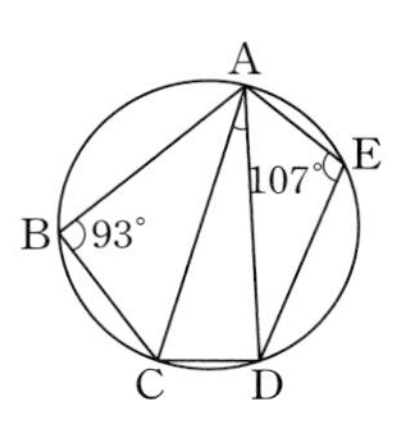

① 16° ② 20° ③ 24°
④ 28° ⑤ 32°

06 다음 그림과 같이 $\angle ABE=105^\circ$, $\angle ACD=30^\circ$일 때, 사각형 ABCD가 원에 내접하도록 하는 $\angle x$의 크기는?

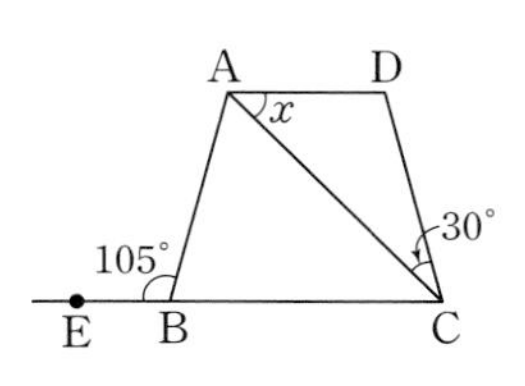

① 25° ② 30° ③ 35°
④ 40° ⑤ 45°

고난도

07 다음 조건을 만족하는 사각형 ABCD의 넓이는? (단, 사각형 ABCD는 정사각형이 아니다.)

> (가) 사각형 ABCD는 원에 내접한다.
> (나) $\angle ABC = \angle ADC$
> (다) $\overline{AB} = \overline{BC} = 5$
> (라) 사각형 ABCD의 네 변의 길이는 모두 자연수이다.

① 13 ② 16 ③ 19
④ 22 ⑤ 25

고난도

08 오른쪽 그림과 같이 원 O에 내접하는 삼각형 ABC에 대하여 직선 PA가 원의 접선이고 $\angle PAC = 60°$, $\overline{AC} = 3$ cm일 때, 원 O의 넓이는?

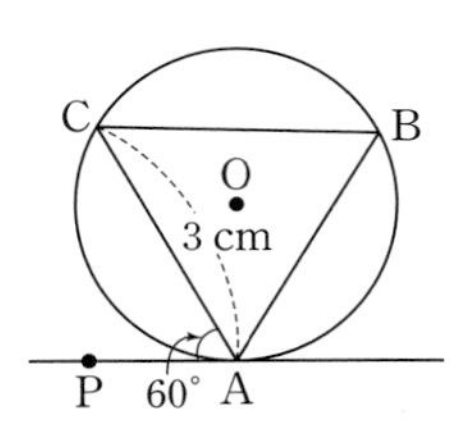

① 3π cm² ② $\frac{9}{2}\pi$ cm² ③ 6π cm²
④ $\frac{15}{2}\pi$ cm² ⑤ 9π cm²

09 다음 그림과 같이 원 O는 △ABC의 내접원이자 △DEF의 외접원이다. $\angle DEF = 60°$, $\angle DFE = 68°$일 때, $\angle x - \angle y + \angle z$의 크기는?

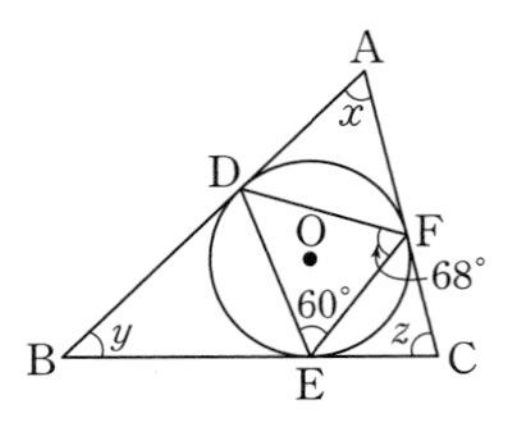

① 28° ② 44° ③ 60°
④ 76° ⑤ 92°

10 오른쪽 그림과 같이 원에 내접하는 삼각형 ABC에서 현 BC의 연장선과 점 A를 지나는 원의 접선의 교점을 D라 하자. $\angle BAC = 33°$, $\angle CDE = 85°$일 때, $\angle x$의 크기는?

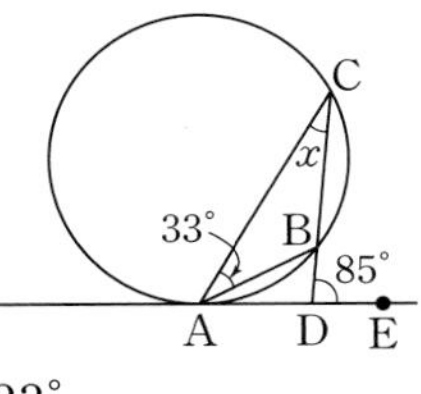

① 24° ② 26° ③ 28°
④ 30° ⑤ 32°

고난도

11 오른쪽 그림과 같이 원 위의 네 점 A, B, C, D에 대하여 $\overset{\frown}{AB} = \overset{\frown}{AD}$이고 $\overline{AC} = 3$, $\overline{BC} = 2$이다. 현 CD의 연장선과 점 A를 지나는 원의 접선의 교점을 P라 할 때, $\overline{PC}$의 길이는?

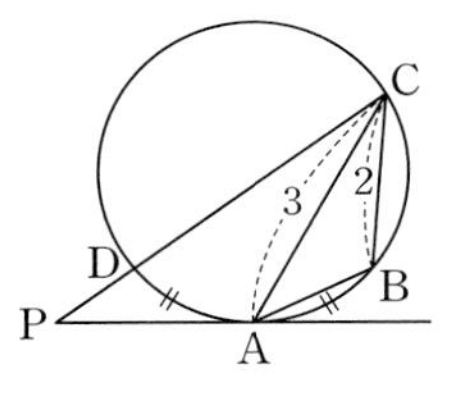

① $\frac{7}{2}$ ② 4 ③ $\frac{9}{2}$
④ 5 ⑤ $\frac{11}{2}$

고난도

12 다음 그림과 같이 △ABC의 외심이 O, 내심이 I이고 내접원이 세 변과 접하는 점을 각각 D, E, F라 하자. $\angle BOC = 100°$일 때, $\angle DEF$의 크기는?

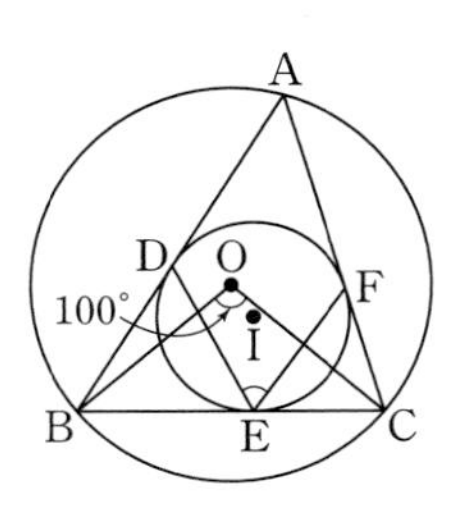

① 45° ② 50° ③ 55°
④ 60° ⑤ 65°

서술형

13 다음 그림과 같이 원에 내접하는 사각형 ABCD에 대하여 $\angle CAD=46°$이고 $\overline{AD}=\overline{CD}$일 때, $\angle ABC$의 크기를 구하시오.

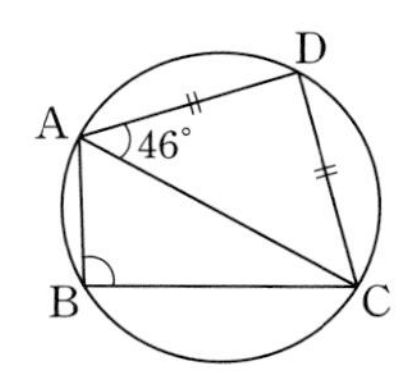

14 다음 그림과 같이 두 원 O, O′이 만나는 두 점 P, Q를 각각 지나는 직선을 그어 두 원과 만나는 점을 각각 A, B, C, D라 하자. $\angle PBD=85°$, $\angle QDB=100°$일 때, $\angle AOQ$의 크기를 구하시오.

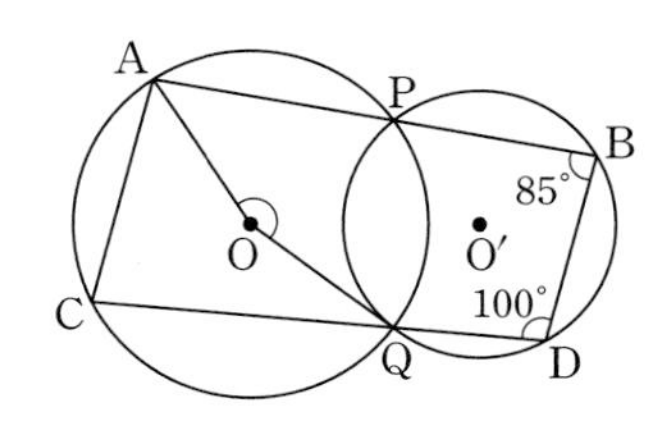

15 다음 그림과 같이 원 O에 내접하는 삼각형 ABC에서 직선 BP는 원 O의 접선이고 $\angle ABP=73°$, $\angle OCB=17°$일 때, $\angle ABC$의 크기를 구하시오.

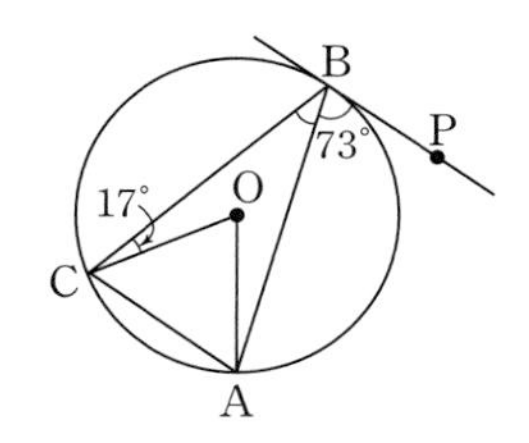

16 다음 그림과 같이 원 위의 세 점 A, B, C에 대하여 점 A를 지나는 원의 접선과 현 BC의 연장선의 교점을 P라 하자. $\angle B=35°$이고 $\overset{\frown}{AB} : \overset{\frown}{BC}=3 : 2$일 때, $\angle P$의 크기를 구하시오.

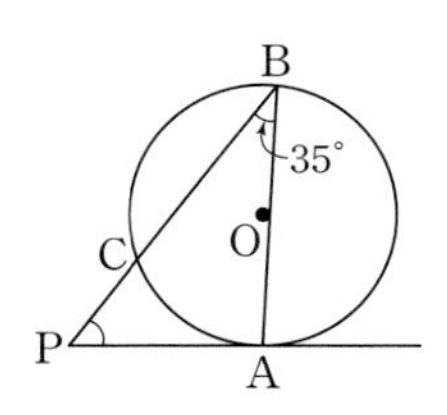

Ⅶ. 통계

1
대푯값과 산포도

대표유형 **1** 대푯값과 평균

대표유형 **2** 중앙값

대표유형 **3** 최빈값

대표유형 **4** 자료와 대푯값

대표유형 **5** 산포도와 편차

대표유형 **6** 분산, 표준편차

대표유형 **7** 식의 값 구하기

대표유형 **8** 자료의 분포

1 대푯값과 산포도

1 대푯값과 평균

(1) **대푯값**
자료 전체의 중심적인 경향이나 특징을 하나의 수로 나타낸 값

(2) **평균**: $\dfrac{(\text{변량의 총합})}{(\text{변량의 개수})}$

(3) **평균의 특징**
① 주로 사용되는 대푯값 중 하나이다.
② 변량의 총합으로 자료를 비교하기 어려울 때 사용한다.
예 1반과 2반의 점수의 총합은 같지만 평균은 1반이 더 높으므로 1반이 시험을 더 잘 봤다고 할 수 있다.

쪽지시험 점수	1반	2반
총합(점)	190	190
학생 수(명)	19	20
평균(점)	10	9.5

2 중앙값

(1) **중앙값**: 자료의 변량을 작은 값부터 크기순으로 나열했을 때 한가운데 있는 값
① **변량의 개수가 홀수이면**: 한가운데 있는 값
② **변량의 개수가 짝수이면**: 한가운데 있는 두 값의 평균

(2) **중앙값의 특징**
① 주어진 변량 중 매우 크거나 매우 작은 값이 있는 경우 중앙값이 평균보다 대푯값으로 적절하다.
② 한가운데 있는 값 이외의 변량에 대한 정보는 주지 못한다.

3 최빈값

(1) **최빈값**: 자료의 변량 중에서 가장 많이 나타난 값

(2) **최빈값의 특징**
① 자료에 따라 두 개 이상일 수 있다.
② 도수가 모두 같은 경우에는 최빈값을 생각하지 않는다.
③ 자료가 숫자가 아닌 경우 대푯값으로 유용하다.
④ 선호도를 조사할 경우 유용하다.
예 회장선거, 신발의 크기, 선호하는 음료수

4 자료와 대푯값

(1) 자료가 주어졌을 때 평균, 중앙값, 최빈값을 구하고 자료의 특성에 따라 어떤 값이 대푯값으로 적절한지 판단할 수 있다.

(2) 대푯값이 주어졌을 때 각 대푯값의 특징을 이용하여 자료를 구할 수 있다.

개념 체크

01
다음은 여섯 명의 학생이 여름방학 동안 읽은 책의 권수를 조사하여 만든 자료이다. 여섯 명의 학생이 여름방학 동안 읽은 책의 권수의 평균을 구하시오.

(단위: 권)

6, 7, 6, 30, 8, 3

02
다음 자료의 중앙값을 구하시오.

(1) 9, 7, 5, 7, 6
(2) 6, 7, 6, 30, 8, 3

03
다음 자료의 최빈값을 구하시오.

(1) 1, 4, 3, 3, 2, 2, 3, 1,
(2) 240, 235, 245, 255, 245, 250, 235, 245, 230, 250, 235

04
다음 자료의 평균이 5일 때, 중앙값을 구하시오.

6, 8, x, 2, 3, 5

Ⅶ. 통계

5 산포도와 편차

(1) **산포도:** 변량이 흩어져 있는 정도를 하나의 수로 나타낸 값
(2) **편차:** (변량)−(평균)
(3) **편차의 특징**
① 편차의 절댓값이 클수록 변량이 평균에서 멀리 떨어져 있다.
② (편차)>0: (변량)>(평균)
(편차)=0: (변량)=(평균)
(편차)<0: (변량)<(평균)
③ 편차의 총합은 항상 0이다.

6 분산, 표준편차

(1) **분산:** 편차의 제곱의 평균. 즉,
$$(\text{분산})=\frac{\{(\text{편차})^2\text{의 총합}\}}{(\text{변량의 개수})}$$
(2) **표준편차:** 분산의 음이 아닌 제곱근. 즉,
$$(\text{표준편차})=\sqrt{(\text{분산})}$$

7 식의 값 구하기

(1) 변량 중 미지수가 있고 산포도가 주어졌을 때, 식을 세워 미지수의 값을 구할 수 있다.
(2) 평균과 산포도가 주어졌을 때, 곱셈 공식을 이용하여 식의 값을 구할 수 있다.

8 자료의 분포

분산과 표준편차를 이용하여 두 집단의 분포상태를 비교할 수 있다.
(1) 변량이 평균을 중심으로 가까이 모여 있을수록 분산과 표준편차가 작다. 또한 분산과 표준편차가 작을수록 자료가 더 고르다고 할 수 있다.
(2) 변량이 평균을 중심으로 흩어져 있을수록 분산과 표준편차가 크다.

개념 체크

05
다음과 같은 자료가 주어졌을 때, 물음에 답하시오.

1, 3, 4, 5, 7

(1) 평균을 구하시오.
(2) 3의 편차를 구하시오.
(3) 분산을 구하시오.
(4) 표준편차를 구하시오.

06
a, b, 1의 평균과 분산이 다음과 같을 때, ab의 값을 구하시오.

평균: $\frac{a+b+1}{3}=0$

분산: $\frac{a^2+b^2+1^2}{3}=2$

07
다음 세 집단 중 자료가 가장 흩어져 있는 집단을 고르시오.

집단	A	B	C
분산	4.3	5.1	3.8

대표유형

유형 1 대푯값과 평균

01 세 개의 수 a, b, c의 평균이 7일 때, 다섯 개의 수 a, b, c, 1, 3의 평균을 구하시오.

풀이전략 변량의 총합을 변량의 개수로 나누어 평균을 구하는 식을 세운다.

02 다음은 A모둠 학생 5명과 B모둠 학생 6명의 왕복오래달리기(셔틀런) 왕복횟수 기록이다. 빈 칸에 들어갈 수를 옳게 짝지은 것은?

A모둠(단위 : 회)	B모둠(단위 : 회)
16 62 20 52 47	52 29 51 23 33 55

A모둠의 기록의 총합은 (가) 회, 평균은 (나) 회이다.
B모둠의 기록의 총합은 (다) 회, 평균은 (라) 회이다.
A, B 두 모둠 학생 11명의 평균을 구하면 (마) 회이다.

① (가): 187 ② (나): 39.5 ③ (다): 243
④ (라): 41.5 ⑤ (마): 40.5

유형 2 중앙값

03 다음은 서영이네 반 학생 20명이 여름방학 동안 읽은 책의 권수를 조사하여 그린 줄기와 잎 그림이다. 이 자료의 중앙값을 구하시오.

(0 | 3은 3권)

줄기	잎
0	3 6 7 9
1	1 1 2 3 5 8 9
2	2 3 6 7 8
3	0 1 2
4	9

풀이전략 자료를 크기순으로 나열한 후 자료의 개수에 따라 경우를 나눠 구한다.

04 다음은 6명의 학생이 1년 동안 관람한 영화의 편수를 조사하여 만든 자료이다. 관람한 영화의 중앙값이 8.5편일 때, x의 값은?

(단위 : 편)

25, 3, 7, 6, x, 15

① 2 ② 8 ③ 10
④ 11 ⑤ 14

05 다섯 명의 학생의 통학시간을 작은 값부터 크기 순으로 나열했을 때, 중앙값이 24분이고 통학시간이 28분인 학생이 한 명 추가되더라도 중앙값은 변하지 않는다. 이때 다섯 명의 학생 중 4번째 학생의 통학시간은?

① 24분 ② 25분 ③ 26분
④ 27분 ⑤ 28분

유형 3 최빈값

06 다음은 A, B, C 세 종류의 음료수 중 선우네 반 학생 20명이 선호하는 음료수를 조사하여 나타낸 것이다. 평균, 중앙값, 최빈값 중 대푯값으로 적절한 것을 말하고 그 값을 구하시오.

A, B, A, A, C, B, B, B, A, B
C, B, A, C, C, A, B, A, B, B

풀이전략 도수가 가장 큰 변량을 구한다.

07 다음은 민수네 반 학생 10명이 하루에 발송한 문자의 개수를 나타낸 자료이다. 자료의 최빈값이 7건으로 한 개뿐일 때, 평균은?

(단위: 건)

x, 3, 13, 7, 7, 9, 11, 3, 5, 15

① 7.6건 ② 7.7건 ③ 7.8건
④ 7.9건 ⑤ 8건

08 다음은 어느 반 학생 30명이 사용하는 전자기기의 개수를 조사하여 나타낸 표이다. 전자기기 개수의 최빈값은?

전자기기 개수(개)	1	2	3	4	5
학생 수 (명)	x	10	5	5	1

① 1개 ② 2개 ③ 3개
④ 4개 ⑤ 5개

유형 4 자료와 대푯값

09 다음은 3학년 학생 10명이 중학교 2학년 때 실시한 봉사활동 시간을 조사하여 만든 자료이다. 이 자료의 평균, 중앙값, 최빈값을 각각 구하고 그 중 대푯값으로 가장 적절한 것을 말하시오.

(단위: 시간)

14, 17, 16, 21, 47, 22, 19, 14, 14, 16

풀이전략 각 대푯값의 정의와 특징을 이용하여 대푯값을 구한다.

10 다음 중 옳은 것은?

① 평균은 극단적인 값의 영향을 받지 않는다.
② 중앙값은 항상 자료에 있는 값 중 하나이다.
③ 중앙값은 자료에 따라 하나로 정해지지 않은 경우도 있다.
④ 최빈값은 자료에 없는 값이 될 수 있다.
⑤ 중앙값과 최빈값이 같을 수 있다.

11 다음은 8명의 학생이 하루 동안 발송한 문자의 수를 조사하여 만든 자료이다. 평균이 9건일 때, 중앙값과 최빈값을 각각 구하시오.

(단위: 건)

6, 5, x, 26, 4, 10, 5, 8

12 다음은 어느 배구경기에서 선수 12명이 한 세트 동안 득점한 점수를 조사하여 나타낸 막대그래프이다. 〈보기〉 중 옳은 것만을 있는 대로 고른 것은?

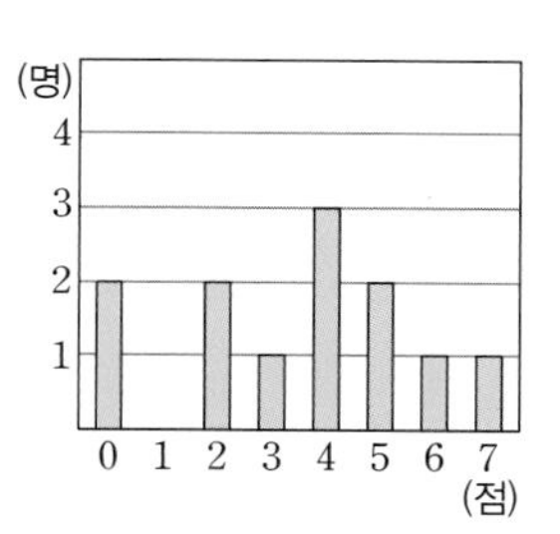

보기
ㄱ. 득점한 점수의 평균은 3.5점이다.
ㄴ. 득점한 점수의 중앙값은 3점이다.
ㄷ. 득점한 점수의 최빈값은 1점, 2점 두 개이다.

① ㄱ ② ㄴ ③ ㄱ, ㄴ
④ ㄱ, ㄷ ⑤ ㄴ, ㄷ

대표유형 

유형 5 산포도와 편차

13 다음은 하준이네 모둠 학생 5명의 휴대폰 사용 시간의 편차이다. 평균 휴대폰 사용 시간이 2 시간일 때, 하준이의 휴대폰 사용 시간은?

학생	하준	서우	주원	지호	준우
편차(시간)	x	-0.4	0.5	1.2	-0.4

① 0.9시간 ② 1시간 ③ 1.1시간
④ 1.2시간 ⑤ 1.3시간

풀이전략 편차의 총합은 0이라는 성질을 이용하여 미지수의 값을 구한다.

14 다음은 5명의 학생이 하루 동안 푼 수학 문제집의 페이지 수와 편차를 조사하여 나타낸 표이다. 페이지 수의 중앙값은?
(단, A, B, C는 상수이다.)

학생	시우	준서	현우	도윤	예준
페이지 수(쪽)	5	12	A	B	4
편차(쪽)	-2	5	-1	C	-3

① 5쪽 ② 6쪽 ③ 7쪽
④ 8쪽 ⑤ 9쪽

15 소연이는 주어진 변량 다섯 개의 평균을 잘못 구해 다음과 같이 편차를 구하였다. 이후 편차의 총합이 0이 아님을 발견하고 다시 평균을 바르게 구하였다. 이때 바르게 구한 평균은?

변량	7	a	b	c	d
잘못 구한 편차	0.6	-0.4	-1.4	0.6	1.6

① 6.3 ② 6.4 ③ 6.5
④ 6.6 ⑤ 6.7

유형 6 분산, 표준편차

16 다음 자료의 분산은?

34, 37, 32, 43, 45, 31

① $\frac{4\sqrt{15}}{3}$ ② $\frac{\sqrt{255}}{3}$ ③ 25
④ $\frac{80}{3}$ ⑤ $\frac{85}{3}$

풀이전략 가장 먼저 평균을 구한 후 편차, 분산, 표준편차의 순서로 구할 수 있다.

17 다음은 학생 7명의 통학시간을 조사한 자료이다. 평균이 14분일 때, 통학시간의 표준편차는?

(단위 : 분)

15, 8, 20, 9, x, 13, 21

① $\frac{2\sqrt{266}}{7}$분 ② $\frac{4\sqrt{70}}{7}$분 ③ $\frac{152}{7}$분
④ $\frac{155}{7}$분 ⑤ $\frac{160}{7}$분

18 다음 자료의 분산이 $\frac{9}{2}$일 때, 양수 x의 값은?

$-2x+5$, $-x+5$, 5, $x+5$, $2x+5$

① $\frac{2}{3}$ ② $\frac{3}{4}$ ③ $\frac{5}{4}$
④ $\frac{4}{3}$ ⑤ $\frac{3}{2}$

유형 7 식의 값 구하기

19 다음 자료의 평균이 3, 분산이 3.2일 때, x^2+y^2의 값은?

$x, 4, 1, y, 2$

① 28　② 32　③ 34
④ 40　⑤ 50

풀이전략 대푯값과 산포도의 정의와 곱셈 공식의 변형을 이용하여 식의 값을 구한다.

20 $a, b, 3, 7$의 평균이 4, 분산이 5일 때, $a, b, 4, 6$의 분산은?

① $\sqrt{3.5}$　② $\sqrt{4.5}$　③ 3.5
④ 4　⑤ 4.5

21 다음 자료의 평균이 9, 분산이 34이다. $x<y$일 때, x, y의 값을 각각 구하시오.

$x, 19, 2, 5, y$

유형 8 자료의 분포

22 다음 중 옳지 않은 것은?

① 산포도에는 평균, 중앙값 등이 있다.
② 표준편차는 분산의 음이 아닌 제곱근이다.
③ 분산이 작아지면 표준편차는 작아진다.
④ 분산이 더 크면 자료가 더 흩어져 있다.
⑤ 표준편차가 작을수록 자료가 더 고르다.

풀이전략 산포도의 정의와 성질을 이용하여 두 집단의 분포 상태를 비교한다.

23 다음은 일주일 동안 다섯 명의 학생의 하루 운동 시간의 평균과 표준편차를 조사하여 나타낸 것이다. 운동시간이 가장 고르지 않은 학생은?

학생	재아	연우	승훈	아윤	세한
평균(분)	30	58	35	21	43
표준편차(분)	5	$4\sqrt{3}$	$5\sqrt{2}$	$3\sqrt{2}$	$\sqrt{5}$

① 재아　② 연우　③ 승훈
④ 아윤　⑤ 세한

24 다음은 다섯 명의 학생이 각각 10회씩 양궁 과녁에 화살을 쏜 결과를 막대그래프로 나타낸 것이다. ①~⑤ 중 점수의 표준편차가 가장 작은 학생은?

①
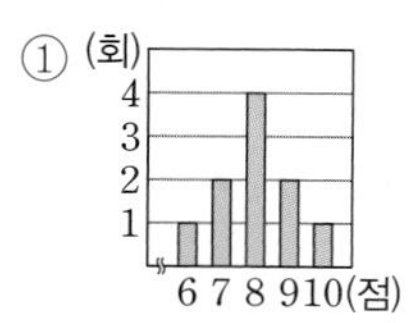

②
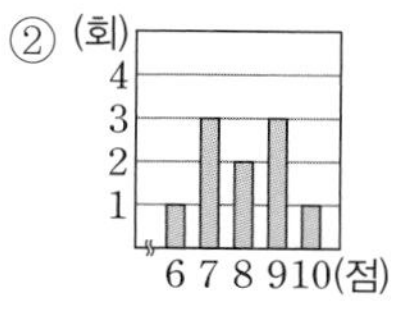

③
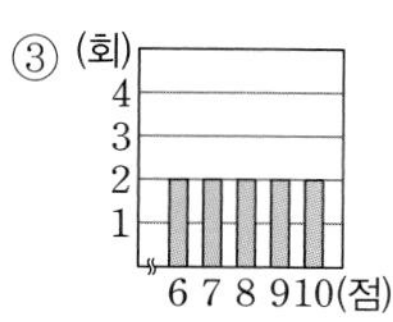

④
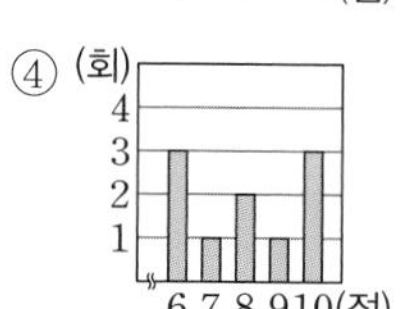

⑤
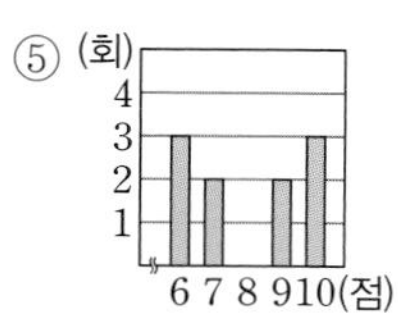

기출 예상 문제

❶ 대푯값과 평균

01 서연이네 반 학생 23명의 평균 키는 160 cm이다. 서연이네 반에 키가 각각 165 cm, 180 cm인 학생 2명이 전학 왔을 때, 서연이네 반 학생 25명의 평균 키는?

① 160 cm ② 161 cm ③ 162 cm
④ 163 cm ⑤ 164 cm

❶ 대푯값과 평균

02 지우네 중학교의 학년별 학생 수와 평균 수면 시간이 다음과 같을 때, 지우네 중학교 1～3학년 학생의 평균 수면 시간은?

	1학년	2학년	3학년
학생 수(명)	80	100	120
평균 수면 시간(시간)	7.8	7.2	6.3

① 6.8시간 ② 6.9시간 ③ 7시간
④ 7.1시간 ⑤ 7.2시간

❷ 중앙값

03 다음은 한국중학교 1학년 학생 100명을 대상으로 학생건강체력평가를 실시한 결과를 조사하여 각 등급의 상대도수를 나타낸 표이다. 이때 등급의 중앙값은?

등급	1	2	3	4	5
상대도수	0.04	0.3	0.47	0.17	0.02

① 1등급 ② 2등급 ③ 3등급
④ 4등급 ⑤ 5등급

❷ 중앙값

04 상수 a, b, c, d, e에 대하여 a, b, c, d, e의 중앙값은 7이고 4라는 변량이 추가되더라도 중앙값은 변하지 않는다. 이때 b의 값은?

(단, $a \le b \le c \le d \le e$)

① 3 ② 4 ③ 5
④ 6 ⑤ 7

❷ 중앙값

05 5명의 학생의 멀리뛰기 기록을 작은 값부터 크기 순으로 나열했을 때, 중앙값은 161 cm이고 4번째 학생의 기록은 167 cm이다. 여기에 기록이 x cm인 학생이 추가되었을 때, 중앙값이 164 cm가 되었다. 이때 가능한 x의 범위는?

① $x < 161$
② $161 \le x < 164$
③ $164 \le x < 167$
④ $161 \le x < 167$
⑤ $x \ge 167$

❸ 최빈값

06 다음은 승엽이네 반 학생 20명의 체육복 사이즈를 조사하여 만든 자료이다. 이 자료의 중앙값을 a, 최빈값을 b라 할 때, $a+b$의 값은?

95 100 75 80 90 95 90 90 85 85
90 75 90 80 85 85 80 85 90 95

① 170 ② 172.5 ③ 175
④ 177.5 ⑤ 180

❸ 최빈값

07 다음 자료의 평균과 최빈값이 같을 때, x의 값은?

4, 5, 8, x, 2, 3, 13, 21

① 3 ② 4 ③ 5
④ 8 ⑤ 13

❸ 최빈값

08 다음은 10명의 학생이 가장 좋아하는 과일을 조사하여 나타낸 막대그래프인데 일부가 찢어져 보이지 않는다. 이때 가장 좋아하는 과일의 최빈값을 구하시오.

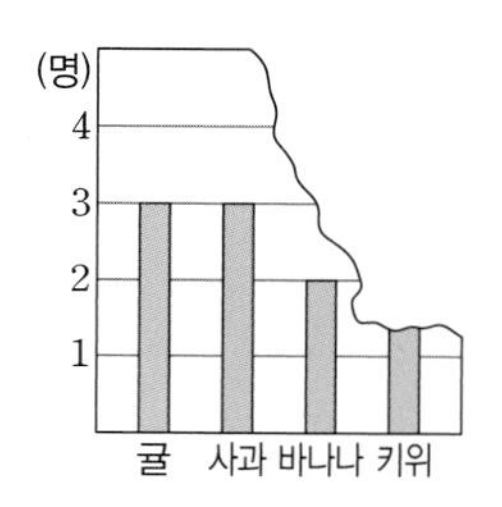

❹ 자료와 대푯값

09 다음은 7명의 학생의 시력을 조사하여 나타낸 자료이다. 시력이 1.1인 학생 한 명이 추가되었을 때, 〈보기〉 중 변하지 않는 대푯값만을 있는 대로 고른 것은?

0.7 0.4 1.3 1.5 0.7 2.0 1.1

보기
ㄱ. 평균 ㄴ. 중앙값 ㄷ. 최빈값

① ㄱ ② ㄴ ③ ㄷ
④ ㄱ, ㄴ ⑤ ㄱ, ㄷ

❹ 자료와 대푯값

10 어떤 동호회 사람들이 일 년 동안 관람한 영화 편수의 대푯값이 다음과 같을 때, 옳은 것은?

(단위: 편)

평균	중앙값	최빈값
100	20	18, 21

① 극단적으로 작은 값이 있다.
② 18, 20, 21은 자료에 있는 값이다.
③ 자료 중 가장 큰 값은 23이다.
④ 자료의 개수는 6개이다.
⑤ 18과 21의 도수는 같다.

❹ 자료와 대푯값

11 다음은 하루 동안 마트에서 판매한 우유의 용량을 조사하여 나타낸 표이다. 빈 칸에 들어갈 말로 옳은 것을 고르면?

용량(L)	0.2	0.5	1	1.8	2.3
개수(개)	8	5	6	9	2

우유 용량의 평균은 (가), 중앙값은 (나), 최빈값은 (다)이다. 따라서 가장 재고를 많이 확보해야 할 용량은 (라)인 (마)이다.

① (가) : 1 L ② (나) : 1.8 L
③ (다) : 0.2 L ④ (라) : 최빈값
⑤ (마): 1 L

❹ 자료와 대푯값

12 오른쪽은 10명의 평가단이 레스토랑의 신메뉴 후보인 A, B, C를 시식하고 매긴 평점을 조사하여 나타낸 꺾은선그래프이다. 다음 중 옳은 것만을 있는 대로 고르시오.

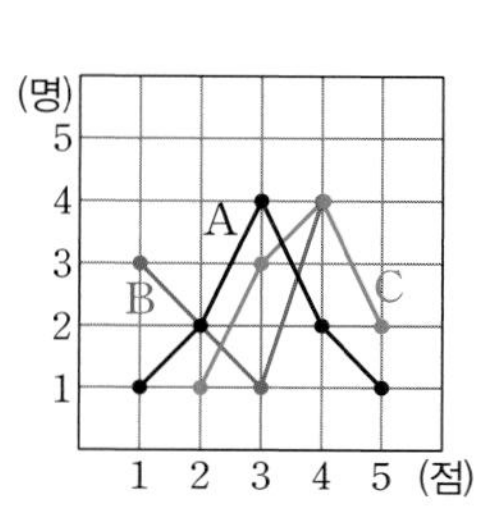

ㄱ. 평점의 평균이 가장 작은 메뉴는 A이다.
ㄴ. 평점의 중앙값이 가장 큰 메뉴는 C이다.
ㄷ. B와 C의 평점의 최빈값은 같다.

5 산포도와 편차

13 다음은 다섯 중학교의 자율동아리 수의 편차를 나타낸 표이다. 옳지 않은 것은?

중학교	A	B	C	D	E
편차(개)	4	-3	2	-1	-2

① 평균에서 가장 떨어져 있는 학교는 A중학교이다.
② 자율동아리 수가 가장 적은 학교는 B중학교이다.
③ C중학교와 E중학교의 자율동아리 수는 평균에서 같은 거리만큼 떨어져 있다.
④ A중학교는 D중학교보다 자율동아리가 3개 더 많다.
⑤ 자율동아리 수의 중앙값과 평균은 다르다.

5 산포도와 편차

14 다음 중 주어진 자료의 편차에 해당되지 않는 것은?

11, 8, 6, 13, 12

① -2　② -1　③ 1
④ 2　⑤ 3

5 산포도와 편차

15 다음은 5개의 변량에 대한 편차를 나열한 것이다. 편차의 최빈값이 1일 때, a^2+b^2의 값은?

a, b, 1, 0, 2

① 5　② 10　③ 17
④ 20　⑤ 25

6 분산, 표준편차

16 연속하는 다섯 개의 자연수의 분산은?

① 1　② $\sqrt{2}$　③ $\sqrt{3}$
④ 2　⑤ $\sqrt{5}$

6 분산, 표준편차

17 다음은 일주일 동안 푼 수학 문항 수를 조사하여 나타낸 표이다. 문항 수의 표준편차는?

요일	월	화	수	목	금	토	일
문항 수(개)	14	9	12	8	9	14	11

① $\frac{6}{7}$개　② $\sqrt{5}$개　③ $\frac{6\sqrt{7}}{7}$개
④ 5개　⑤ $\frac{36}{7}$개

6 분산, 표준편차

18 5명의 학생이 100m 달리기를 했을 때, 그 기록의 편차가 다음과 같다. 이때 표준편차는?

(단위 : 초)

-0.3, x, 0.1, 0.3, -0.1

① 0.04초　② 0.05초　③ 0.1초
④ 0.2초　⑤ $\sqrt{0.05}$초

⑦ 식의 값 구하기

19 다음 자료의 평균이 6, 분산이 $\frac{44}{5}$일 때, ab의 값을 구하면?

a, b, 7, 3, 9

① 10 ② 18 ③ 24
④ 28 ⑤ 30

⑦ 식의 값 구하기

20 나이의 평균이 12살, 표준편차가 $\sqrt{10}$살인 다섯 사람이 있다. 일 년이 지나 다섯 명 모두 나이를 1살 더 먹었을 때, 나이의 평균과 표준편차를 차례로 구하면?

	평균(살)	표준편차(살)
①	13	$\sqrt{10}$
②	13	$\sqrt{11}$
③	13	$\sqrt{10}+1$
④	17	$\sqrt{10}$
⑤	17	$\sqrt{10}+1$

⑦ 식의 값 구하기

21 다음 자료의 분산이 $\frac{38}{3}$일 때, 양수 a의 값은?

$3a-1$, $4a+3$, $5a+1$

① 1 ② 2 ③ 3
④ 4 ⑤ 5

⑧ 자료의 분포

22 A, B, C, D, E 중 표준편차가 같은 것을 바르게 짝지은 것은?

A. 1부터 10까지의 자연수 중 홀수
B. 5 이하의 자연수
C. 3, 6, 9, 12, 15
D. 10, 15, 20, 25, 30
E. 12, 14, 16, 18, 20

① A−B ② A−C ③ A−D
④ A−E ⑤ B−C

⑧ 자료의 분포

23 다음은 1, 2반 학생 수와 학생들의 수행평가 점수의 평균, 표준편차를 조사하여 나타낸 표이다. 두 반 전체 학생의 점수의 표준편차는?

	1반	2반
학생 수(명)	22	28
평균(점)	15	15
표준편차(점)	3	2.5

① $\sqrt{5}$점 ② $\sqrt{5.5}$점 ③ $\sqrt{6}$점
④ $\sqrt{6.73}$점 ⑤ $\sqrt{7.46}$점

⑧ 자료의 분포

24 다음은 수영이와 민영이가 각각 5번씩 사격을 한 결과지이다. 두 사람 중 사격점수가 평균을 중심으로 더 모여 있는 사람을 고르시오.

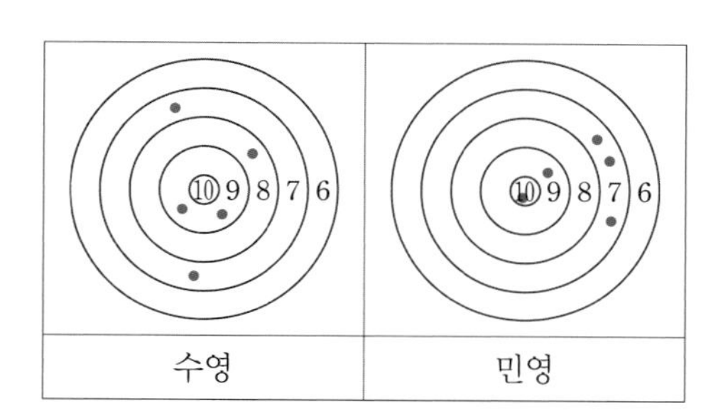

고난도 집중 연습

1

지윤이네 모둠원 6명이 보드게임을 한 후 각자의 점수를 작은 값부터 크기순으로 나열할 때, 3번째 학생의 점수는 10점이고, 중앙값은 12점이다. 다음 판을 진행하여 10점인 학생이 점수를 1점 더 얻었을 때, 중앙값을 구하시오.

(단, 나머지 학생들의 점수는 그대로이다.)

1-1

8명의 학생의 팔굽혀펴기 기록을 작은 값부터 크기순으로 나열할 때, 4번째 학생의 기록은 15개이고 중앙값은 16개이다. 기록이 15개인 학생이 재도전을 해 기록이 16개가 되었을 때, 중앙값을 구하시오.

(단, 나머지 학생들의 기록은 그대로이다.)

2

다음은 수연이네 모둠 5명의 신발 사이즈를 조사하여 분석한 결과이다. 수연이의 신발 사이즈를 구하시오.

ㄱ. 모둠원 중 한 명의 신발 사이즈는 250 mm이다.
ㄴ. 평균은 243 mm이다.
ㄷ. 중앙값은 245 mm이다.
ㄹ. 최빈값의 개수는 두 개이며 그 차는 5 mm이다.
ㅁ. 수연이보다 신발 사이즈가 작은 모둠원은 없다.

2-1

다음은 지현이네 모둠 5명의 키를 조사하여 분석한 결과이다. 지현이의 키를 구하시오.

(단, 모든 학생의 키는 자연수이다.)

ㄱ. 중앙값은 165 cm이다.
ㄴ. 최빈값의 개수는 두 개이며 그 차는 2 cm이다.
ㄷ. 지현이보다 키가 큰 모둠원은 1명이다.

다음은 지우의 모둠 5명의 몸무게에서 지우의 몸무게를 각각 뺀 값을 나타낸 표이다. 다섯 명의 학생의 몸무게의 표준편차를 구하시오.

학생	지우	건우	아윤	도현	하린
{(각 학생의 몸무게) −(지우의 몸무게)}(kg)	0	6	−1	8	2

다음은 다섯 명의 학생 A, B, C, D, E의 50 m 달리기 기록에서 C의 기록을 각각 뺀 값을 나타낸 표이다. 50 m 달리기 기록의 표준편차를 구하시오.

	A	B	C	D	E
{(각 학생의 기록) −(C의 기록)}(초)	−0.2	0.7	0	0.1	0.4

자료 a, b, c의 평균이 2이고 분산이 4이다. 이때 6이라는 변량이 하나 추가됐을 때, a, b, c, 6의 분산을 구하시오.

4-1

자료 a, b, c, d의 평균이 4이고 분산이 2이다. 이때 9라는 변량이 하나 추가됐을 때, a, b, c, d, 9의 분산을 구하시오.

서술형 집중 연습

예제 1

8월에 실시한 어느 자격증 시험의 전체 응시자 중 10%만 합격하였다. 전체 응시자의 평균 점수가 59.4점, 불합격자의 평균 점수가 58점일 때, 합격자의 평균 점수를 구하시오.

풀이 과정

전체 응시자를 $10k$명, 합격한 응시자를 k명, 불합격한 응시자를 $9k$명이라 하면

전체 응시자의 점수의 합은

$\square \times 10k = \square$(점)

불합격한 응시자의 점수의 합은

$\square \times 9k = \square$(점)

따라서 합격한 응시자의 점수의 합은

$594k - 522k = \square$(점)이고

합격자의 평균 점수는 $\dfrac{\square}{k} = \square$(점)이다.

유제 1

12월에 실시한 운전면허시험의 합격자의 80%는 10대라고 한다. 이때 전체 합격자의 평균 점수가 83점, 10대 합격자의 평균 점수가 82점이라 할 때, 10대가 아닌 합격자의 평균 점수를 구하시오.

예제 2

3학년 5반 학생 20명의 영어수행평가 점수를 조사하여 다음과 같이 막대그래프로 만들었을 때, 영어수행평가 점수의 평균, 중앙값, 최빈값의 대소를 비교하시오.

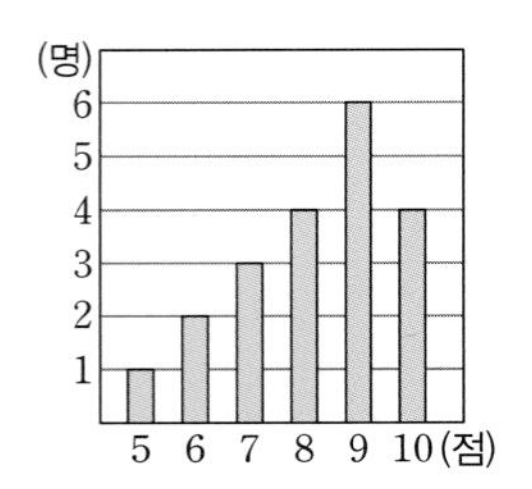

풀이 과정

평균은 점수의 총합이 $\square$점이므로

$\dfrac{\square}{20} = \square$(점)

중앙값은 열 번째 값인 $\square$점과 열한 번째 값인 $\square$점의 평균이므로 $\square$점이다.

최빈값은 $\square$점이다.

따라서 $\square < \square < \square$

유제 2

한 체육관 회원 20명의 운동시간을 조사하여 다음과 같이 표로 만들었을 때, 운동시간의 평균, 중앙값, 최빈값의 대소를 비교하시오.

운동시간(분)	도수(명)
30	3
40	3
50	4
60	5
70	3
80	1
90	1

예제 3

다음은 여섯 개의 변량 A, B, C, D, E, F에 대한 편차이다. 평균이 25일 때, 가능한 D의 값을 모두 구하시오.

변량	A	B	C
편차	x^2-x	x^2+1	$2x-3$
변량	D	E	F
편차	$2x+1$	$3x+2$	$x+2$

풀이 과정

편차의 총합이 0이므로

$\square x^2+\square x+3=0$

$(x+\square)(\square x+1)=0$

$x=\square$ 또는 $x=-\frac{1}{2}$

$x=\square$일 경우 D의 편차는 $2x+1=-5$이고

D의 값은 $\square$

$x=-\frac{1}{2}$일 경우 D의 편차는 $2x+1=\square$이고

D의 값은 $\square$

따라서 가능한 D의 값은 $\square$, $\square$이다.

유제 3

다음은 수영이네 모둠원 6명의 키에 대한 편차이다. 평균이 166 cm이고, 수영이의 키의 편차가 $(-2x+1)$ cm일 때, 수영이의 키를 구하시오.

(단, 수영이의 키는 평균보다 크다.)

(단위: cm)

$-2x+1,\ x-2,\ x^2,\ -4x+3,\ x^2-1,\ x^2+x$

예제 4

다음은 어느 빵집에서 판매하는 A, B 두 종류의 빵이 5일간 판매된 개수를 조사하여 나타낸 표이다. 두 빵 중 어느 빵의 판매 개수가 더 고른지 구하시오.

(단위: 개)

	월	화	수	목	금
A	28	29	31	33	29
B	28	31	32	30	29

풀이 과정

A빵의 판매 개수의 평균은 $\square$개, 편차는

차례로 -2, $\square$, $\square$, $\square$, -1이므로 분산은

$$\frac{(-2)^2+(\square)^2+\square^2+\square^2+(-1)^2}{5}=\frac{\square}{5}$$

B빵의 판매 개수의 평균은 $\square$개, 편차는

차례로 $\square$, $\square$, $\square$, 0, $\square$이므로 분산은

$$\frac{(\square)^2+\square^2+\square^2+0^2+(\square)^2}{5}=\frac{\square}{5}=\square$$

따라서 B빵의 판매 개수의 분산이 A빵의 판매 개수의 분산보다 작으므로 $\square$빵의 판매 개수가 더 고르다.

유제 4

다음은 지은이와 재민이가 6일간 외출준비를 하는 데 걸린 시간을 조사하여 나타낸 표이다. 두 사람 중 누구의 준비시간이 더 고른지 구하시오.

(단위: 분)

	월	화	수	목	금	토
지은	10	15	15	14	11	13
재민	12	15	15	10	14	12

고난도

01 대한중학교 3학년의 남학생 키의 평균은 166.6 cm, 여학생 키의 평균은 156.25 cm라고 한다. 대한중학교 3학년의 남학생 수와 여학생 수의 비가 5 : 4일 때, 대한중학교 3학년 학생의 키의 평균은?

① 161 cm ② 162 cm ③ 163 cm
④ 164 cm ⑤ 165 cm

02 다음은 8명이 하루 동안 휴대폰으로 영상을 시청한 시간을 조사하여 만든 자료이다. 평균, 중앙값 중 대푯값으로 적절한 것과 그 값을 구하면?

(단위 : 분)

28, 30, 26, 32, 210, 28, 31, 23

	적절한 대푯값	값(분)
①	평균	29
②	평균	51
③	중앙값	28
④	중앙값	29
⑤	중앙값	30

03 다음은 9명이 일주일 동안 감상한 노래의 수를 조사하여 만든 자료이다. 노래의 수의 중앙값이 12곡일 때, 〈보기〉 중 가능한 a의 값의 개수는?

(단위 : 곡)

a, 12, 18, 1, 40, 3, 15, 7, 19

보기

2, 3, 5, 12, 25

① 1개 ② 2개 ③ 3개
④ 4개 ⑤ 5개

04 다음은 어떤 8개의 자료를 작은 값부터 크기순으로 나열한 것이다. 자료의 평균, 중앙값, 최빈값이 모두 같을 때, $b-a$의 값은?

3, 4, 5, 8, a, 10, 12, b

① 5 ② 6 ③ 7
④ 8 ⑤ 9

05 다음은 A모둠과 B모둠이 체육 수행평가를 위해 연습한 단체줄넘기 기록을 나타낸 표이다. 옳지 않은 것은?

(단위 : 개)

A모둠	12, 15, 11, 7, 7, 20
B모둠	10, 13, 8, 10, 14

① A모둠의 평균은 B모둠의 평균보다 크다.
② A모둠의 중앙값은 11.5개이다.
③ B모둠의 중앙값과 최빈값은 같다.
④ A모둠의 중앙값과 B모둠의 중앙값의 차는 1개이다.
⑤ B모둠의 여섯 번째 기록이 17개라면 두 모둠의 평균이 같아진다.

06 다음 중 주어진 자료의 평균, 중앙값, 최빈값 중 어느 것에도 해당되지 않는 것은?

4, 5, 5, 3, 9, 10, 3, 4, 8, 9,

① 3 ② 4 ③ 5
④ 6 ⑤ 7

07 다음 중 옳지 않은 것은?

① 평균보다 큰 변량의 편차는 양수이다.
② 편차의 총합은 0이다.
③ 편차의 제곱의 평균은 분산이다.
④ 분산은 항상 양수이다.
⑤ 표준편차와 변량은 단위가 같다.

08 다음은 학생 6명의 교복 셔츠 사이즈와 그 편차를 조사하여 나타낸 표이다. 교복 셔츠 사이즈의 표준편차는?

학생	A	B	C	D	E	F
사이즈	100	b	115	d	105	110
편차	a	-15	c	5	e	5

① $\frac{20\sqrt{3}}{3}$　② $\frac{10\sqrt{6}}{3}$　③ $4\sqrt{5}$
④ $\frac{200}{3}$　⑤ 80

고난도

09 지수네 모둠원 5명의 배구 수행평가 기록의 평균이 17개, 표준편차가 2개이다. 이때 기록이 17개인 학생 한 명이 전학 갔을 때, 나머지 모둠원 4명의 배구 수행평가 기록의 표준편차는?

① 2개　② $\sqrt{4.5}$개　③ $\sqrt{5}$개
④ $\sqrt{5.5}$개　⑤ $\sqrt{6}$개

10 다음 자료의 분산이 3.2일 때, 평균은? (단, $a>0$)

$-a$, $2a+1$, $a-3$, $2a-1$, $a-2$

① 0　② 1　③ 2
④ 3　⑤ 4

11 가로의 길이, 세로의 길이, 높이가 각각 1, x, y인 직육면체가 있다. 이 직육면체의 모서리의 길이의 평균이 4, 분산이 $\frac{14}{3}$일 때, 이 직육면체의 부피는?

① 10　② 18　③ 24
④ 28　⑤ 30

12 다음은 다섯 명의 학생이 한 달 동안 매일 걸어 다닌 걸음 수의 평균과 분산, 표준편차를 조사하여 나타낸 표이다. 걸음 수가 가장 고른 학생은?

	예은	상헌	서하	나은	서연
평균(걸음)	a	7979	7532	6897	8245
분산	450	b	250	d	300
표준편차(걸음)	$15\sqrt{2}$	$4\sqrt{15}$	c	17.4	e

① 예은　② 상헌　③ 서하
④ 나은　⑤ 서연

서술형

고난도

13 다음은 예준이네 반 학생 12명의 신발 사이즈를 조사한 결과를 표로 나타낸 것이다. 신발 사이즈의 평균이 252.5 mm일 때, 신발 사이즈의 최빈값을 구하시오.

신발 사이즈(mm)	240	250	260	270	합계
학생 수(명)	x	y	4	1	12

14 다음은 지민이네 반 학생 15명의 유연성 검사(앉아 윗몸 앞으로 굽히기)를 조사하여 나타낸 줄기와 잎 그림이다. 평균, 중앙값, 최빈값을 각각 구하시오.

(0 | 4는 4 cm)

줄기	잎
0	4 5 7 9
1	0 0 1 2 7
2	2 4 5 5 7
3	2

고난도

15 다음은 학생 5명의 윗몸일으키기 횟수의 편차이다. x의 값을 구하시오.

(단위: 회)

$-2,\ 3x+2,\ 1,\ -2,\ 2x^2-1$

16 다음 두 자료 A, B 중 더 고른 것을 고르시오.

A	7, 5, 9, 3, 11
B	26, 32, 28, 31, 30, 27

01 다음은 20명의 학생의 필통 속 필기구 수를 조사하여 나타낸 도수분포표이다. 필기구 수의 중앙값은?

필기구 수(개)	5	6	7	8	9	10	11
학생 수(명)	2	4	5	3	3	2	1

① 7개 ② 7.5개 ③ 8개
④ 8.5개 ⑤ 9개

고난도

02 두 자연수 a, b에 대하여 a, b, 1, 10, 4의 중앙값이 7이고 a, b, 8, 11의 중앙값이 8.5일 때, $b-a$의 값은? (단, $a<b$)

① 1 ② 2 ③ 3
④ 4 ⑤ 5

고난도

03 다음은 두 모둠의 제기차기 기록을 조사하여 만든 자료이다. 각 모둠의 대푯값을 구했더니 A모둠의 중앙값과 B모둠의 평균이 같았다. 또, A모둠의 중앙값과 최빈값이 같을 때, A, B 두 모둠을 합쳐 11명의 제기차기 기록의 최빈값은?

(단위: 개)

A모둠	x 10 7 9 9
B모둠	3 7 $x+4$ 18 $2x+2$ 5

① 3개 ② 5개 ③ 7개
④ 9개 ⑤ 10개

04 다음 세 자료 A, B, C에 대한 〈보기〉의 설명 중 옳은 것만을 있는 대로 고른 것은?

A	4, 7, 9, 1, 4
B	9, 3, 4, 7, 6, 7
C	1, 5, 6, 7, 2, 5, 9

보기
ㄱ. 세 자료 중 평균이 가장 큰 자료는 C이다.
ㄴ. 세 자료 중 중앙값이 자료에 없는 값인 자료는 1개이다.
ㄷ. 세 자료 중 평균, 중앙값, 최빈값이 모두 같은 자료는 없다.

① ㄱ ② ㄴ ③ ㄱ, ㄴ
④ ㄱ, ㄷ ⑤ ㄴ, ㄷ

고난도

05 다음 자료의 최빈값과 중앙값이 같을 때, x가 될 수 있는 값을 모두 고르면? (정답 2개)

$x+2$, 3, 8, 4, $2x$, 10

① 2 ② 4 ③ 6
④ 8 ⑤ 10

06 다음은 하영이네 반 학생 26명이 집에서 키우는 화분의 개수를 조사해 막대그래프로 나타낸 것이다. 이때 평균, 중앙값, 최빈값의 대소를 바르게 비교한 것은?

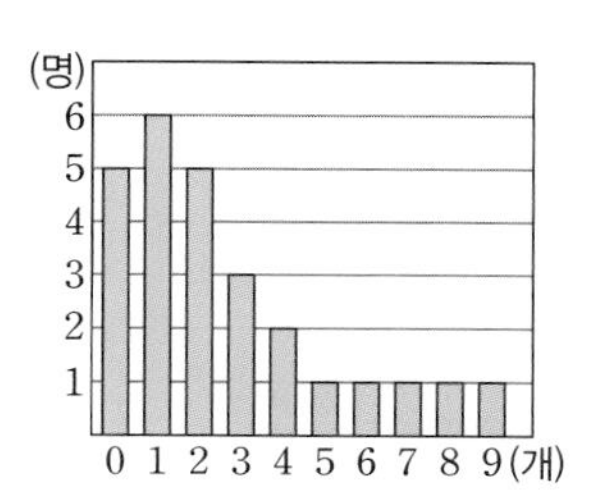

① (평균)<(중앙값)<(최빈값)
② (평균)<(최빈값)<(중앙값)
③ (중앙값)<(최빈값)<(평균)
④ (최빈값)<(중앙값)<(평균)
⑤ (최빈값)<(평균)<(중앙값)

07 다음 중 옳지 않은 것은?

① 편차가 0인 변량은 평균과 같다.
② 편차의 절댓값이 클수록 변량이 평균에서 멀리 떨어져 있다.
③ 편차의 평균은 0이다.
④ 두 집단의 평균이 달라도 분산은 같을 수 있다.
⑤ 분산을 제곱하면 표준편차가 된다.

08 다음은 5개의 변량 A, B, C, D, E의 편차를 나타낸 것이다. 5개의 편차의 절댓값이 모두 10보다 작을 때, x의 값은?

변량	A	B	C	D	E
편차	$-x$	x^2+x	$-x-3$	-2	$-2x+1$

① -4　② -2　③ -1
④ 1　⑤ 4

09 다음은 현서가 15번 다트를 던진 결과를 나타낸 막대그래프이다. 점수의 분산은?

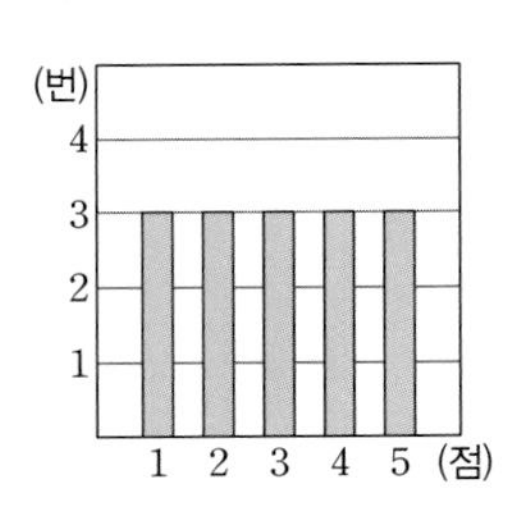

① 1　② $\sqrt{2}$　③ $\sqrt{3}$
④ 2　⑤ $\sqrt{5}$

10 다음은 5개의 변량 A, B, C, D, E에 대한 편차이다. A, B, C, D, E의 표준편차는?

변량	A	B	C	D	E
편차	$-x$	$x-2$	-3	$x-1$	4

① $\sqrt{2}$　② $\sqrt{3}$　③ 2
④ $\sqrt{5}$　⑤ $\sqrt{6}$

11 다음 자료의 평균이 10, 분산이 41.6일 때, $x^2+y^2+z^2$의 값은?

x, y, z, 21, 13

① 86　② 88　③ 90
④ 96　⑤ 98

12 다음은 한 프랜차이즈 카페의 A지점과 B지점의 손님 수와 평균 이용 시간을 조사하여 나타낸 표이다. 두 지점 전체 손님들의 이용 시간의 분산은?

	손님 수(명)	평균(시간)	분산
A지점	120	1.3	0.36
B지점	80	1.3	0.49

① 0.398　② 0.412　③ 0.483
④ 0.6　⑤ 0.7

Ⅶ. 통계

3 상관관계

(1) **상관관계** : 산점도를 그렸을 때 x의 값이 증가함에 따라 y의 값이 대체로 증가 또는 감소할 때, x와 y 사이에 상관관계가 있다고 한다.

(2) **양의 상관관계**

① x, y 중 한 값이 증가함에 따라 다른 한 값이 대체로 증가하는 관계

② 왼쪽 아래에서부터 오른쪽 위로 향하는 분포를 보임

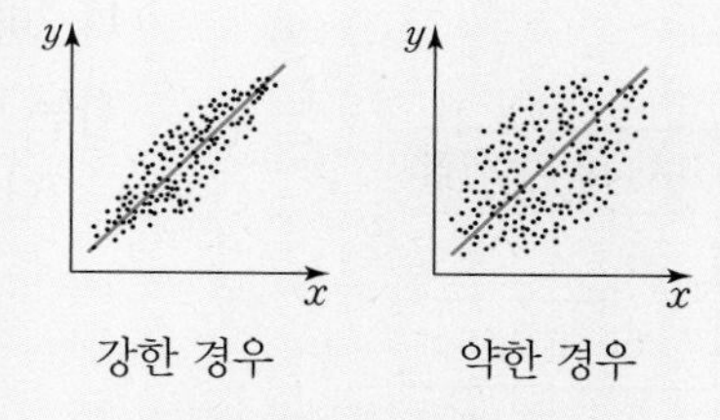

강한 경우 약한 경우

③ 오른쪽 위로 향하는 직선을 중심으로 그 주위에 분포되어 있음

(3) **음의 상관관계**

① x, y 중 한 값이 증가함에 따라 다른 한 값이 대체로 감소하는 관계

② 왼쪽 위에서부터 오른쪽 아래로 향하는 분포를 보임

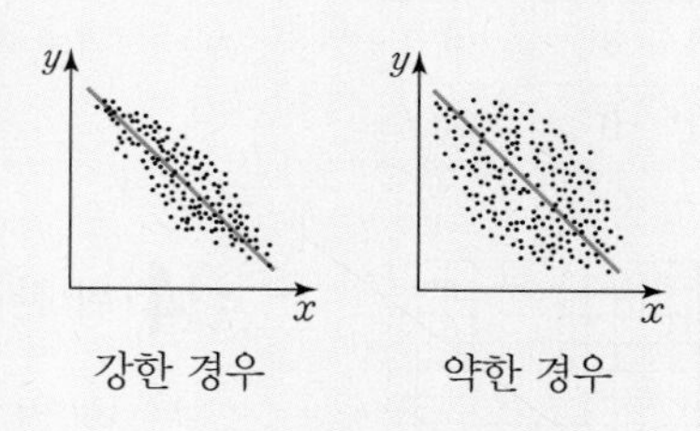

강한 경우 약한 경우

③ 오른쪽 아래로 향하는 직선을 중심으로 그 주위에 분포되어 있음

(4) **상관관계가 없다.**

x, y 중 한 값이 증가함에 따라 다른 한 값의 증감 여부가 분명하지 않을 때 상관관계가 없다고 한다.

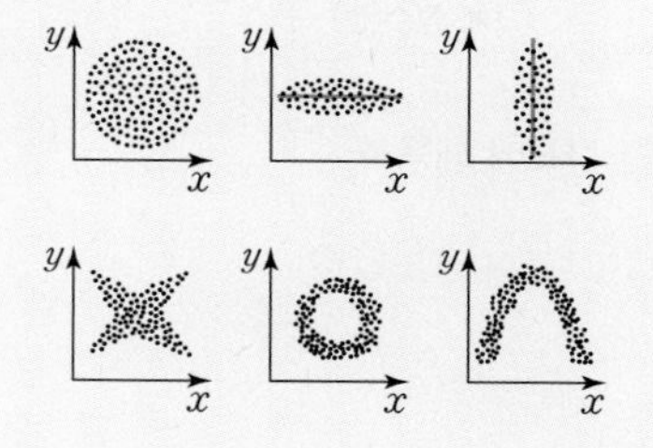

4 산점도와 상관관계

산점도가 주어졌을 때, 다음과 같이 상관관계를 분석할 수 있다.

(1) **한 변량의 정보**

① x축 또는 y축에 평행한 선을 그어 한 변량에 대한 정보를 확인할 수 있다.

② 각 변량의 대푯값과 산포도를 구할 수 있다.

(2) **두 변량 사이의 관계**

① 기준이 되는 직선을 그어 두 변량의 대소 관계, 합, 차를 비교할 수 있다.

② 점들이 분포되어 있는 직선을 찾아 두 변량 사이의 상관관계를 확인할 수 있다.

주의 상관관계와 인과관계는 다르다. 상관관계가 있다고 해서 꼭 한 변량이 다른 변량의 원인 또는 결과라고 할 수 없다.

개념 체크

04

다음은 나이와 근육량 사이의 산점도이다. 둘 사이에는 어떤 상관관계가 있는지 구하시오.

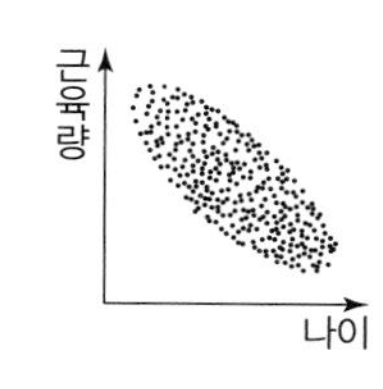

05

다음은 10명의 학생의 국어 수행평가 점수와 영어 수행평가 점수를 조사하여 나타낸 산점도이다. 국어 수행평가 점수와 영어 수행평가 점수 사이에는 어떤 상관관계가 있는지 구하시오.

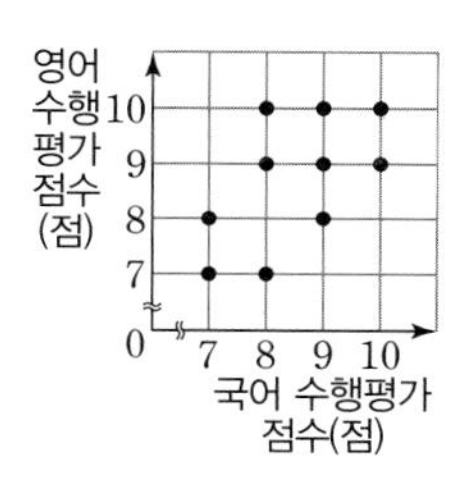

대표유형

유형 1 산점도 분석하기 (1)

[01~03] 다음은 12명의 학생의 체육 수행평가 1차, 2차 점수를 나타낸 표이다. 물음에 답하시오.

번호	1차(점)	2차(점)	번호	1차(점)	2차(점)
1	10	7	7	5	8
2	9	9	8	6	6
3	8	10	9	4	3
4	9	4	10	5	7
5	7	8	11	8	6
6	6	7	12	9	10

01 1차 점수를 x, 2차 점수를 y라 할 때, x, y의 산점도를 그리시오.

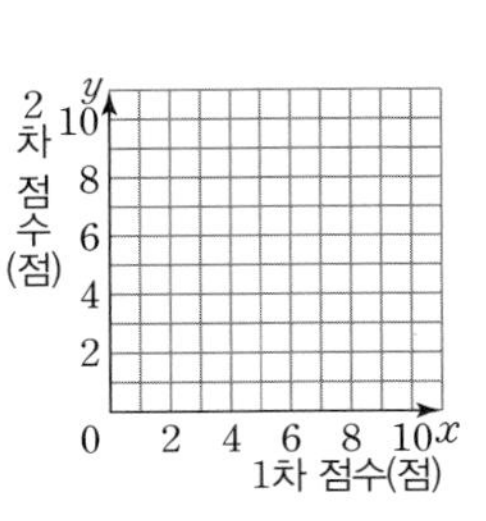

풀이전략 각 변량이 x좌표와 y좌표 중 어떤 좌표에 대응하는지 확인한다.

02 다음 중 옳지 않은 것은?

① 1차 점수가 8점 이상인 학생은 6명이다.
② 2차 점수가 5점 미만인 학생은 2명이다.
③ 2차 점수가 7점인 학생은 3명이다.
④ 1차 점수와 2차 점수가 같은 학생은 2명이다.
⑤ 1차 점수와 2차 점수가 모두 8점 이상인 학생은 4명이다.

03 2차 점수보다 1차 점수가 높은 학생 수는?

① 4명 ② 5명 ③ 6명
④ 7명 ⑤ 8명

[04~06] 다음은 2009년부터 2018년까지 10년간 연도별로 설문조사를 실시하여 "아침식사를 잘 하지 않는다."라고 응답한 청소년의 비율(%)을 x좌표, "가당음료(단맛이 나는 음료)를 자주 마신다."라고 응답한 청소년의 비율(%)을 y좌표로 하는 산점도를 나타낸 것이다. 물음에 답하시오.
(단, 비율은 정수이거나 0.5를 빼면 정수이다.)

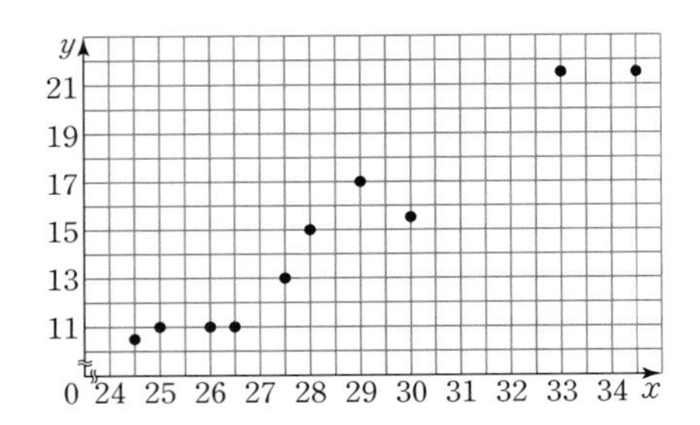

04 위 산점도에 대한 해석으로 옳지 않은 것은?

① 아침식사를 잘 하지 않는다고 응답한 청소년의 비율이 30%를 초과한 해는 두 해이다.
② 가당음료를 자주 마신다고 응답한 학생의 비율이 11%인 해는 세 해이다.
③ 아침식사를 잘 하지 않는다고 응답한 청소년의 비율이 매 해 증가했다.
④ 가당음료를 자주 마신다고 응답한 학생의 비율은 매 해 10%를 초과했다.
⑤ 가당음료를 자주 마신다고 응답한 청소년의 비율이 아침식사를 잘 하지 않는다고 응답한 청소년의 비율보다 높았던 경우는 없다.

05 "아침식사를 잘 하지 않는다."고 응답한 청소년의 비율의 평균은?

① 28.1% ② 28.2% ③ 28.3%
④ 28.4% ⑤ 28.5%

06 2019년의 설문 결과는 (35.5, 25.5), 2020년의 설문 결과는 (37.5, 25.5)일 때, 2009년부터 2020년까지 12번의 설문조사에서 "가당음료를 자주 마신다."라고 응답한 청소년의 비율의 중앙값은?

① 13% ② 14% ③ 15%
④ 15.25% ⑤ 15.5%

유형 2 산점도 분석하기 (2)

[07~10] 다음은 2018 평창올림픽에 참여한 나라 중 17개국의 금메달의 수와 은메달의 수를 조사하여 나타낸 산점도이다. 물음에 답하시오.

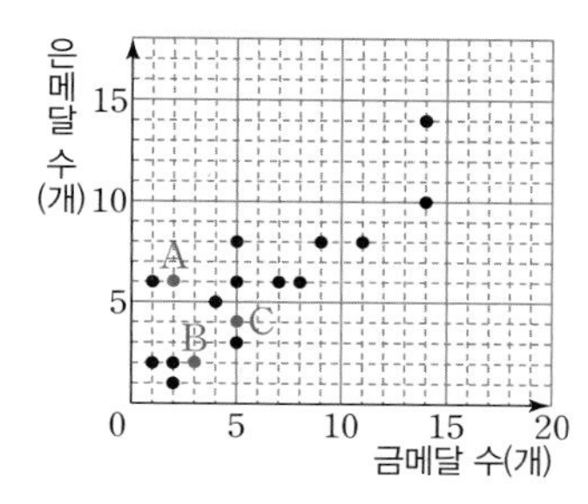

07 17개국 중 금메달의 수와 은메달의 수의 합이 가장 큰 점의 좌표와 그때의 메달 수의 합을 구하시오.

풀이전략 두 변량의 합 또는 차가 일정한 직선을 긋는다.

08 17개국 중 금메달의 수와 은메달의 수의 차가 가장 큰 점의 좌표를 구하고 그때의 메달 수의 차를 구하시오.

09 17개국 중 금메달의 수와 은메달의 수의 합이 10개 이상인 나라의 비율은?

① $\frac{7}{17}$ ② $\frac{8}{17}$ ③ $\frac{9}{17}$
④ $\frac{10}{17}$ ⑤ $\frac{11}{17}$

10 올림픽의 순위를 결정하는 방법 중 다음 두 가지가 있다.

> [방법 1] 금메달의 개수가 더 많을수록 순위가 더 높으며 금메달의 개수가 같을 경우 은메달의 개수가 더 많을수록 순위가 더 높다.
> [방법 2] 총 메달 개수가 더 많을수록 순위가 더 높다.

(1) [방법 1]로 순위를 결정했을 때, 세 점 A, B, C를 순위가 높은 순서대로 나열하시오.

(2) [방법 2]로 순위를 결정했을 때, 세 점 A, B, C를 순위가 높은 순서대로 나열하시오. (단, 자료에 없는 동메달의 개수는 고려하지 않는다.)

11 오른쪽은 어느 반 학생 20명의 2020년과 2021년의 독서량을 조사하여 나타낸 산점도이다. 2020년과 2021년의 독서량의 평균이 15권 이상인 학생 수는?

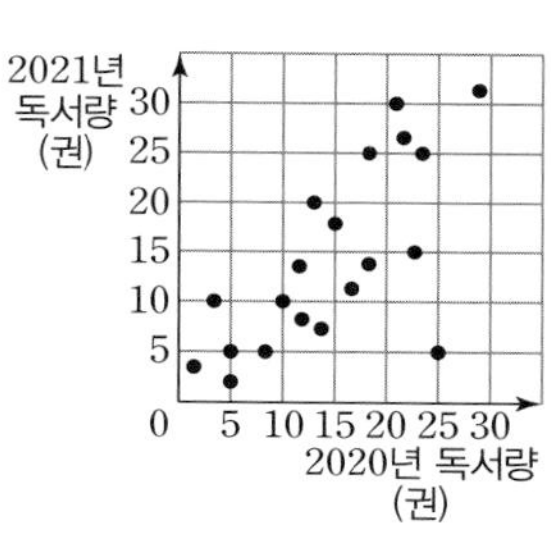

① 8명 ② 9명 ③ 10명
④ 11명 ⑤ 12명

12 어느 소아과에서는 영유아 검진 시 좌우 시력의 차가 0.4 디옵터 이상일 경우 안과에 방문해 진료를 받을 것을 권유한다고 한다. 오른쪽은 소아과에서 검진을 받은 15명의 시력검사 결과이다. 이들 중 안과진료를 권유 받은 비율은?

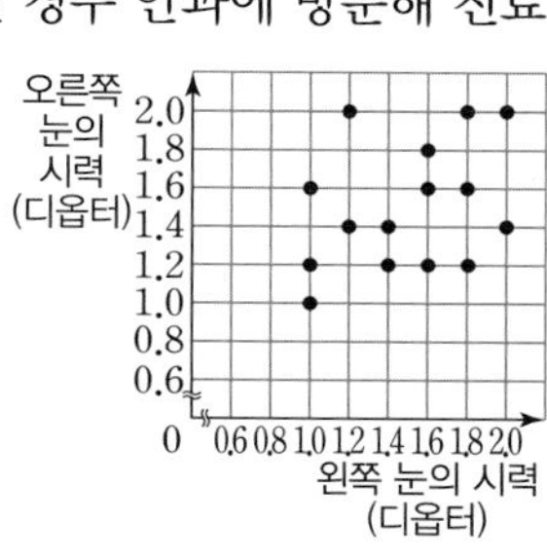

① $\frac{1}{15}$ ② $\frac{2}{15}$ ③ $\frac{1}{5}$
④ $\frac{4}{15}$ ⑤ $\frac{1}{3}$

유형 3 상관관계

13 다음 〈보기〉 중 두 변량 사이의 상관관계가 오른쪽 산점도와 같은 것만을 있는 대로 고르시오.

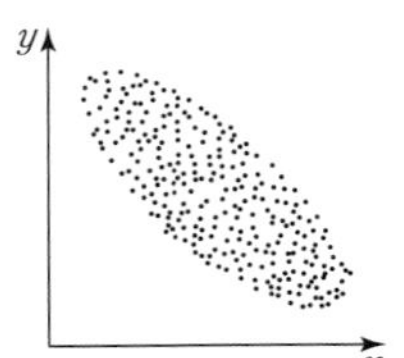

보기
ㄱ. 머리 길이와 수학점수
ㄴ. 게임 시간과 독서 시간
ㄷ. 최고기온과 아이스크림 판매량

풀이전략 각 변량 사이의 상관관계에는 양의 상관관계와 음의 상관관계가 있으며 상관관계가 없는 경우도 존재한다.

14 다음 글을 읽고 두 변수 사이에 양의 상관관계가 있는 것만을 있는 대로 고른 것은?

수요와 공급 곡선은 상품의 ㉠ 가격과 ㉡ 수요량, ㉢ 공급량 사이의 관계를 나타내는 곡선이다. 일반적으로 가격이 오르면 수요량은 감소하며 공급량은 증가한다.
반면 ㉣ 과시를 위한 제품의 가격은 올라갈수록 오히려 ㉤ 그 제품에 대한 수요가 증가하는 베블런 효과가 발생하기도 한다.

보기
ㄱ. ㉠ — ㉡
ㄴ. ㉠ — ㉢
ㄷ. ㉣ — ㉤

① ㄱ ② ㄴ ③ ㄷ
④ ㄱ, ㄷ ⑤ ㄴ, ㄷ

15 다음에서 두 변량 사이에 대체로 양의 상관관계가 있는 것은?

① 키와 시력
② 낮의 길이와 밤의 길이
③ 기온과 핫팩 판매량
④ 풍속과 평균 파고
⑤ 신발 크기와 신발 가격

16 다음에서 두 변량 x, y 사이에 음의 상관관계가 있는 것은?

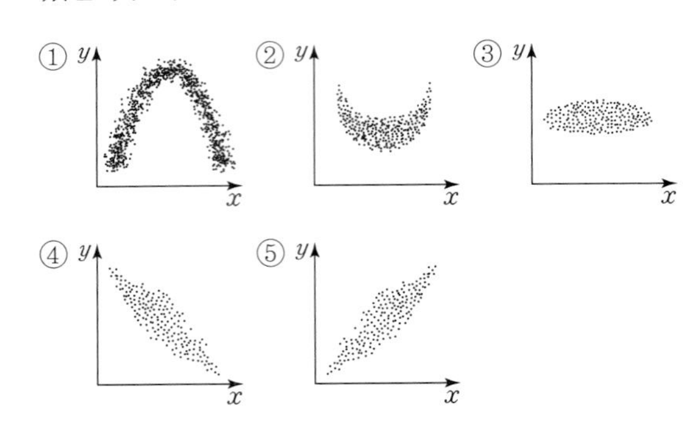

17 다음 중 산점도에 대한 설명으로 옳은 것은?

① 산점도의 점들은 항상 직선 주위에 모여 있다.
② 산점도의 점 개수가 주어진 자료의 개수보다 적을 수 있다.
③ 점이 한 직선 가까이 모여 있는 경우 두 변량 사이에는 양의 상관관계가 있다.
④ 직선에 가까이 모여 있을수록 상관관계가 약하다.
⑤ 두 변량 사이에 양의 상관관계가 있는 경우 x축에 위치한 변량이 증가했기 때문에 y축에 위치한 변량이 증가한다.

18 다음 산점도를 보고 상관관계를 분류하시오.

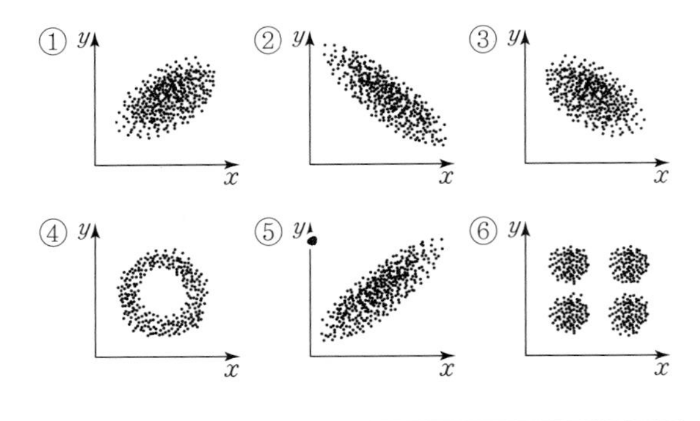

(1) 양의 상관관계	
(2) 음의 상관관계	
(3) 상관관계가 없다.	

유형 4 산점도와 상관관계

[19~21] 오른쪽은 A중학교 3학년 학생 300명의 수학점수와 국어점수를 조사하여 나타낸 산점도이다. 다음 물음에 답하시오.

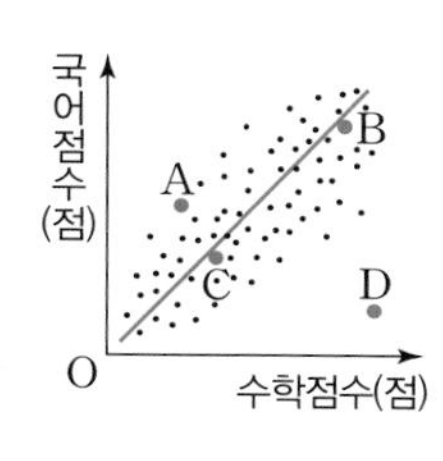

19 다음 〈보기〉 중 위 산점도에 대해 바르게 해석한 내용만을 있는 대로 고르시오.

보기
ㄱ. 점들이 대체로 오른쪽 위로 향하는 직선 주위에 모여 있다.
ㄴ. 수학점수가 높은 학생이 대체로 국어점수도 높다.
ㄷ. 수학점수와 국어점수 사이의 상관관계는 게임시간과 국어점수 사이의 상관관계와 같다.

풀이전략 각 점의 x좌표와 y좌표에 대응하는 변량이 어떤 것인지 확인한다.

20 다음 중 위의 산점도에 대한 설명으로 옳은 것은?

① 수학점수와 국어점수 사이의 상관관계는 알 수 없다.
② A는 국어점수에 비해 수학점수가 높은 편이다.
③ B는 C보다 국어점수와 수학점수가 모두 낮다.
④ A, B, C, D 네 명의 학생 중 두 점수의 합이 가장 큰 학생은 A이다.
⑤ A, B, C, D 네 명의 학생 중 두 점수의 차가 가장 큰 학생은 D이다.

21 다음 〈보기〉 중 위 산점도에 대해 바르게 해석한 내용만을 있는 대로 고르시오.

보기
ㄱ. 국어점수도 같고 수학점수도 같은 학생들이 있다.
ㄴ. 답안지 확인 후 C의 수학점수가 더 높게 수정되었을 때 더 강한 상관관계가 나타난다.
ㄷ. 점 D가 빠진다면 더 강한 상관관계가 나타난다.

[22~24] 다음은 어느 중학교 학생 16명의 수학 수행평가 점수와 사회 수행평가 점수를 조사하여 나타낸 표이다. 물음에 답하시오.

학생	A	B	C	D	E	F	G	H
수학(점)	5	9	8	6	8	10	6	10
사회(점)	5	9	7	5	8	8	6	10

학생	I	J	K	L	M	N	O	P
수학(점)	9	8	9	7	7	8	7	7
사회(점)	8	6	7	8	9	10	6	7

22 산점도를 그리시오.

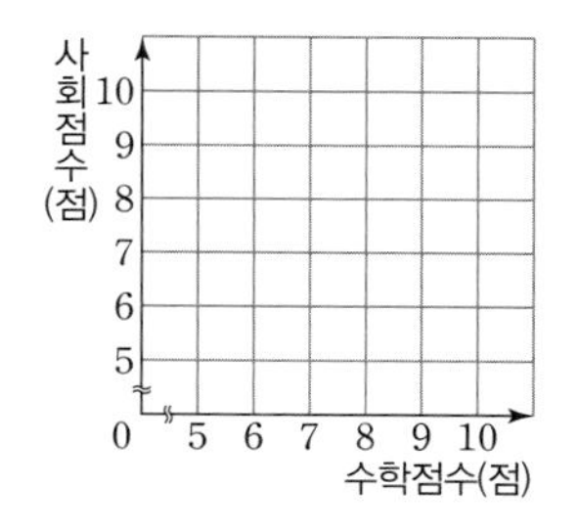

23 다음 중 옳지 않은 것은?

① 수학 수행평가 점수의 최빈값은 7점, 8점이다.
② 사회 수행평가 점수의 최빈값은 8점이다.
③ 수학 수행평가 점수가 8점인 학생들의 사회 수행평가 점수의 평균은 8점 이하이다.
④ 수학 수행평가 점수보다 사회 수행평가 점수가 높은 학생은 7명이다.
⑤ 수학 수행평가와 사회 수행평가 점수가 같은 학생은 6명이다.

24 다음 중 옳은 것은?

① 대체로 수학 수행평가 점수가 높을수록 사회 수행평가 점수가 낮다.
② 두 점수의 평균이 8점인 학생은 2명이다.
③ 16명 모두 두 점수의 차는 2점 이하이다.
④ 두 점수의 합이 가장 작은 경우는 10점으로 2명이다.
⑤ 두 변량 사이의 상관관계는 수학점수와 과학점수 사이의 상관관계와 같지 않다.

기출 예상 문제

[01~03] 다음은 책 10권의 두께와 무게를 조사하여 나타낸 산점도이다. 물음에 답하시오.

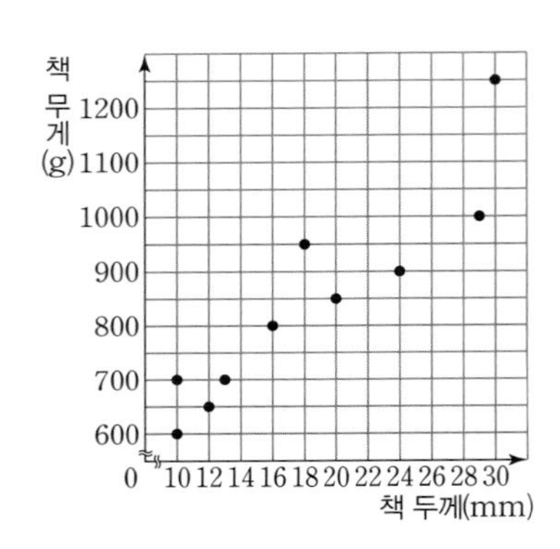

❶ 산점도 분석하기(1)

01 다음 중 옳지 않은 것은?

① 두께가 가장 두꺼운 책과 얇은 책의 두께는 20 mm 차이난다.
② 무게가 가장 무거운 책과 가벼운 책의 무게는 650 g 차이난다.
③ 두께가 가장 두꺼운 책이 무게도 가장 무겁다.
④ 두께는 같지만 무게는 다른 책이 있다.
⑤ 무게는 같지만 두께는 다른 책은 없다.

❶ 산점도 분석하기(1)

02 무게가 900 g 미만인 책들의 두께의 평균은?

① 13.2 mm ② 13.5 mm ③ 14.1 mm
④ 15 mm ⑤ 15.375 mm

❶ 산점도 분석하기(1)

03 무게가 900 g 미만인 책들 중 두께가 02에서 구한 평균에서 가장 멀리 떨어져 있는 책의 두께의 편차를 구하시오.

[04~06] 오른쪽은 어느 반 학생 15명의 미술 수행평가 점수를 조사하여 나타낸 산점도이다. 물음에 답하시오.

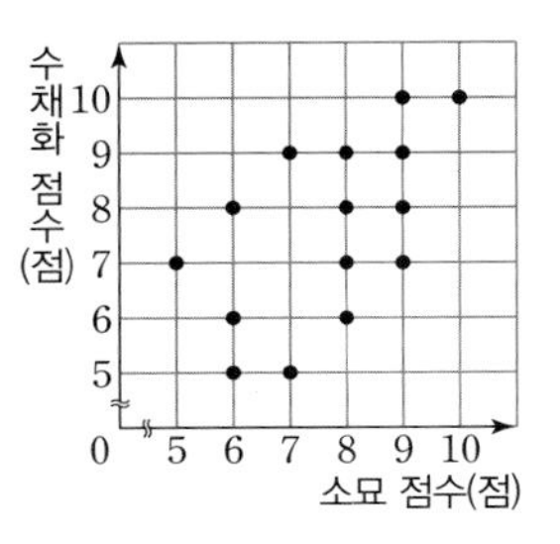

❷ 산점도 분석하기(2)

04 소묘 점수와 수채화 점수의 합이 14점 이상 16점 이하인 학생들의 비율은?

① $\frac{1}{3}$ ② $\frac{2}{5}$ ③ $\frac{7}{15}$
④ $\frac{8}{15}$ ⑤ $\frac{3}{5}$

❷ 산점도 분석하기(2)

05 소묘 점수와 수채화 점수의 차가 1점인 학생 수를 a, 2점인 학생 수를 b라 할 때, $a-b$의 값은?

① -3 ② -2 ③ -1
④ 0 ⑤ 1

❷ 산점도 분석하기(2)

06 소묘 점수와 수채화 점수의 합이 상위 5명에 속하는 학생들의 작품이 교내 전시회에 전시된다고 한다. 이때 점수의 합이 최소 몇 점 이상인 학생들의 작품이 전시되는지 구하면?

① 16점 ② 17점 ③ 18점
④ 19점 ⑤ 20점

❸ 상관관계

07 다음 〈보기〉 중 두 변량 사이의 상관관계가 오른쪽 산점도와 같은 것만을 있는 대로 고른 것은?

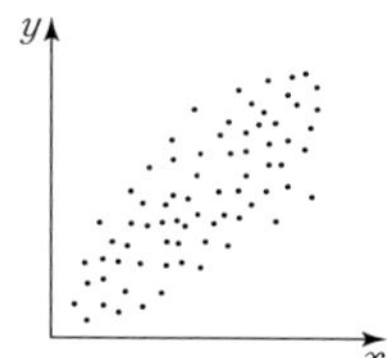

보기
ㄱ. 음식 열량과 지방
ㄴ. 겨울철 기온과 난방비
ㄷ. 공부 시간과 평균 점수

① ㄱ ② ㄴ ③ ㄱ, ㄴ
④ ㄱ, ㄷ ⑤ ㄱ, ㄴ, ㄷ

❸ 상관관계

08 다음에서 두 변량 사이에 대체로 음의 상관관계가 있는 것은?

① 흡연량과 폐암발생률
② 통학 거리와 통학 시간
③ 속력과 목적지까지 걸린 시간
④ 학교의 학생 수와 학급 수
⑤ 음료의 온도와 당도

❸ 상관관계

09 다음 표의 ⓐ~ⓔ 중 옳은 것을 고른 것은?

분류	양의 상관관계	음의 상관관계	ⓐ 상관관계
예시	ⓑ 학습 시간과 성적	ⓒ 흡연량과 폐암발생률	머리 길이와 기억력
산점도	ⓓ (y, x)	ⓔ (y, x)	(y, x)

① ⓐ ② ⓑ ③ ⓒ
④ ⓓ ⑤ ⓔ

[10~12] 다음은 16종의 봉지라면의 열량, 포함된 탄수화물, 가격을 조사하여 나타낸 표이다. 물음에 답하시오.

열량 (kcal)	탄수화물 (g)	가격 (원)	열량 (kcal)	탄수화물 (g)	가격 (원)
505	81	1000	525	82	1250
510	82	1250	500	79	1130
505	77	1100	515	81	1090
505	83	1170	490	80	1060
515	85	1210	515	79	1120
490	78	1100	545	86	1150
565	88	1130	500	80	1200
560	86	1020	540	89	1000

❹ 산점도와 상관관계

10 열량과 탄수화물의 산점도를 그리시오.

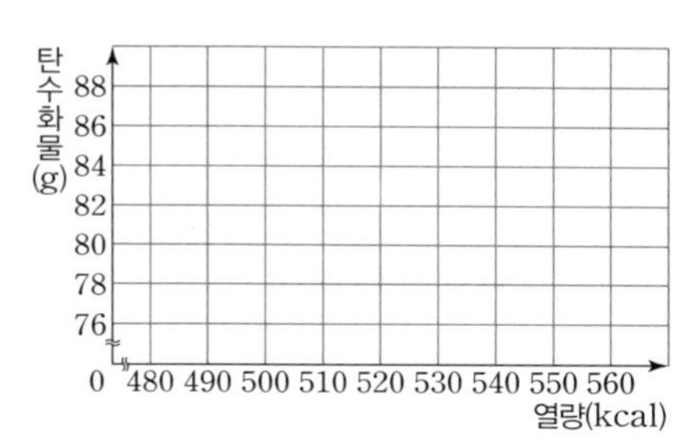

❹ 산점도와 상관관계

11 다음 중 옳지 않은 것은?

① 탄수화물이 가장 많이 들어있는 라면에는 89 g의 탄수화물이 있다.
② 열량이 540 kcal 이상인 라면에는 탄수화물이 86 g 이상 들어가 있다.
③ 열량의 최빈값은 515 kcal이다.
④ 열량과 탄수화물 사이에는 양의 상관관계가 있다.
⑤ 열량이 510 kcal인 라면보다 열량은 높지만 탄수화물은 더 적은 라면이 있다.

❹ 산점도와 상관관계

12 열량과 가격 사이의 상관관계의 유무와 상관관계가 있다면 어떤 상관관계가 있는지 구하시오.

고난도 집중 연습

1

어느 체육 팔굽혀펴기 수행평가에서는 시험을 2번 실시해 두 번 중 한 번이라도 팔굽혀펴기를 10개 이상 한 학생은 A를 받는다고 한다. 25명의 시험 결과를 조사하여 나타낸 산점도가 다음과 같을 때, A를 받은 학생 수를 구하시오.

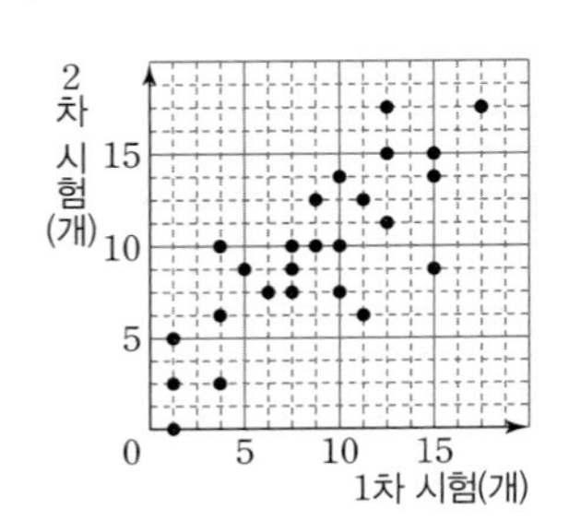

1-1

어느 체육 팔굽혀펴기 수행평가에서는 시험을 2번 실시해 두 번 모두 팔굽혀펴기를 5개 이하로 한 학생은 특별 보충수업을 받는다고 한다. 25명의 시험 결과를 조사하여 나타낸 산점도가 다음과 같을 때, 특별 보충수업을 받는 학생 수를 구하시오.

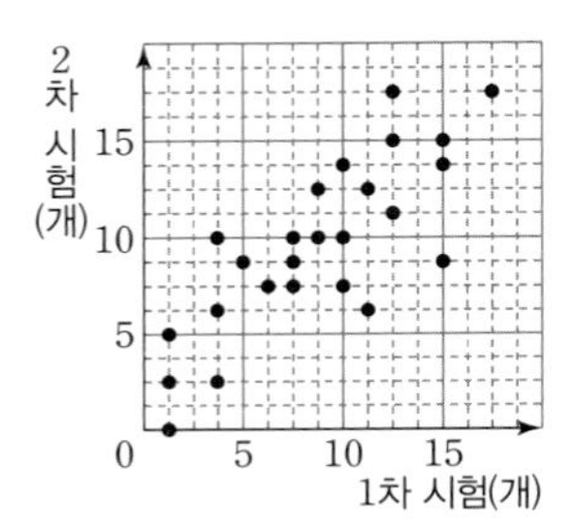

2

다음은 어느 수학경시대회에 참가한 40명의 단답형 점수와 서술형 점수를 조사하여 나타낸 산점도이다. 이들 중 두 점수를 합쳐서 상위 15 %에 해당하는 학생에게 우수자 표창을 수여했다고 할 때, 우수자 표창을 받는 학생은 단답형 점수와 서술형 점수를 합쳐서 몇 점 이상인 학생인지 구하시오.

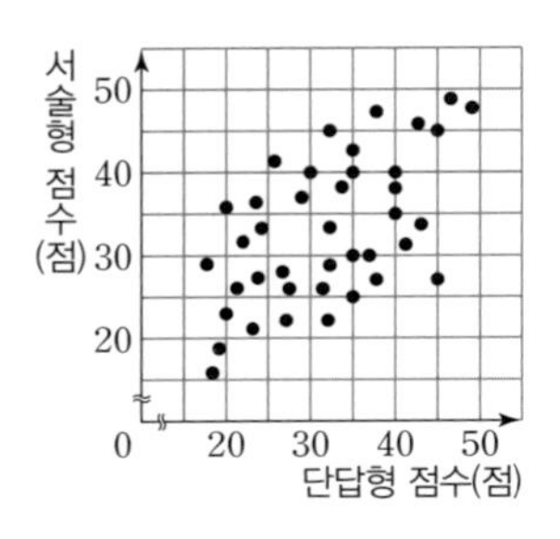

2-1

다음은 어느 회사의 면접에 지원한 지원자 20명의 서류 점수와 시험 점수를 조사하여 나타낸 산점도이다. 이 중 점수의 합이 상위 20 %에 속하는 사람들이 최종 면접 대상자일 때, 커트라인이 되는 점수의 합을 구하시오.

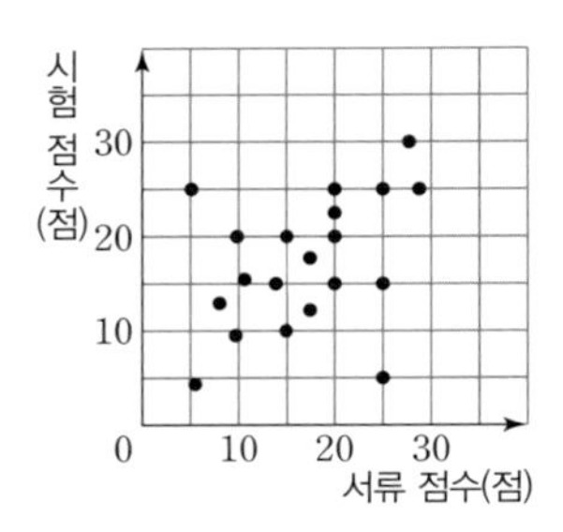

3

<A>는 2020년 국가별 1인당 국내총생산(GDP)을 x좌표, 1인당 육류 소비량을 y좌표로 나타낸 산점도이다. 이때 다음과 같이 <A>에서 x좌표, y좌표를 바꾸어 나타내는 산점도를 <B>라 할 때, <A>에서 나타나는 상관관계와 <B>에서 나타나는 상관관계를 순서대로 나열하시오.

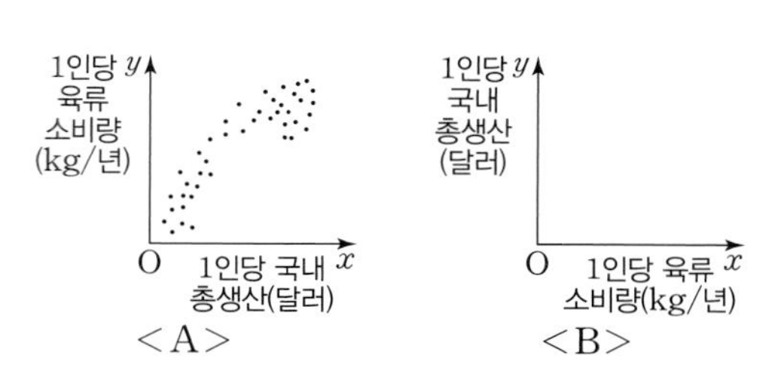

3-1

<A>는 어느 반 학생 15명의 게임 시간과 공부 시간을 조사하여 나타낸 산점도이다. 이때 다음과 같이 <A>에서 x좌표, y좌표를 바꾸어 나타내는 산점도를 <B>라 할 때, <B>에서 나타나는 상관관계를 구하시오.

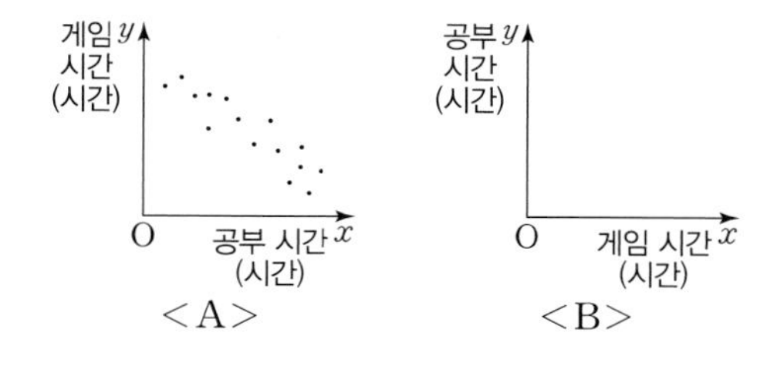

4

다음은 어느 해 조사한 야구선수별 안타 수와 출전 경기 수의 산점도이다. A, B, C, D 중 출전 경기 수에 비해 안타 수가 가장 많은 선수를 구하시오.

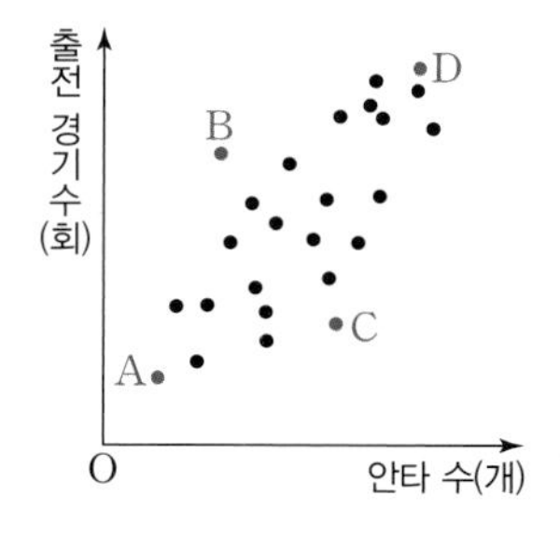

4-1

다음은 어느 해 조사한 야구선수별 안타 수와 출전 경기 수의 산점도이다. A, B, C, D 중 출전 경기 수에 비해 안타 수가 가장 적은 선수를 구하시오.

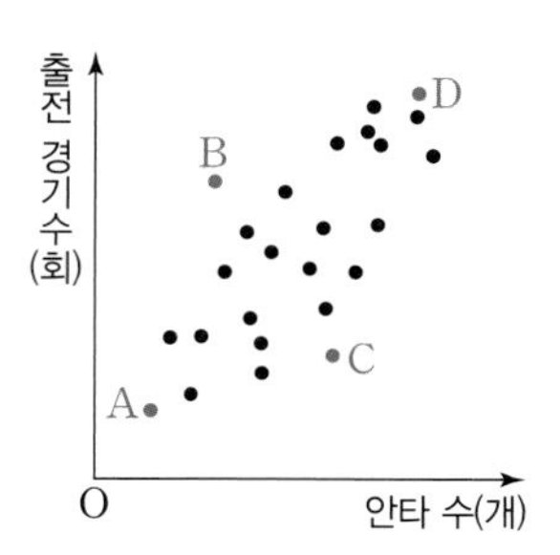

서술형 집중 연습

예제 1

다음은 12명의 학생의 등교하는 데 걸리는 시간과 가방에 넣고 다니는 교과서 수를 조사하여 산점도로 나타낸 것이다. 등교하는 데 걸리는 시간이 7분 이상 10분 이하인 학생들의 교과서 수의 평균을 구하시오.

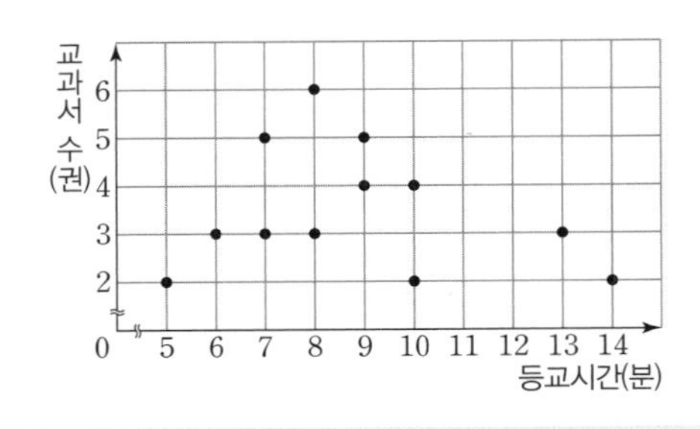

풀이 과정

등교하는 데 걸리는 시간이 7분 이상 10분 이하인 학생은 총 ☐명이다.

교과서 수의 평균을 구하기 위해 이 영역에 속하는 점 ☐개의 y좌표의 평균을 구하자.

y좌표의 총합이 ☐권이므로 평균은 ☐권이다.

따라서 등교하는 데 걸리는 시간이 7분 이상 10분 이하인 학생들의 교과서 수의 평균은 ☐권이다.

유제 1

다음은 12명의 학생의 등교하는 데 걸리는 시간과 가방에 넣고 다니는 교과서 수를 조사하여 산점도로 나타낸 것이다. 교과서의 수가 4권 이상인 학생들의 등교시간의 평균을 구하시오.

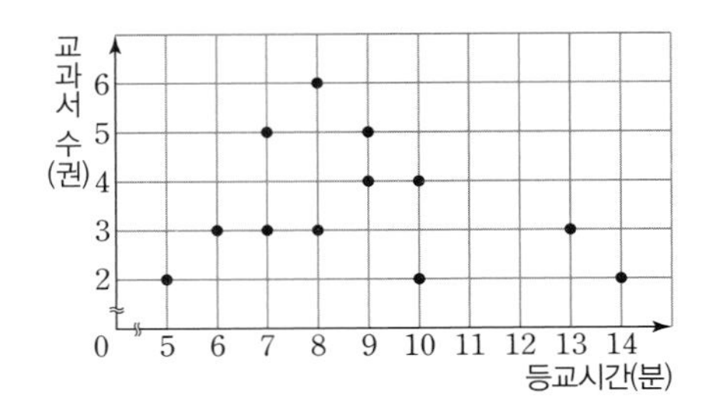

예제 2

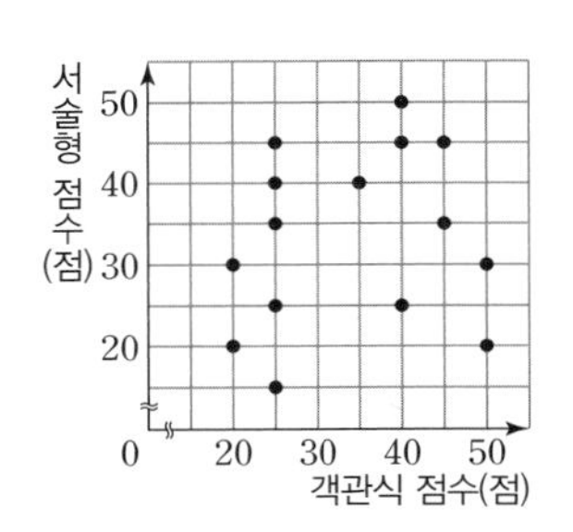

오른쪽은 어느 자격증 시험에 응시한 15명의 객관식 점수와 서술형 점수를 나타낸 산점도이다. 객관식 점수와 서술형 점수 중 하나라도 30점 미만의 점수를 받았을 경우 기본점수 미달로 탈락이라고 한다. 이때 탈락하지 않은 사람 중 객관식 점수와 서술형 점수의 합이 가장 작은 사람의 점수의 합을 구하시오.

풀이 과정

탈락하지 않은 사람들이 속하는 영역을 색칠한 후 합이 같은 점을 연결한 선을 그어보면 탈락하지 않은 사람 중 객관식 점수와 서술형 점수의 합이 가장 작은 사람의 점수의 합은 ☐점이다.

유제 2

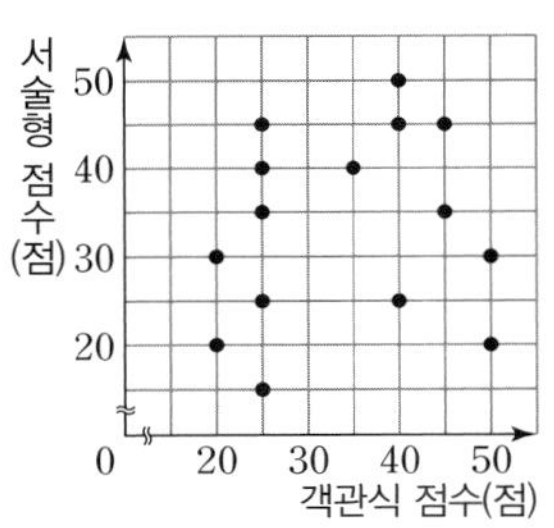

오른쪽은 어느 자격증 시험에 응시한 15명의 객관식 점수와 서술형 점수를 나타낸 산점도이다. 객관식 점수와 서술형 점수 중 하나라도 30점 미만의 점수를 받았을 경우 기본점수 미달로 탈락이라고 한다. 이때 탈락하지 않은 사람 중 객관식 점수와 서술형 점수의 차가 가장 큰 사람의 점수의 차를 구하시오.

예제 3

어느 레이싱게임에서는 일정거리를 완주하는 기록에 따라 보상으로 레이싱 점수를 지급한다. 오른쪽은 20명이 해당 게임에서 완주한 기록과 보상으로 얻은 레이싱 점수를 조사하여 나타낸 산점도이다. 빈 칸에 들어갈 알맞은 말을 서술하시오.

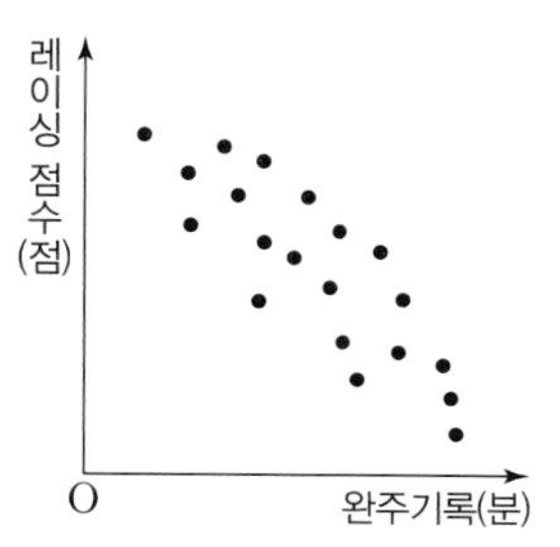

> 완주기록과 레이싱 점수 사이의 상관관계는 __________이다.
> 대체로 완주기록이 좋을수록 레이싱 점수는 __________고 할 수 있다.

풀이 과정

완주기록과 레이싱 점수 사이의 상관관계는 [　　　]이다.
대체로 완주기록이 좋을수록 레이싱 점수는 [　　　]고 할 수 있다.

유제 3

오른쪽은 어느 반 학생 20명의 50m 달리기 기록과 윗몸일으키기 횟수를 조사하여 나타낸 산점도이다. 빈 칸에 들어갈 알맞은 말을 서술하시오.

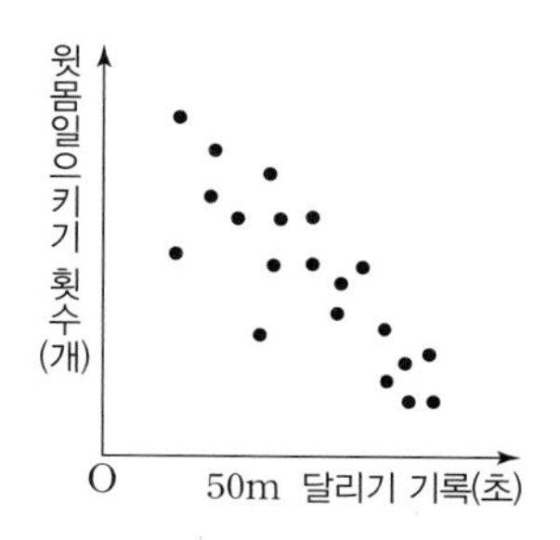

> 50m 달리기 기록과 윗몸일으키기 횟수 사이의 상관관계는 __________이다.
> 대체로 50m 달리기 기록이 좋을수록 윗몸일으키기 횟수는 __________고 할 수 있다.

예제 4

오른쪽은 어느 병원의 환자 8명의 나이와 망막까지 도달하는 빛의 양 사이의 관계를 나타낸 산점도이다. 여기에 다음 환자들의 자료를 추가했을 때, 산점도를 완성하고 나이와 망막까지 도달하는 빛의 양 사이의 상관관계를 구하시오.

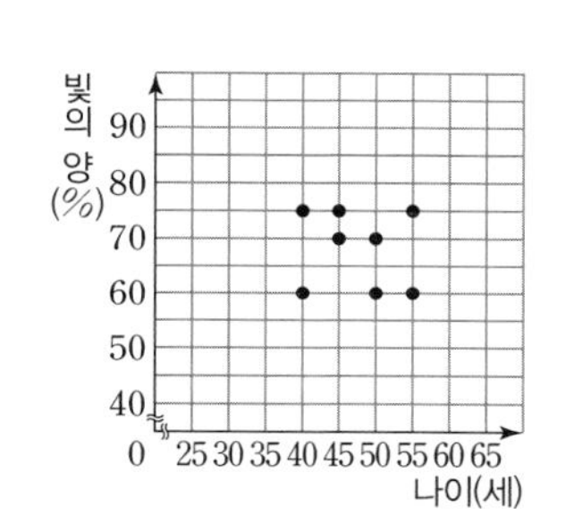

환자	A	B	C	D	E
나이(세)	30	35	65	60	35
빛의 양(%)	95	80	45	50	95

풀이 과정

먼저 주어진 자료를 이용하여 산점도를 완성하자.
완성된 산점도를 살펴보면 나이와 망막까지 도달하는 빛의 양 사이의 상관관계는 [　　　]이다.

유제 4

오른쪽은 30대 6명의 나이와 최대 심박수 사이의 관계를 나타낸 산점도이다. 여기에 다음 다른 연령대의 자료를 추가했을 때, 산점도를 완성하고 나이와 최대 심박수 사이의 상관관계를 구하시오.

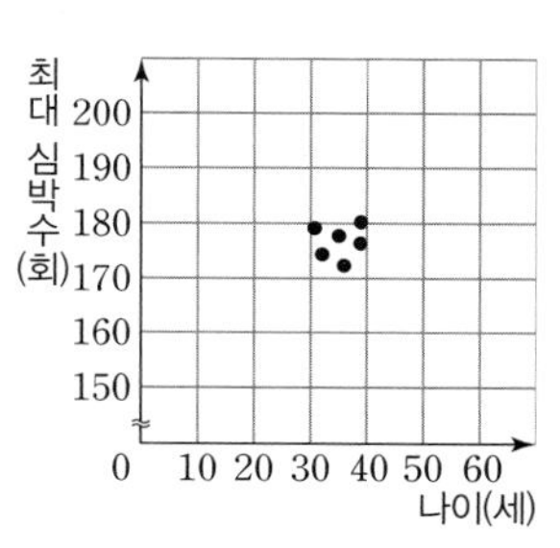

나이(세)	12	42	46	55	29
최대심박수(회)	198	175	170	165	183
나이(세)	25	50	17	21	60
최대심박수(회)	190	167	194	190	151

[01~02] 오른쪽은 중학생 12명의 평균 휴대폰 사용시간과 평균 수면시간을 조사하여 나타낸 산점도이다. 물음에 답하시오.

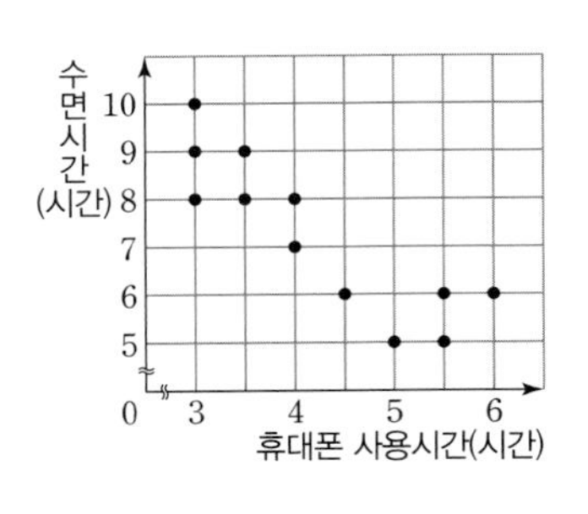

01 어느 연구에 따르면 적정 수면시간이 8시간 이상 9시간 이하라고 한다. 수면 시간이 적정 수면시간에 해당하는 학생 수는?

① 1명 ② 2명 ③ 3명 ④ 4명 ⑤ 5명

02 휴대폰 사용시간과 수면시간이 같은 학생 수는?

① 없다. ② 1명 ③ 2명 ④ 3명 ⑤ 4명

고난도

03 오른쪽은 어느 학교의 여름방학 영어캠프 마지막 날 실시된 듣기 영역과 독해 영역 점수를 조사하여 나타낸 산점도이다.

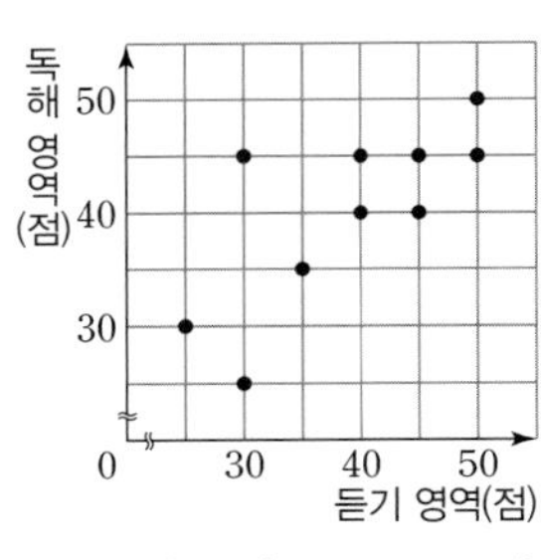

듣기 영역 점수와 독해 영역 점수가 모두 40점 이상이면 우수학생 수료증을 준다고 할 때, 우수학생 수료증을 받는 학생 수는?

(단, 중복되는 점은 없다.)

① 3명 ② 4명 ③ 5명 ④ 6명 ⑤ 7명

[04~05] 철인3종경기는 수영, 자전거, 마라톤을 연이어 실시하여 일정 거리를 완주할 때까지 걸린 시간을 비교하는 스포츠 종목이다. 오른쪽은 어느 철인3종경기에 참가한 선수 15명의 수영 기록과 자전거 기록을 조사하여 나타낸 산점도이다. 물음에 답하시오.

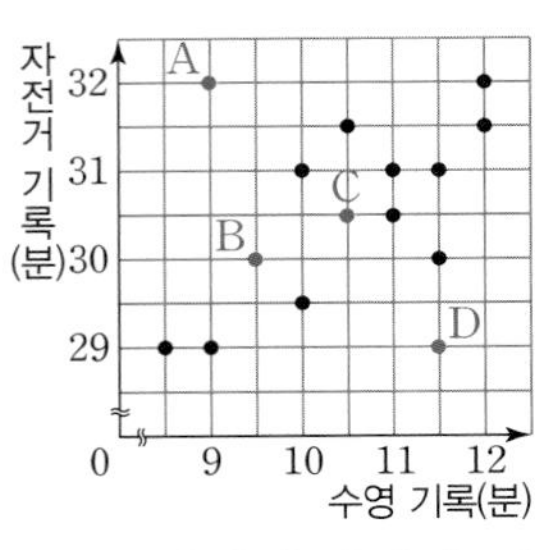

04 다음 중 A, B, C, D에 대한 설명으로 옳지 않은 것은?

① 네 사람 중 수영 기록이 가장 좋은 사람은 A이다.
② 네 사람 중 수영과 자전거 기록의 합이 가장 좋은 사람은 B이다.
③ C와 D는 수영과 자전거 기록의 합이 같다.
④ A는 자전거에 비해 수영 기록이 더 좋다.
⑤ D는 수영에 비해 자전거 기록이 더 좋다.

고난도

05 자전거 기록과 수영 기록의 차가 21분인 선수의 수는?

① 1명 ② 2명 ③ 3명 ④ 4명 ⑤ 5명

06 오른쪽은 어느 반 학생 10명의 영어시간 실시한 단어시험의 1차, 2차 점수를 조사하여 나타낸 산점도이다. 두 번 중 한 번이라도 6점 이하를 받은 학생들의 1차 점수와 2차 점수의 합의 평균은?

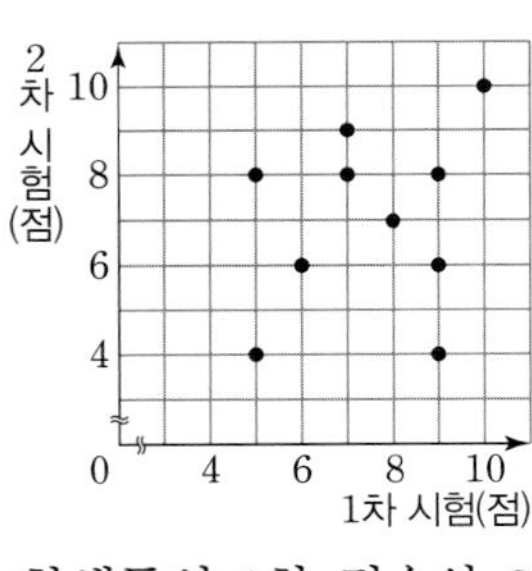

① 12.2점 ② 12.4점 ③ 12.6점 ④ 12.8점 ⑤ 13점

[07~08] 다음 모기에 관한 글을 읽고 물음에 답하시오.

> 모기는 뎅기열, 말라리아 등 다양한 질병의 원인이다. 최근 지구온난화로 모기의 활동이 늘어 모기가 매개가 되어 옮기는 ㉠ 질병의 발병률이 높아지고 있다. 이는 ㉡ 한반도의 기온이 높아짐에 따라 가을, 겨울철의 기온도 높아져 겨울철 ㉢ 모기 알의 생존율이 높아졌기 때문이다. 모기의 유충은 고여 있는 물에 서식하는데 ㉣ 강수량이 높을 경우 고여 있는 물을 쓸어내려 ㉤ 모기의 서식지를 제거해 모기의 활동이 줄어드는 효과가 있다고 한다. 습도는 모기의 활동과 양의 상관관계가 있으나 습도보다는 기온이 모기의 활동과 더 큰 관련이 있다.

07 ㉠~㉤에서 모기의 활동과의 상관관계가 다른 하나를 고르면?

① ㉠ ② ㉡ ③ ㉢
④ ㉣ ⑤ ㉤

08 다음 〈보기〉 중 (ㄱ) 모기의 활동과 습도 사이의 상관관계와 (ㄴ) 모기의 활동과 기온 사이의 상관관계에 관한 산점도를 바르게 짝지은 것은?

보기

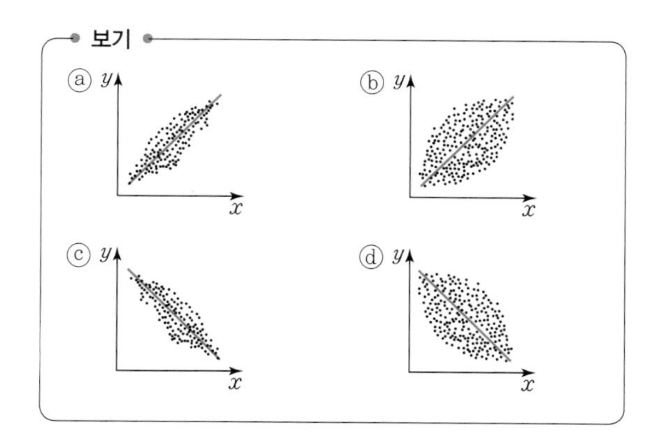

	(ㄱ)	(ㄴ)		(ㄱ)	(ㄴ)
①	ⓐ	ⓑ	②	ⓑ	ⓐ
③	ⓑ	ⓒ	④	ⓒ	ⓓ
⑤	ⓓ	ⓒ			

고난도

09 다음 〈보기〉 중 두 변량 사이의 상관관계가 오른쪽 산점도와 같은 것은?

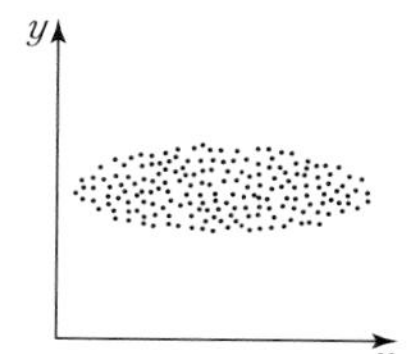

보기

ㄱ. 기온 ㄴ. 얼음컵 판매량
ㄷ. 과자 판매량 ㄹ. 핫팩 판매량
ㅁ. 아이스크림 판매량

① ㄱ－ㄴ ② ㄱ－ㄷ ③ ㄱ－ㄹ
④ ㄴ－ㄹ ⑤ ㄴ－ㅁ

10 오른쪽은 왼손의 악력과 오른손의 악력을 조사하여 나타낸 산점도이다. 다음 〈보기〉 중 옳은 것만을 있는 대로 고르시오.

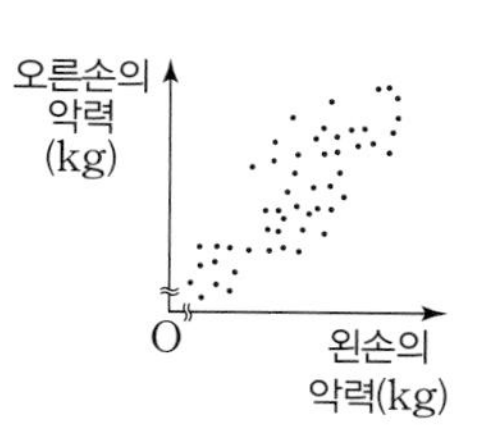

보기

ㄱ. 왼손의 악력과 오른손의 악력에는 음의 상관관계가 있다.
ㄴ. 이들의 상관관계와 같은 상관관계로 발의 크기와 키 사이의 상관관계가 있다.
ㄷ. 왼손의 악력이 커질수록 대체로 오른손의 악력은 낮아진다.

11 오른쪽은 도시 스무 곳의 해발고도와 평균기온을 조사하여 나타낸 산점도이다. 다음 중 옳지 않은 것은?

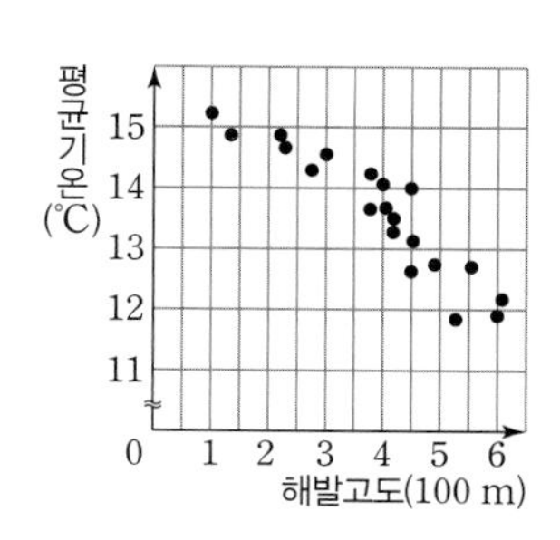

① 고도와 평균기온 사이에는 음의 상관관계가 있다.
② 고도가 같지만 평균기온이 다른 도시가 있다.
③ 평균기온이 가장 높은 도시는 평균기온이 15℃ 이상이다.
④ 고도가 가장 낮은 도시의 평균기온이 가장 높다.
⑤ 고도가 550 m 이상인 도시들의 평균기온은 12℃ 이하이다.

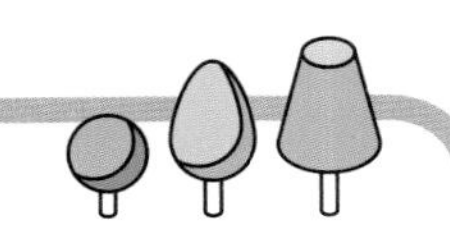

고난도

12 오른쪽은 포유류에 속하는 동물의 평균 수명과 한 번에 출산하는 평균 새끼 수를 조사하여 만든 산점도이다. 중복되는 점이 없을 때, 다음 중 옳지 않은 것은?

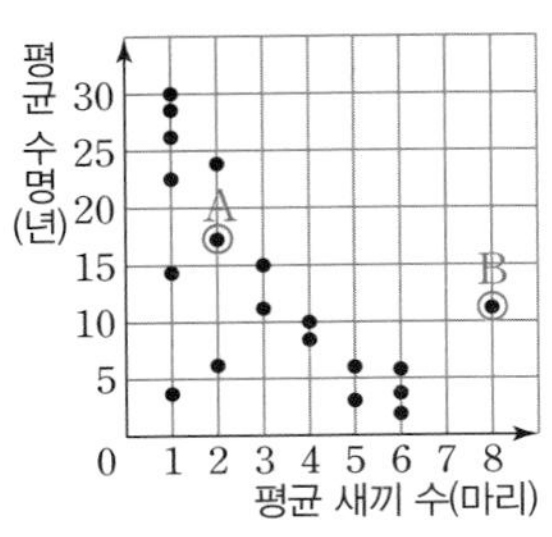

① 점들은 오른쪽 아래로 향하는 직선 중심으로 그 주위에 분포되어 있다.
② 평균 수명과 평균 새끼 수 사이에는 음의 상관관계가 있다.
③ 평균 새끼 수의 최빈값은 1마리이다.
④ A보다 평균 수명이 긴 동물 중 평균 새끼 수가 더 많은 동물은 없다.
⑤ B는 산점도에 표시된 점들 중 $\frac{(\text{평균 수명})}{(\text{평균 새끼 수})}$ 이 가장 작다.

서술형

13 오른쪽은 어느 과수원의 사과나무 20그루의 나이와 수확량 사이의 관계를 나타낸 산점도이다. 수확량이 35 kg 이상이고 나이가 10년 미만인 나무의 비율(%)을 구하시오.

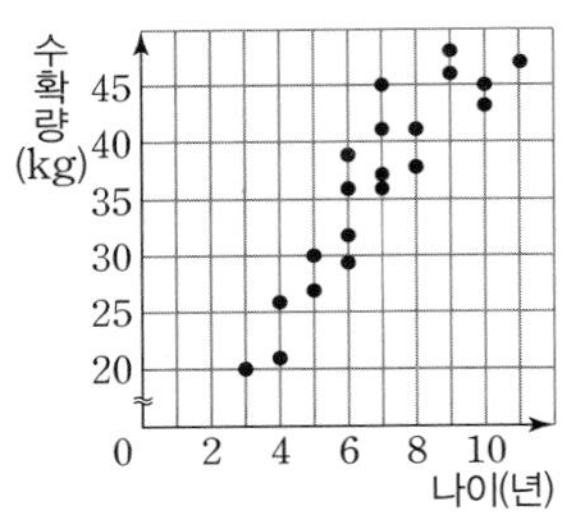

14 오른쪽은 혜연이네 반 학생 15명의 수학 시험 목표 점수와 실제 점수를 조사하여 나타낸 산점도이다. 실제 점수가 목표 점수보다 높은 학생들의 실제 점수의 평균을 구하시오.

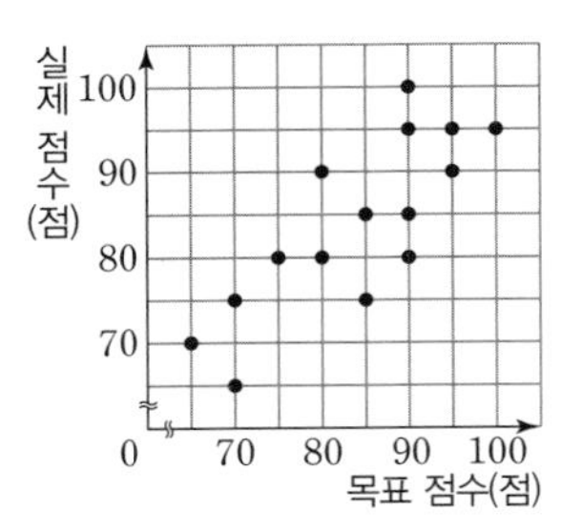

[15~16] 다음은 어느 택배 회사의 32건의 배송에 대하여 배송 거리와 배송 요금 사이의 관계를 나타낸 산점도이다.

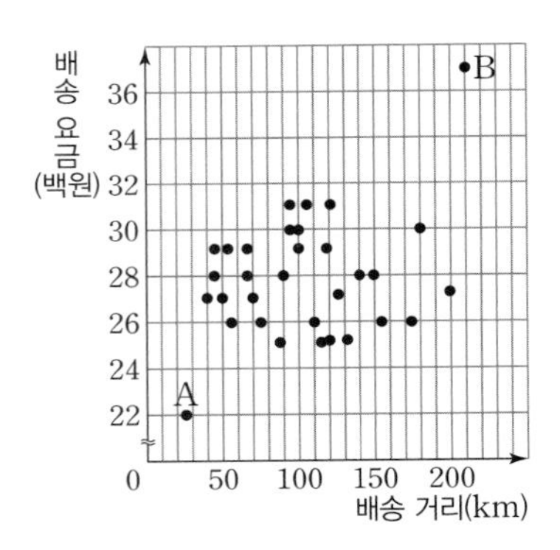

위 산점도를 보고 다섯 사람은 다음과 같은 대화를 나누었다. 물음에 답하시오.

> 가영: 배송 거리가 달라도 배송 요금이 같아지는 경우도 있네.
> 지원: A점과 B점 두 개를 보면 각각 왼쪽 아래와 오른쪽 위에 있으니까 다른 점들은 직선 AB 주위에 모여 있겠네.
> 나연: 그럼 배송 거리와 배송 요금 사이에는 양의 상관관계가 있어!
> 아영: 아하, 배송 요금이 늘어났기 때문에 배송 거리가 길어진 거구나.
> 효진: 그런데 A점, B점을 빼고 보면 전체적으로 상관관계가 없다고 해야 하지 않을까?

15 다섯 사람 중 가영이는 옳은 말을 했다. 이때 위 산점도에서 가영이의 말을 뒷받침하는 예시 하나를 산점도 위에 표시하고 그렇게 생각한 이유를 서술하시오.

16 가영이를 제외한 네 사람 중 옳은 말을 한 사람은 1명이다. 그 사람을 찾고 배송 거리와 배송 요금 사이의 상관관계를 서술하시오.

01 오른쪽은 어느 반 학생 20명의 수학 점수와 과학 점수에 대한 산점도이다. 수학 점수와 과학 점수가 모두 80점대인 학생 수는?

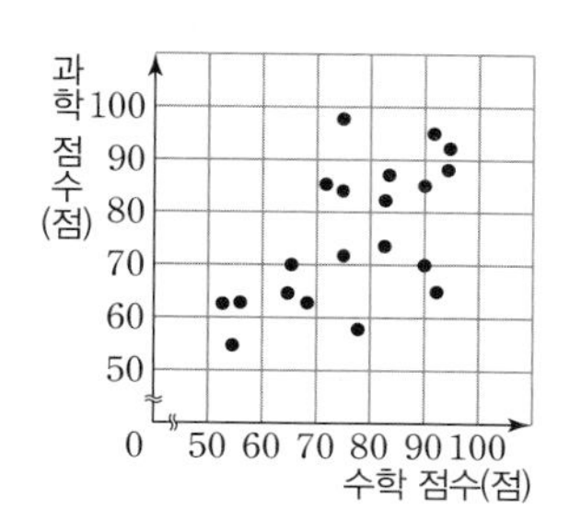

① 1명 ② 2명 ③ 3명
④ 4명 ⑤ 5명

02 오른쪽은 어느 반 학생 15명의 중간고사 평균점수와 기말고사 평균점수를 조사하여 나타낸 산점도이다. 중간고사보다 기말고사 평균점수가 상승한 학생 수는?

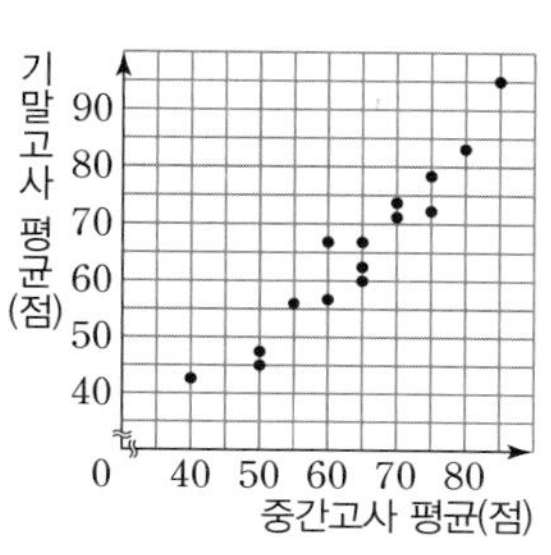

① 5명 ② 6명 ③ 7명
④ 8명 ⑤ 9명

03 오른쪽은 20종의 음식의 포화지방의 양(g)과 콜레스테롤 양(mg)을 조사하여 나타낸 산점도이다. 〈보기〉 중 옳은 것만을 있는 대로 고르시오.

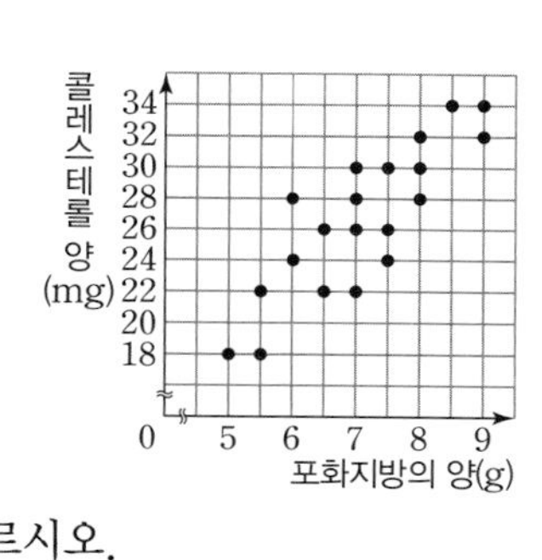

보기
ㄱ. 포화지방의 양의 최빈값은 7 g이다.
ㄴ. 콜레스테롤 양의 최빈값은 없다.
ㄷ. 콜레스테롤 양의 중앙값은 26 mg이다.
ㄹ. 포화지방의 양이 7 g 이상인 음식은 전체의 50 % 이상이다.

04 오른쪽은 어느 스켈레톤 경기에 참가한 선수 15명의 1차 시기와 2차 시기 기록을 조사하여 나타낸 산점도이다. 1차 시기와 2차 시기 기록의 합계가 103초 미만인 선수의 수는?

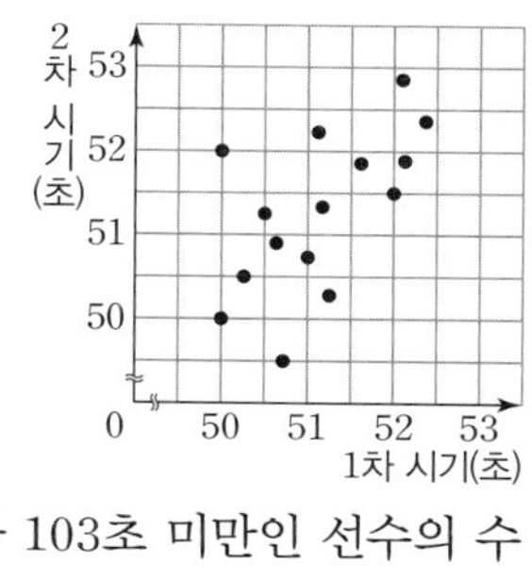

① 6명 ② 7명 ③ 8명
④ 9명 ⑤ 10명

05 오른쪽은 민혁이네 반 학생 15명의 1, 2학기 결석일수를 조사하여 나타낸 산점도이다. 다음 설명 중 옳지 않은 것은?

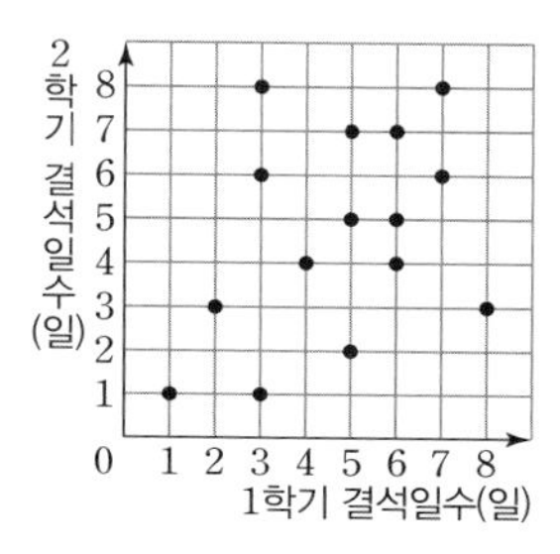

① 1학기보다 2학기에 더 많이 결석한 학생은 6명이다.
② 1, 2학기 결석일수가 같은 학생은 3명이다.
③ 1, 2학기 결석일수의 합이 가장 큰 학생은 총 15일 결석하였다.
④ 1, 2학기 결석일수의 합이 10일인 학생은 3명이다.
⑤ 1, 2학기 결석일수의 차가 가장 큰 학생의 경우 그 차가 5일이다.

고난도

06 오른쪽은 어떤 동아리에서 학생 15명을 면접한 결과를 조사하여 나타낸 산점도이다. 이 동아리에서는 1차 면접과 2차 면접을 실시한 후 두 번 중 한 번이라도 40점 이상을 받은 학생과 두 면접 점수의 합이 70점 이상인 학생을 모두 합격시킨다고 한다. 동아리 합격자의 수는?

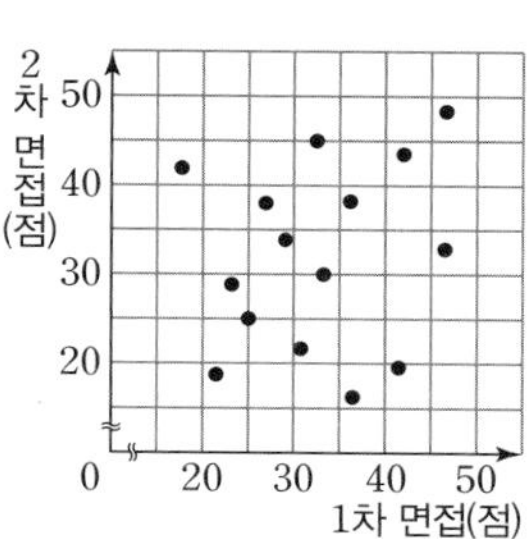

① 3명 ② 4명 ③ 5명
④ 6명 ⑤ 7명

07 다음 중 두 변량 x, y 사이에 양의 상관관계가 있는 것은?

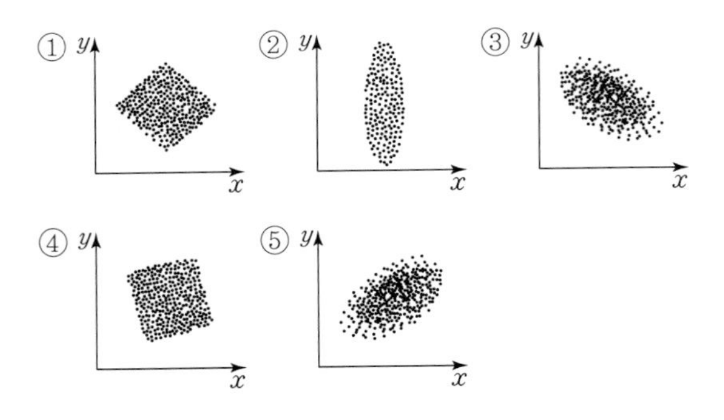

08 다음 중 상관관계가 나머지와 다른 것은?

① 키와 한 뼘의 길이
② 여름철 실외기온과 냉방비
③ 왼쪽 눈의 시력과 오른쪽 눈의 시력
④ 마늘 생산량과 가격
⑤ 브레이크를 밟기 전 속력과 멈출 때까지의 이동거리

고난도

09 다음 글에서 수면시간과 양의 상관관계가 있지 않은 것은?

> 흔히 잠을 줄여가면서 공부를 하는 경우 성적이 오를 것이라고 생각합니다. 그러나 성적과 수면시간 사이에는 큰 관련이 없습니다. 오히려 수면시간이 부족하면 집중력과 기억력이 떨어져 학습의 생산성이 낮아집니다. 뿐만 아니라 수면시간이 부족할 경우 면역력이 낮아지고 비만도와 뇌졸중 위험이 높아지는 등 건강에 악영향을 미치므로 적정 수면시간을 지키는 것이 중요합니다.

① 집중력 ② 기억력
③ 학습의 생산성 ④ 면역력
⑤ 비만도

[10~11] 다음은 운동시간과 맥박수를 조사하여 나타낸 산점도이다. 물음에 답하시오.

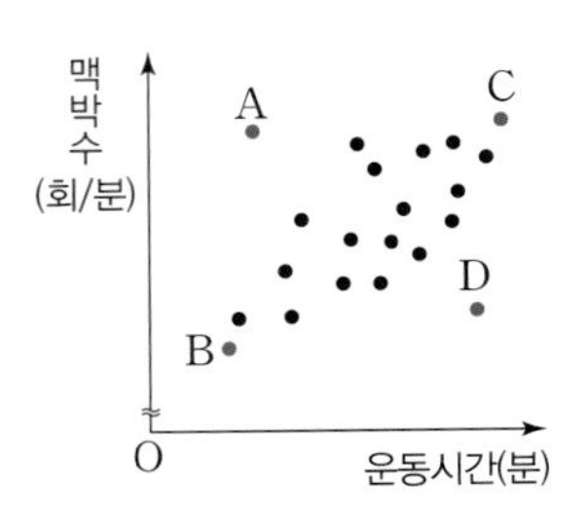

10 운동시간과 맥박수의 상관관계와 상관관계가 다른 두 변량은?

① 일조량과 사과의 당도
② 근로시간과 여가시간
③ 은행의 대기자 수와 대기시간
④ 불법 소프트웨어 사용률과 악성코드 발견율
⑤ 발의 크기와 신발의 크기

11 다음 중 옳지 않은 것은?

① 운동시간에 비해 맥박수가 가장 높은 것은 A이다.
② 맥박수가 가장 낮은 것은 B이다.
③ 운동시간이 가장 긴 것은 C이다.
④ 운동시간에 비해 맥박수가 가장 낮은 것은 D이다.
⑤ 점 A와 D를 제거하면 상관관계가 더 약해진다.

산점도 분석하기(2)

45 오른쪽은 형래네 반 학생 20명의 왼손과 오른손의 악력을 조사하여 나타낸 산점도이다. 왼손과 오른손의 악력이 10 kg 이상 차이나는 학생의 비율(%)은?

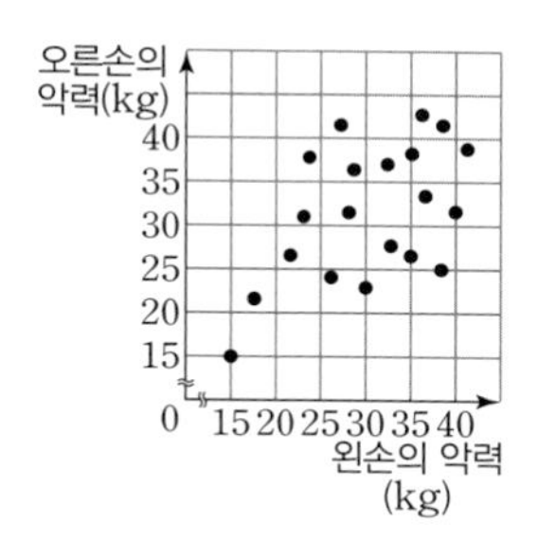

① 5 % ② 10 % ③ 15 %
④ 20 % ⑤ 25 %

산점도 분석하기(2)

46 오른쪽은 어느 반 학생 20명의 영어점수와 수학점수를 조사하여 나타낸 산점도이다. 영어점수와 수학점수의 평균이 80점 이상인 학생 수는?

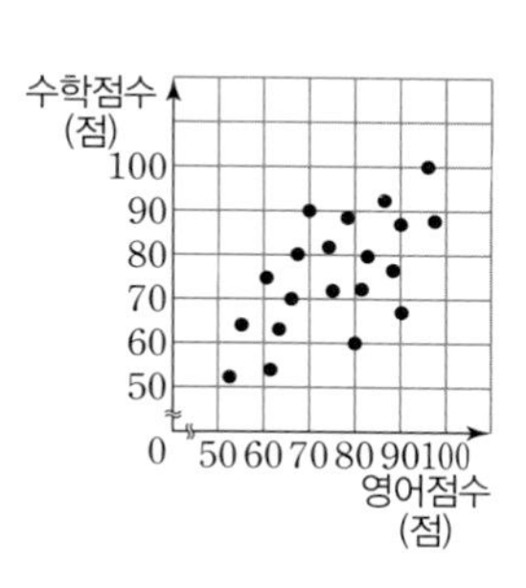

① 4명 ② 5명 ③ 6명
④ 7명 ⑤ 8명

상관관계

47 다음 중 상관관계가 나머지와 다른 하나를 고르면?

① 배추의 생산량과 가격
② 키와 한 뼘의 길이
③ 기온과 아이스크림 판매량
④ 나무의 키와 둘레
⑤ 통학 거리와 통학 시간

상관관계

48 다음 중 산의 높이와 산꼭대기의 기온 사이의 산점도로 적절한 것은?

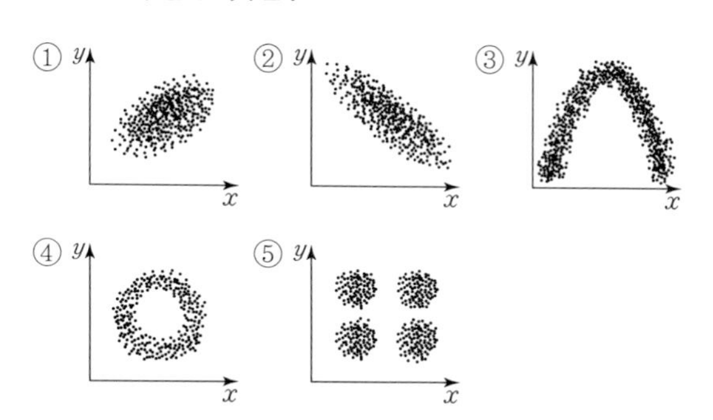

산점도와 상관관계

49 오른쪽은 준수네 학교 학생 250명의 용돈과 저축액을 조사하여 나타낸 산점도이다. 다음 중 A, B, C, D에 대한 설명으로 옳지 <u>않은</u> 것은?

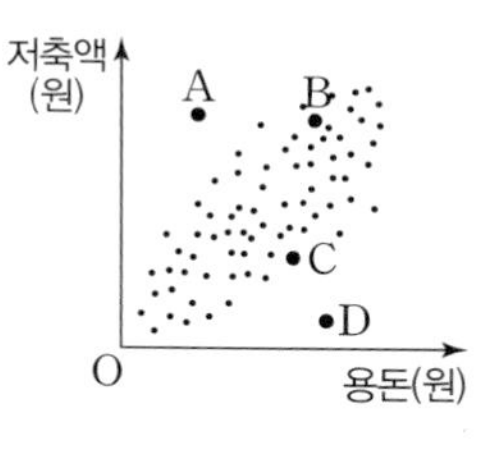

① 용돈과 저축액 사이에는 양의 상관관계가 있다.
② A는 용돈에 비해 저축액이 많다.
③ A와 B는 저축액은 비슷하지만 용돈은 B가 더 많다.
④ C가 D보다 저축을 적게 한다.
⑤ D는 용돈에 비해 저축액이 적다.

산점도와 상관관계

50 다음은 1980년에서 2015년까지 홍역 예방접종률과 세계 인구 백만 명당 홍역 발생 건수 사이의 관계를 조사하여 나타낸 산점도이다. 〈보기〉 중 옳은 것만을 있는 대로 고른 것은?

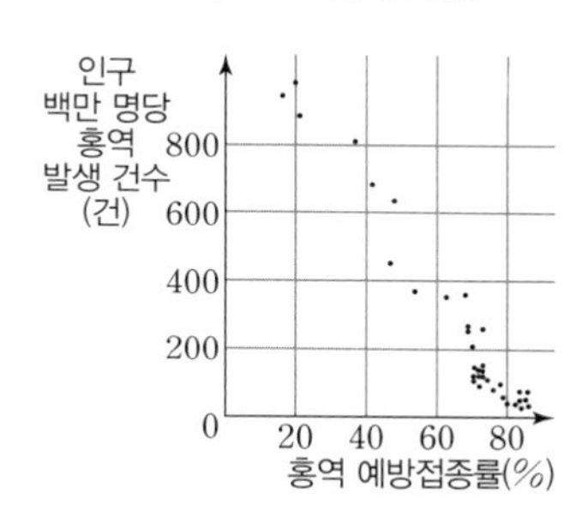

보기
ㄱ. 홍역 예방접종률이 높아질수록 대체로 발생 건수는 감소한다.
ㄴ. 홍역 예방접종률이 40% 이하일 때보다 60% 이상일 때 발생 건수가 반 이상 줄어들었다.
ㄷ. 발생 건수가 200건 미만인 해가 200건 이상인 해보다 적다.

① ㄱ ② ㄴ ③ ㄱ, ㄴ
④ ㄱ, ㄷ ⑤ ㄱ, ㄴ, ㄷ

MEMO

효과가 상상 이상입니다.

예전에는 아이들의 어휘 학습을 위해 학습지를 만들어 주기도 했는데,
이제는 이 교재가 있으니 어휘 학습 고민은 해결되었습니다.
아이들에게 아침 자율 활동으로 할 것을 제안하였는데,
"선생님, 더 풀어도 되나요?"라는 모습을 보면,
아이들의 기초 학습 습관 형성에도 큰 도움이 되고 있다고 생각합니다.

ㄷ초등학교 안00 선생님

어휘 공부의 힘을 느꼈습니다.

학습에 자신감이 없던 학생도 이미 배운 어휘가 수업에 나왔을 때 반가워합니다.
어휘를 먼저 학습하면서 흥미도가 높아지고
동기 부여가 되는 것을 보면서 어휘 공부의 힘을 느꼈습니다.

ㅂ학교 김00 선생님

학생들 스스로 뿌듯해해요.

처음에는 어휘 학습을 따로 한다는 것 자체가 부담스러워했지만,
공부하는 내용에 대해 이해도가 높아지는 경험을 하면서
스스로 뿌듯해하는 모습을 볼 수 있었습니다.

ㅅ초등학교 손00 선생님

앞으로도 활용할 계획입니다.

학생들에게 확인 문제의 수준이 너무 어렵지 않으면서도
교과서에 나오는 낱말의 뜻을 확실하게 배울 수 있었고,
주요 학습 내용과 관련 있는 낱말의 뜻과 용례를
정확하게 공부할 수 있어서 효과적이었습니다.

ㅅ초등학교 지00 선생님

학교 선생님들이 확인한
어휘가 문해력이다의 학습 효과!
직접 경험해 보세요

학기별 교과서 어휘 완전 학습
<어휘가 문해력이다>
— 예비 초등 ~ 중학 3학년 —

중학도 역시 **EBS**

정답과 풀이

전국 중학교
기출문제
완벽 분석

시험 대비
적중 문항
수록

중학 수학 내신 대비 기출문제집

3-2 기말고사

실전 모의고사
+
최종 마무리 50제

중학 수학 내신 대비 기출문제집

3-2 기말고사

정답과 풀이

정답과 풀이

VI 원의 성질

2 | 원주각

개념 체크 본문 8~9쪽

01 (1) $62°$ (2) $130°$ (3) $92°$ (4) $52°$ (5) $55°$

02 $\angle x=17°$, $\angle y=34°$

03 $56°$

04 (1) 22 (2) 4 (3) 24 (4) 4

05 (1) $26°$ (2) $32°$ (3) $75°$ (4) $20°$

대표유형 본문 10~13쪽

01 ①	02 ②	03 $42°$	04 $48°$	05 ④
06 ④	07 ⑤	08 ②	09 $72°$	10 ②
11 ⑤	12 ④	13 $\frac{12}{25}$	14 16π	
15 $\frac{5\sqrt{39}}{39}$	16 $6\sqrt{2}\pi$	17 ③	18 ③	19 8 cm
20 ③	21 6π cm		22 24π cm	
23 ④	24 $116°$			

01 $\triangle$OBC는 $\overline{OB}=\overline{OC}$인 이등변삼각형이므로
$\angle BOC=180°-2\times42°=96°$
원주각과 중심각의 크기 사이의 관계에 의해
$\angle BAC=\frac{1}{2}\angle BOC=\frac{1}{2}\times96°=48°$
따라서 $\angle x=48°$

02 원주각과 중심각의 크기 사이의 관계에 의해
$$\begin{aligned}\angle APC&=\frac{1}{2}\angle AOC\\&=\frac{1}{2}\times98°=49°\\&=\angle APB+\angle BPC\\&=\angle APB+\angle BQC\\&=\angle x+35°\end{aligned}$$
따라서 $\angle x=14°$

03 원주각과 중심각의 크기 사이의 관계에 의해
$$\begin{aligned}\angle AOB&=2\angle APB\\&=2\times48°=96°\end{aligned}$$
$\triangle$OAB는 $\overline{OA}=\overline{OB}$인 이등변삼각형이므로
$\angle OAB=\frac{1}{2}\times(180°-96°)=42°$

04 호 ACB에 대한 중심각의 크기가 $132°$이므로
원주각과 중심각의 크기 사이의 관계에 의해
$\angle y=\frac{1}{2}\times132°=66°$
호 ADB에 대한 중심각의 크기는
$360°-132°=228°$
원주각과 중심각의 크기 사이의 관계에 의해
$\angle x=\frac{1}{2}\times228°=114°$
따라서 $\angle x-\angle y=114°-66°=48°$

05 두 선분 OA, OB를 그으면
$\overline{PA}\perp\overline{OA}$, $\overline{PB}\perp\overline{OB}$
따라서 원주각과 중심각의 크기 사이의 관계에 의해
$$\begin{aligned}\angle ACB&=\frac{1}{2}\times\angle AOB=\frac{1}{2}\times(180°-\angle P)\\&=\frac{1}{2}\times(180°-68°)=56°\end{aligned}$$

06 두 선분 OA, OB를 그으면
$\overline{PA}\perp\overline{OA}$, $\overline{PB}\perp\overline{OB}$이므로
$\angle APB=180°-\angle AOB$
원주각과 중심각의 크기 사이의 관계에 의해
$$\begin{aligned}\angle AOB&=360°-2\times\angle ACB\\&=360°-2\times124°=112°\end{aligned}$$
따라서 $\angle APB=180°-112°=68°$

07 원주각의 성질에 의해
$\angle ACB=\angle ADB=43°$
$\angle BDC=\angle BAC=48°$
$\triangle$BCD에서 세 내각의 크기의 합이 $180°$이므로
$\angle x+43°+30°+48°=180°$
$\angle x=59°$

08 원주각의 성질에 의해
$\angle CBD=\angle CAD=24°$
삼각형 CPB에서
$\angle ACB+\angle CBP=85°$
따라서 $\angle ACB=85°-24°=61°$

09 원주각의 성질에 의해

$\angle ABD = \angle ACD = \angle PAC + \angle CPA$
$= 30^\circ + 42^\circ = 72^\circ$

10 선분 BD를 그으면 반원에 대한 원주각의 크기가 90° 이므로

$\angle ADB = 90^\circ$

$\angle x = \angle ABD$
$= 90^\circ - 34^\circ = 56^\circ$

11 선분 BC를 그으면 $\triangle ABC$에서 반원에 대한 원주각의 크기가 90°이므로 $\angle ACB = 90^\circ$

$\angle CBD = 90^\circ - 28^\circ - 25^\circ = 37^\circ$

원주각과 중심각의 크기 사이의 관계에 의해

$\angle COD = 2\angle CBD$
$= 2 \times 37^\circ = 74^\circ$

12 선분 BC를 그으면 반원에 대한 원주각의 크기가 90° 이므로

$\angle ACB = 90^\circ$

$\angle PBC = 90^\circ - 56^\circ = 34^\circ$

원주각과 중심각의 크기 사이의 관계에 의해

$\angle COD = 2\angle CBD$
$= 2 \times 34^\circ = 68^\circ$

13 반원에 대한 원주각의 크기가 90°이므로

$\angle ACB = 90^\circ$

$\triangle ABC$에서 $\overline{AB} = 2 \times 10 = 20$이므로

피타고라스 정리에 의해

$\overline{BC}^2 = 20^2 - 12^2 = 256 = 16^2$

$\overline{BC} = 16$

따라서 $\sin A \times \cos A = \frac{16}{20} \times \frac{12}{20} = \frac{12}{25}$

14 $\overrightarrow{BO}$와 원 O의 교점 중 B가 아닌 점을 D라 하자.

보조선 CD를 그으면

반원에 대한 원주각의 크기가 90°이므로

$\angle BCD = 90^\circ$

원주각의 성질에 의해 $\angle A = \angle BDC$이므로

$\tan \angle BDC = \tan A = \sqrt{3} = \frac{\overline{BC}}{\overline{CD}}$

이때 $\overline{BC} = 4\sqrt{3}$이므로 $\overline{CD} = 4$

$\triangle BCD$에서 피타고라스 정리에 의해

$\overline{BD}^2 = (4\sqrt{3})^2 + 4^2 = 64$

$\overline{BD} = 8$

따라서 원 O의 반지름의 길이는 4이고, 원 O의 넓이는 $\pi \times 4^2 = 16\pi$

15 $\overrightarrow{BO}$와 원 O의 B가 아닌 다른 교점을 D라 하자.

보조선 CD를 그으면

반원에 대한 원주각의 크기가 90°이므로

$\angle BCD = 90^\circ$

$\overline{BD} = 2 \times 4 = 8$이므로 $\triangle BCD$에서 피타고라스 정리에 의해

$\overline{CD}^2 = 8^2 - 5^2 = 39$

$\overline{CD} = \sqrt{39}$

$\angle A = \angle BDC$이므로

$\tan A = \tan \angle BDC$
$= \frac{\overline{BC}}{\overline{CD}} = \frac{5}{\sqrt{39}} = \frac{5\sqrt{39}}{39}$

16 $\overrightarrow{AO}$와 원 O의 교점 중 A가 아닌 점을 D라 하자.

보조선 CD를 그으면

반원에 대한 원주각의 크기가 90°이므로

$\angle ACD = 90^\circ$

$\angle ADC = \angle B = 45^\circ$이므로 $\triangle ACD$는 $\angle ACD = 90^\circ$인 직각이등변삼각형이다.

$\overline{AC} = 6$이므로 $\overline{AD} = 6\sqrt{2}$

따라서 원 O의 반지름의 길이는 $\frac{1}{2} \times 6\sqrt{2} = 3\sqrt{2}$이므로

원 O의 둘레의 길이는 $2\pi \times 3\sqrt{2} = 6\sqrt{2}\pi$

17 $\widehat{AB} = \widehat{BC}$이므로 $\widehat{AC} : \widehat{AB} = 2 : 1$

한 원에서 호의 길이와 원주각의 크기가 정비례하므로

$\angle AEC : \angle ADB = \widehat{AC} : \widehat{AB} = 2 : 1$

따라서 $\angle x = 2\angle ADB = 2 \times 36^\circ = 72^\circ$

18 보조선 BC를 그으면 반원에 대한 원주각의 크기가 90° 이므로

$\angle ACB = 90^\circ$

한 원에서 같은 길이의 호에 대한 원주각의 크기가 같으므로

$\angle DBC = \angle CAB = 29^\circ$

$\triangle PCB$에서 세 내각의 크기의 합이 180°이므로

$\angle CPB = 90^\circ - 29^\circ = 61^\circ$

이때 맞꼭지각의 크기는 서로 같으므로 $\angle APD = 61^\circ$

19 삼각형 PAD에서

$\angle ADB = \angle APB - \angle PAD$
$= 78^\circ - 52^\circ = 26^\circ$

한 원에서 호의 길이와 원주각의 크기가 정비례하므로

$\widehat{AB} : \widehat{CD} = \angle ADB : \angle DAC$

$= 26^\circ : 52^\circ = 1 : 2$

따라서 $\widehat{CD} = 2\widehat{AB} = 2 \times 4 = 8$ (cm)

20 한 원에서 호의 길이와 원주각의 크기가 정비례하므로

$32^\circ : \angle BAC = \widehat{AD} : \widehat{BEC} = 2 : 6 = 1 : 3$

$\angle BAC = 3 \times 32^\circ = 96^\circ$

$\triangle ACP$에서

$\angle x = \angle BAC - \angle ACD$

$= 96^\circ - 32^\circ = 64^\circ$

21 원의 반지름의 길이가 12 cm이므로

원의 둘레의 길이는 $2\pi \times 12 = 24\pi$(cm)

보조선 AD를 그으면

$\triangle APD$에서

$\angle PAD + \angle PDA = 45^\circ$

이때 $\angle PAD$는 $\widehat{BD}$에 대한 원주각이고,

$\angle PDA$는 $\widehat{AC}$에 대한 원주각이므로

$\widehat{AC}$와 $\widehat{BD}$에 대한 원주각의 크기의 합이 45°이다.

한 원에서 호의 길이와 원주각의 크기가 정비례하므로

$\widehat{AC} + \widehat{BD} = 24\pi \times \frac{45^\circ}{180^\circ} = 6\pi$(cm)

22 원의 반지름의 길이가 20 cm이므로

원의 둘레의 길이는 $2\pi \times 20 = 40\pi$(cm)

$\widehat{AC}$에 대한 원주각의 크기는 $44^\circ + 28^\circ = 72^\circ$이고

한 원에서 호의 길이와 원주각의 크기가 정비례하므로

$\widehat{AC} = 40\pi \times \frac{72^\circ}{180^\circ} = 16\pi$ (cm)

따라서 $\widehat{PA} + \widehat{PC} = 40\pi - 16\pi = 24\pi$ (cm)

23 네 점 A, B, C, D가 한 원 위에 있으려면

$\angle BDC = \angle BAC = \angle x$

$\angle ADB = \angle ACB = 41^\circ$

$\angle ADC = \angle x + 41^\circ = 112^\circ$

따라서 $\angle x = 71^\circ$

24 네 점 A, B, C, D가 한 원 위에 있으려면

$\angle DAC = \angle DBP = 33^\circ$

$\triangle BDP$에서

$\angle ADB = \angle DBP + \angle DPB = 33^\circ + 50^\circ = 83^\circ$이므로

$\triangle AQD$에서

$\angle x = \angle DAQ + \angle ADB = 33^\circ + 83^\circ = 116^\circ$

기출 예상 문제

본문 14~15쪽

01 ②	**02** 180	**03** 64°	**04** 14°	**05** 45°
06 40°	**07** 52°	**08** 10π	**09** 34°	**10** 48°
11 27°	**12** 96°			

01 원주각과 중심각의 크기 사이의 관계에 의해

$\angle AOB = 2\angle x$

$\triangle PQA$와 $\triangle BQO$에서 맞꼭지각의 크기는 서로 같으므로

$\angle x + 50^\circ = 2\angle x + 12^\circ$

$\angle x = 38^\circ$

02 $\angle AQB = \frac{1}{2}\angle AOB$

$= \frac{1}{2} \times 160^\circ = 80^\circ$

$\angle APB = \frac{1}{2} \times (360^\circ - \angle AOB)$

$= \frac{1}{2} \times 200^\circ = 100^\circ$

따라서 $x = 80$, $y = 100$이므로 $x + y = 180$

03 $\angle ACB = \frac{1}{2}\angle AOB = \frac{1}{2} \times (180^\circ - \angle P)$

$= \frac{1}{2} \times (180^\circ - 52^\circ) = 64^\circ$

04 원주각의 성질에 의해

$\angle APB = \frac{1}{2}\angle AOB$

$= \frac{1}{2} \times 74^\circ = 37^\circ$

한 호에 대한 원주각의 크기는 같으므로

$\angle BQC = \angle BPC = 51^\circ - 37^\circ = 14^\circ$

05 한 호에 대한 원주각의 크기는 같으므로

$\angle x = \angle APB = 180^\circ - (87^\circ + 48^\circ) = 45^\circ$

06 보조선 BC를 그으면

반원에 대한 원주각의 크기는 90°이므로

$\angle ACB = 90^\circ$

한 호에 대한 원주각의 크기는 같으므로

$\angle ACE = 90^\circ - \angle ECB = 90^\circ - \angle EDB$

$= 90^\circ - 50^\circ = 40^\circ$

07 보조선 BC를 그으면

반원에 대한 원주각의 크기는 90°이므로

$\angle ACB=90^\circ$
한 호에 대한 원주각의 크기는 같으므로
$\angle DAB=\angle DCB=90^\circ-\angle ACD$
$=90^\circ-38^\circ=52^\circ$

08 $\overrightarrow{BO}$와 원 O의 교점 중 B가 아닌 점을 D라 하자.
보조선 CD를 그으면
반원에 대한 원주각의 크기가 90°이므로
$\angle BCD=90^\circ$
한 호에 대한 원주각의 크기는 같으므로
$\angle BDC=\angle BAC=60^\circ$
$\dfrac{\overline{BC}}{\overline{BD}}=\sin 60^\circ=\dfrac{\sqrt{3}}{2}$이므로 $\dfrac{5\sqrt{3}}{\overline{BD}}=\dfrac{\sqrt{3}}{2}$
$\overline{BD}=10$
따라서 원 O의 둘레의 길이는 $2\pi\times5=10\pi$

09 보조선 BC를 그으면
반원에 대한 원주각의 크기가 90°이므로
$\angle ACB=90^\circ$
같은 길이의 호에 대한 원주각의 크기는 같으므로
$\angle ABC=\angle x$
$\triangle ABC$에서 세 내각의 크기의 합이 180°이므로
$22^\circ+\angle x+\angle x+90^\circ=180^\circ$
$2\angle x=68^\circ$
$\angle x=34^\circ$

10 한 원에서 호의 길이와 원주각의 크기가 정비례하므로
$\angle CBD : \angle ADB=\overparen{CD} : \overparen{AB}$
$=12:4=3:1$
$\angle CBD=3\times24^\circ=72^\circ$
$\triangle DPB$에서
$\angle CBD=\angle ADB+\angle x$이므로
$\angle x=72^\circ-24^\circ=48^\circ$

11 한 원에서 원주각의 크기와 호의 길이가 정비례하므로
$\angle ABD : \angle BAC=\overparen{AD} : \overparen{BC}=1:2$
따라서 $\angle BAC=2\angle x$
$\triangle ABP$에서
$\angle x+2\angle x=81^\circ$
$\angle x=27^\circ$

12 네 점 A, B, C, D가 한 원 위에 있으므로
$\angle BAD=\angle BCD=25^\circ$
삼각형 ADP에서
$\angle ADC=\angle BAD+\angle BPD$
$=25^\circ+46^\circ=71^\circ$
$\angle x=\angle BCD+\angle ADC$
$=25^\circ+71^\circ=96^\circ$

고난도 집중 연습

본문 16~17쪽

1 $\dfrac{\sqrt{15}}{3}$	**1-1** 25π	**2** 27°	**2-1** 53°
3 59°	**3-1** 58°	**4** 68°	**4-1** 91°

1

풀이 전략 반원에 대한 원주각의 크기는 90°임을 이용하여 직각삼각형에서 삼각비의 값을 구한다.
반원에 대한 원주각의 크기는 90°이므로
$\angle ACB=90^\circ$
따라서 $\angle CAB=\angle x$이므로
$\tan x=\tan \angle CAB$
$\triangle ABC$에서 $\overline{AB}=2\times4=8$이고 피타고라스 정리에 의해
$\overline{CA}^2=8^2-(2\sqrt{10})^2=24$
$\overline{CA}=2\sqrt{6}$
삼각형 CAB에서
$\tan \angle CAB=\dfrac{2\sqrt{10}}{2\sqrt{6}}=\dfrac{\sqrt{15}}{3}=\tan x$

1-1

풀이 전략 반원에 대한 원주각의 크기는 90°임을 이용하여 보조선을 그어 직각삼각형을 만든다.
원주각의 성질에 의해
$\angle ABD=\angle ACD=\angle x$
보조선 AD를 그으면
반원에 대한 원주각의 크기가 90°이므로
$\angle ADB=90^\circ$
직각삼각형 ADB에서
$\sin x=\sin \angle ABD=\dfrac{\overline{AD}}{\overline{AB}}=\dfrac{2}{5}$이므로
$\overline{AD}=\dfrac{2}{5}\overline{AB}$
이때 $\triangle ABD$는 직각삼각형이므로 피타고라스 정리에 의해
$\overline{AB}^2=\overline{AD}^2+(5\sqrt{21})^2=\dfrac{4}{25}\overline{AB}^2+25\times21$
$\overline{AB}^2=25^2$
따라서 $\overline{AB}=25$이므로 원 O의 둘레의 길이는
$2\pi\times\dfrac{25}{2}=25\pi$

2

풀이 전략 보조선을 긋고 원 O에서 한 호에 대한 원주각의 크기는 그 호에 대한 중심각의 크기의 $\frac{1}{2}$임을 이용한다.

보조선 BC를 그으면
원주각과 중심각의 크기 사이의 관계에 의해

$\angle BCD=\frac{1}{2}\angle BOD$

$=\frac{1}{2}\times 100^\circ=50^\circ$

$\angle ABC=\frac{1}{2}\angle AOC$

$=\frac{1}{2}\times 46^\circ=23^\circ$

$\triangle BCP$에서

$\angle APC=\angle BCD-\angle ABC$

$=50^\circ-23^\circ=27^\circ$

2-1

풀이 전략 보조선을 긋고 원 O에서 한 호에 대한 원주각의 크기는 그 호에 대한 중심각의 크기의 $\frac{1}{2}$임을 이용한다.

보조선 BC를 그으면
원주각과 중심각의 크기 사이의 관계에 의해

$\angle ABC=\frac{1}{2}\angle AOC$

$=\frac{1}{2}\times 120^\circ=60^\circ$

$\angle BCD=\frac{1}{2}\angle BOD$

$=\frac{1}{2}\times 14^\circ=7^\circ$

$\triangle BCP$에서

$\angle APC=\angle ABC-\angle BCP$

$=60^\circ-7^\circ=53^\circ$

3

풀이 전략 보조선을 긋고 원 O에서 한 호에 대한 원주각의 크기는 그 호에 대한 중심각의 크기의 $\frac{1}{2}$임을 이용한다.

중심으로부터의 거리가 같은 두 현의 길이는 같으므로

$\overline{QA}=\overline{QB}$

한 원에서 현의 길이가 같은 호에 대한 원주각의 크기가 서로 같으므로

$\angle QBA=\angle QAB=\angle x$

보조선 OA, OB를 그으면

$\overline{PA}\perp\overline{OA}$, $\overline{PB}\perp\overline{OB}$이므로

$\angle AOB=180^\circ-56^\circ=124^\circ$

원주각과 중심각의 크기 사이의 관계에 의해

$\angle AQB=\frac{1}{2}\angle AOB$

$=\frac{1}{2}\times 124^\circ=62^\circ$

따라서 $\angle x=\frac{1}{2}\times(180^\circ-62^\circ)=59^\circ$

3-1

풀이 전략 보조선을 긋고 원 O에서 한 호에 대한 원주각의 크기는 그 호에 대한 중심각의 크기의 $\frac{1}{2}$임을 이용한다.

한 원에서 길이가 같은 호에 대한 원주각의 크기가 서로 같으므로

$\angle BAQ=\angle ABQ$

보조선 OA, OB를 그으면

$\overline{PA}\perp\overline{OA}$, $\overline{PB}\perp\overline{OB}$이므로

$\angle AOB=180^\circ-52^\circ=128^\circ$

원주각과 중심각의 크기 사이의 관계에 의해

$\angle AQB=\frac{1}{2}\angle AOB$

$=\frac{1}{2}\times 128^\circ=64^\circ$

따라서 $\angle ABQ=\frac{1}{2}\times(180^\circ-64^\circ)=58^\circ$

4

풀이 전략 원에서 한 호에 대한 원주각의 크기는 모두 같다는 것을 이용한다.

삼각형 ADP에서

$\angle DAP+\angle DPB=\angle x$이므로

$\angle DAP=\angle x-32^\circ=\angle QCD$

삼각형 QCD에서

$\angle AQC=\angle QCD+\angle x$이므로

$104^\circ=(\angle x-32^\circ)+\angle x$

$2\angle x=136^\circ$

$\angle x=68^\circ$

4-1

풀이 전략 원에서 한 호에 대한 원주각의 크기는 모두 같다는 것을 이용한다.

네 점 A, B, C, D가 한 원 위에 있으므로

$\angle DAC=\angle DBC=\angle x$

삼각형 APC에서

$\angle DAC=52^\circ+\angle C$이므로 $\angle C=\angle x-52^\circ$

삼각형 QBC에서

$\angle x+\angle C=130^\circ$이므로 $\angle x+(\angle x-52^\circ)=130^\circ$

$2\angle x=182°$

$\angle x=91°$

서술형 집중 연습

본문 18~19쪽

예제 1 $\angle x=36°$, $\angle y=43°$
유제 1 $\angle x=55°$, $\angle y=42°$
예제 2 10π 유제 2 36π
예제 3 $26°$ 유제 3 $24°$
예제 4 $\frac{2}{3}$ 유제 4 $\frac{15}{2}$

예제 1

보조선 BC를 그으면

반원에 대한 원주각의 크기는 $\boxed{90}°$이므로

$\angle ACB=\boxed{90}°$

원주각의 성질에 의해 $\angle DCB=\angle x$이므로

$\angle x=\boxed{36}°$ ··· 1단계

원주각의 성질에 의해 $\angle CBA=\angle y$

삼각형 ABC는 직각삼각형이므로

$\angle y=\boxed{43}°$ ··· 2단계

채점 기준표

단계	채점 기준	비율
1단계	$\angle x$의 크기를 구한 경우	50 %
2단계	$\angle y$의 크기를 구한 경우	50 %

유제 1

반원에 대한 원주각의 크기는 $90°$이므로

$\angle ADB=90°$, $\angle ACB=90°$

원주각의 성질에 의해 $\angle DAB=\angle x$

삼각형 DAB는 직각삼각형이므로

$\angle x=55°$ ··· 1단계

원주각의 성질에 의해 $\angle ABC=\angle y$

삼각형 ABC는 직각삼각형이므로

$\angle y=42°$ ··· 2단계

채점 기준표

단계	채점 기준	비율
1단계	$\angle x$의 크기를 구한 경우	50 %
2단계	$\angle y$의 크기를 구한 경우	50 %

예제 2

보조선 OC를 그으면

두 삼각형 OCA, OBC는 이등변삼각형이므로

$\angle OCA=\boxed{35}°$, $\angle OCB=\boxed{15}°$

따라서 $\angle ACB=\boxed{50}°$ ··· 1단계

원주각과 중심각의 크기 사이의 관계에 의해

$\angle AOB=\boxed{100}°$

부채꼴 AOB의 넓이를 구하면

$6\times6\times\frac{\boxed{100}}{360}\times\pi=\boxed{10\pi}$ ··· 2단계

채점 기준표

단계	채점 기준	비율
1단계	원주각의 크기를 구한 경우	50 %
2단계	부채꼴 OAB의 넓이를 구한 경우	50 %

유제 2

보조선 BD를 그으면

원주각의 성질에 의해

$\angle ADB=\angle AEB=18°$

$\angle BDC=63°-18°=45°$ ··· 1단계

원주각과 중심각의 크기 사이의 관계에 의해 $\angle BOC=90°$

부채꼴 BOC의 넓이를 구하면

$12\times12\times\frac{90}{360}\times\pi=36\pi$ ··· 2단계

채점 기준표

단계	채점 기준	비율
1단계	원주각의 크기를 구한 경우	50 %
2단계	부채꼴 OBC의 넓이를 구한 경우	50 %

예제 3

$2\widehat{AD}=\widehat{BC}$이므로 $\widehat{AD}$와 $\widehat{BC}$의 길이의 비는

$1:\boxed{2}$

한 원에서 호의 길이와 원주각의 크기는 정비례하므로

$\angle BAC$의 크기는 $\angle x$의 $\boxed{2}$배이다.

즉, $\angle BAC=\boxed{2\angle x}$ ··· 1단계

$\angle DPC=102°$이므로 $\angle BPC=\boxed{78}°$

$\angle x+\angle BAC=\angle BPC$이므로

$\angle x=\boxed{26}°$ ··· 2단계

채점 기준표

단계	채점 기준	비율
1단계	각의 크기를 미지수를 이용하여 나타낸 경우	50 %
2단계	$\angle x$의 크기를 구한 경우	50 %

유제 3

한 원에서 호의 길이와 원주각의 크기는 정비례하므로

$\angle ADB$의 크기는 $\angle DAC$의 3배이다.

즉, $\angle ADB=3\angle x$ ··· 1단계

$\angle APB=96^\circ$이고

$\angle PDA+\angle PAD=96^\circ$이므로

$\angle x=24^\circ$ ··· 2단계

채점 기준표

단계	채점 기준	비율
1단계	각의 크기를 미지수를 이용하여 나타낸 경우	50 %
2단계	$\angle x$의 크기를 구한 경우	50 %

예제 4

선분 OA의 연장선을 그어 원 O와 만나는 점을 D라 하자.

보조선 BD를 그으면

반원에 대한 원주각의 크기는 $\boxed{90}^\circ$이므로

$\angle ABD=\boxed{90}^\circ$

삼각형 ABD는 직각삼각형이므로 ··· 1단계

$\sin D=\dfrac{\boxed{\overline{AB}}}{\boxed{\overline{AD}}}$

이때 원주각의 성질에 의해

$\angle D=\angle C$이므로

$\sin C=\sin D=\dfrac{\boxed{\overline{AB}}}{\boxed{\overline{AD}}}=\dfrac{\boxed{2}}{\boxed{3}}$ ··· 2단계

채점 기준표

단계	채점 기준	비율
1단계	원주각의 성질을 이용하여 직각삼각형을 찾은 경우	50 %
2단계	삼각비의 값을 구한 경우	50 %

유제 4

선분 OA의 연장선을 그어 원 O와 만나는 점을 D라 하자.

보조선 CD를 그으면 반원에 대한 원주각의 크기는 90°이므로

$\angle ACD=90^\circ$

원주각의 성질에 의해 $\angle ABH=\angle ADC$,

$\angle AHB=\angle ACD=90^\circ$이므로

$\triangle ABH\backsim\triangle ADC$ (AA 닮음) ··· 1단계

$\overline{AD}=16$이므로

$\overline{AB}:\overline{AH}=\overline{AD}:\overline{AC}$

$12:\overline{AH}=16:10$

$\overline{AH}=\dfrac{15}{2}$ ··· 2단계

채점 기준표

단계	채점 기준	비율
1단계	원주각의 성질을 이용하여 닮음인 직각삼각형을 찾은 경우	50 %
2단계	$\overline{AH}$의 길이를 구한 경우	50 %

중단원 실전 테스트 1회

본문 20~22쪽

01 ③	02 ③	03 ④	04 ②	05 ②
06 ②	07 ②	08 ③	09 ③	10 ⑤
11 ①	12 ②, ④	13 74°	14 74°	15 18°
16 63°				

01 보조선 CO를 그으면

$\angle COD=2\angle CED=2\times 24^\circ=48^\circ$

$\angle BOC=112^\circ-48^\circ=64^\circ$

$\angle x=\angle BAC=\dfrac{1}{2}\angle BOC$

$=\dfrac{1}{2}\times 64^\circ=32^\circ$

02 ③ $\angle B$와 $\angle C$는 모두 $\overset{\frown}{AD}$에 대한 원주각으로 그 크기가 같다.

03 $\angle AOC=360^\circ-2\times 118^\circ=124^\circ$

□ABCO에서

$\angle x=360^\circ-118^\circ-57^\circ-124^\circ=61^\circ$

04 $\angle y=\angle BDC=\angle BAC$

$\triangle ABC$에서

$\angle y+(\angle x+33^\circ)+46^\circ=180^\circ$

$\angle x+\angle y=101^\circ$

05 $\angle CBD=\angle CAD=15^\circ$

$\triangle CBP$에서 $\angle x+15^\circ=83^\circ$

$\angle x=68^\circ$

06

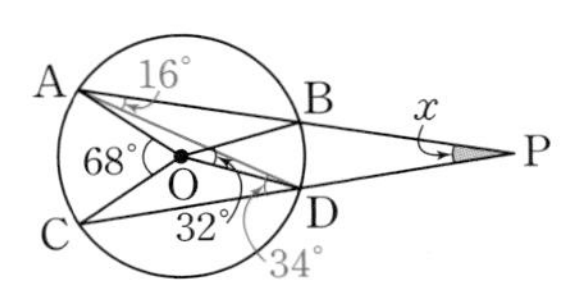

$\angle ADC=\dfrac{1}{2}\angle AOC$

$=\dfrac{1}{2}\times 68^\circ=34^\circ$

$\angle BAD=\dfrac{1}{2}\angle BOD$

$=\dfrac{1}{2}\times 32^\circ=16^\circ$

$\triangle APD$에서 $\angle x+16^\circ=34^\circ$

$\angle x=18^\circ$

07 $\overrightarrow{AO}$와 원 O의 교점 중 A가 아닌 점을 D라 하자.

보조선 CD를 그으면 반원에 대한 원주각의 크기는 $90°$이므로

$\angle ACD=90°$

$\angle ADC=\angle ABC=\angle B$

$\tan B=\tan \angle ADC$

$=\dfrac{\overline{AC}}{\overline{CD}}=\dfrac{20}{\overline{CD}}=\dfrac{5}{2}$

$\overline{CD}=8$ cm

△ACD에서 피타고라스 정리에 의해

$\overline{AD}^2=20^2+8^2=464$

$\overline{AD}=\sqrt{464}=4\sqrt{29}$ (cm)

$\overline{AO}=\dfrac{1}{2}\times 4\sqrt{29}=2\sqrt{29}$ (cm)

따라서 원 O의 넓이는

$\pi\times(2\sqrt{29})^2=116\pi$ (cm^2)

08

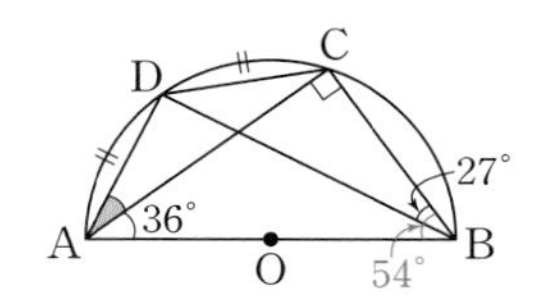

반원에 대한 원주각의 크기는 $90°$이므로

$\angle ACB=90°$

△ABC에서 $\angle ABC=90°-36°=54°$

한 원에서 같은 길이의 호에 대한 원주각의 크기는 서로 같으므로

$\angle CBD=\dfrac{1}{2}\angle ABC$

$=\dfrac{1}{2}\times 54°=27°$

$\angle CAD=\angle CBD=27°$

09 한 원에서 같은 길이의 호에 대한 원주각의 크기는 서로 같으므로

$\angle PBC=\angle PCB=32°$

△PBC에서

$\angle x=32°+32°=64°$

10 보조선 BC를 그으면 반원에 대한 원주각의 크기는 $90°$이므로

$\angle ACB=90°$

△ABC에서 $\angle ABC=90°-40°=50°$

한 원에서 호의 길이와 그 호에 대한 원주각의 크기는 정비례하므로

$\overset{\frown}{AC}:\overset{\frown}{CB}=\angle ABC:\angle CAB=50°:40°=5:4$

$\overset{\frown}{AC}=15$ cm

11 네 점 A, B, C, D가 한 원 위에 있으려면

$\angle BDC=\angle BAC$

△ABC에서 $\angle BAC=180°-(78°+59°)=43°$

$\angle x=\angle BDC=\angle BAC=43°$

12 ① $\angle ADB\neq\angle ACB$이므로 네 점 A, B, C, D가 한 원 위에 있지 않다.

② $\angle BAC=\angle BDC$이므로 네 점 A, B, C, D가 한 원 위에 있다.

③ △PBD에서 $\angle PDB=40°-27°=13°$이고, $\angle ADB\neq\angle ACB$이므로 네 점 A, B, C, D가 한 원 위에 있지 않다.

④ △ADP에서 $\angle ADP=95°-37°=58°$이고, $\angle ADB=\angle ACB$이므로 네 점 A, B, C, D가 한 원 위에 있다.

⑤ △PCD에서 $\angle PDC=180°-(104°+32°)=44°$이고, $\angle BDC\neq\angle BAC$이므로 네 점 A, B, C, D가 한 원 위에 있지 않다.

13

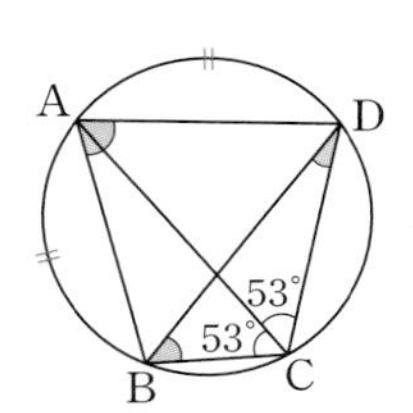

한 원에서 같은 길이의 호에 대한 원주각의 크기는 서로 같으므로

$\angle ACB=\angle ACD=53°$ ··· 1단계

$\angle BAD=\angle BAC+\angle CAD=\angle BDC+\angle CBD$

△BCD에서 $\angle BDC+\angle CBD+106°=180°$이므로

$\angle BDC+\angle CBD=74°$

따라서 $\angle BAD=74°$ ··· 2단계

채점 기준표

단계	채점 기준	비율
1단계	∠ACB의 크기를 구한 경우	30 %
2단계	∠BAD의 크기를 구한 경우	70 %

14 원에서 호에 대한 중심각의 크기는 그 호에 대한 원주각의 크기의 2배이므로

$\angle AOB=2\angle AEB$

$=2\times 15°=30°$

$\angle BOC=2\angle BDC$

$=2\times 22°=44°$ ··· 1단계

$\angle AOC=\angle AOB+\angle BOC$

$=30^\circ+44^\circ=74^\circ$

따라서 $\widehat{AC}$에 대한 중심각의 크기는 74°이다.

··· 2단계

채점 기준표

단계	채점 기준	비율
1단계	원주각의 성질을 이용하여 중심각의 크기를 구한 경우	50 %
2단계	$\widehat{AC}$에 대한 중심각의 크기를 구한 경우	50 %

15

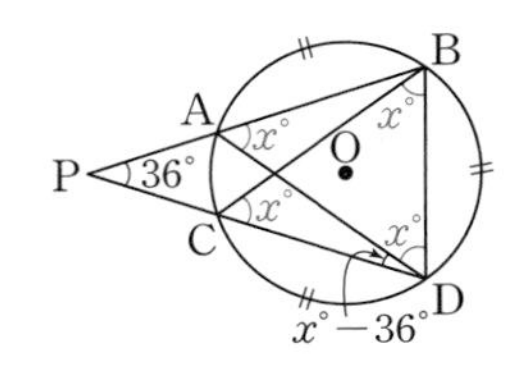

$\angle ADB=x^\circ$라 하자.

한 원에서 같은 길이의 호에 대한 원주각의 크기는 서로 같으므로

$\angle ADB=\angle BCD=\angle BAD=\angle CBD=x^\circ$

$\triangle APD$에서

$\angle ADP=\angle BAD-\angle APD$

$=x^\circ-36^\circ$ ··· 1단계

$\triangle BCD$에서

$\angle BCD+\angle CDB+\angle DBC=180^\circ$

$x^\circ+(x^\circ+x^\circ-36^\circ)+x^\circ=180^\circ$

$4x^\circ=216^\circ$

$x^\circ=54^\circ$

$\angle ABC=\angle ADC$

$=54^\circ-36^\circ=18^\circ$ ··· 2단계

채점 기준표

단계	채점 기준	비율
1단계	각의 크기를 하나의 미지수로 나타낸 경우	40 %
2단계	$\angle ABC$의 크기를 구한 경우	60 %

16 보조선 AC를 그으면

반원에 대한 원주각의 크기는 90°이므로

$\angle BAC=90^\circ$ ··· 1단계

원에서 호에 대한 원주각의 크기는 그 호에 대한 중심각의 크기의 $\frac{1}{2}$이므로

$\angle ACD=\frac{1}{2}\angle AOD$

$=\frac{1}{2}\times54^\circ=27^\circ$ ··· 2단계

$\triangle PAC$에서

$\angle APD+27^\circ+90^\circ=180^\circ$

$\angle APD=63^\circ$ ··· 3단계

채점 기준표

단계	채점 기준	비율
1단계	보조선을 그어 직각삼각형을 찾은 경우	20 %
2단계	원주각과 중심각의 크기 사이의 관계에 의해 원주각의 크기를 구한 경우	40 %
3단계	$\angle APD$의 크기를 구한 경우	40 %

중단원 실전 테스트 2회

본문 23~25쪽

01 ③ **02** ④ **03** ② **04** ④ **05** ④
06 ③ **07** ① **08** ② **09** ③ **10** ③
11 ④ **12** ③ **13** 66° **14** $\frac{2}{5}$ **15** 8 cm
16 48°

01 $\angle ADB=\frac{1}{2}\angle AOB$

$=\frac{1}{2}\times82^\circ=41^\circ$

$\angle BEC=\angle BDC$

$=68^\circ-41^\circ=27^\circ$

02 $\angle y=2\angle BCD=2\times124^\circ=248^\circ$

$\angle BOD=360^\circ-\angle y$

$=360^\circ-248^\circ=112^\circ$

$\angle x=\frac{1}{2}\angle BOD$

$=\frac{1}{2}\times112^\circ=56^\circ$

따라서 $\angle y-\angle x=192^\circ$

03 $\angle PAO=\angle PBO=90^\circ$이므로

$\angle BOA=360^\circ-90^\circ-90^\circ-58^\circ=122^\circ$

$\angle BQA=\frac{1}{2}\angle BOA$

$=\frac{1}{2}\times122^\circ=61^\circ$

사각형 PAQB의 네 내각의 크기의 합은 360°이므로

$\angle P+\angle PBQ+\angle PAQ+\angle BQA=360^\circ$

$58^\circ+(90^\circ+\angle x)+(90^\circ+\angle y)+61^\circ=360^\circ$

따라서 $\angle x+\angle y=61^\circ$

04 반원에 대한 원주각의 크기는 90°이므로

$\angle ABC=90^\circ$

$\triangle OAB$는 $\overline{OA}=\overline{OB}$인 이등변삼각형이므로

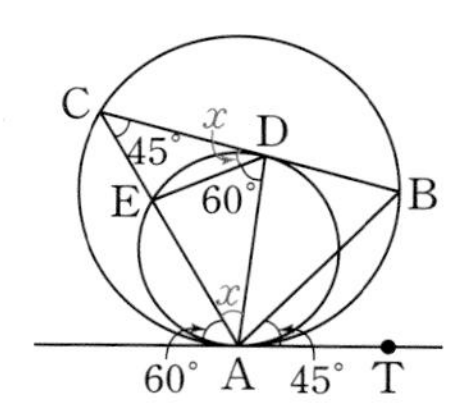

접선 AT와 큰 원의 현 AB가 이루는 각의 성질에 의해

$\angle C=45^\circ$

$\overline{AC}$가 작은 원과 만나는 점을 점 E라 하면

접선 AT와 작은 원의 현 AE가 이루는 각의 성질에 의해

$\angle ADE=60^\circ$

$\angle DAE=\angle x$라 하면 접선 BC와 작은 원의 현 DE가 이루는 각의 성질에 의해 $\angle EDC=\angle DAE=\angle x$

이때 $\triangle ACD$의 세 내각의 크기의 합은 180°이므로

$\angle x+(\angle x+60^\circ)+45^\circ=180^\circ$

$2\angle x=75^\circ$, $\angle x=37.5^\circ$

따라서 $\angle ADC=37.5^\circ+60^\circ=97.5^\circ$

다른 풀이

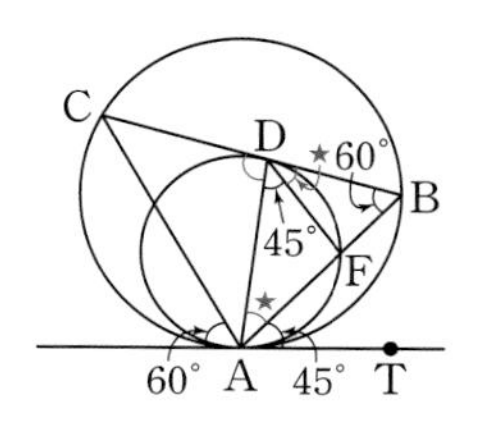

접선 AT와 큰 원의 현 AC가 이루는 각의 성질에 의해

$\angle B=60^\circ$

$\overline{AB}$가 작은 원과 만나는 점을 점 F라 하면

접선 AT와 작은 원의 현 AF가 이루는 각의 성질에 의해

$\angle ADF=45^\circ$

또한 $\angle DAF=\angle\bigstar$라 하면 접선 BC와 작은 원의 현 DF가 이루는 각의 성질에 의해 $\angle FDB=\angle DAF=\angle\bigstar$

이때 $\triangle ABD$의 세 내각의 크기의 합은 180°이므로

$\angle\bigstar+(\angle\bigstar+45^\circ)+60^\circ=180^\circ$

$2\angle\bigstar=75^\circ$, $\angle\bigstar=37.5^\circ$

삼각형 ADB에서 $\angle ADB$의 외각의 크기는 나머지 두 내각의 크기의 합과 같으므로

$\angle ADC=\angle DAB+\angle B$

$=37.5^\circ+60^\circ=97.5^\circ$

4-1

풀이 전략 두 원에서 접선과 현이 이루는 각의 크기를 각각 구한다.

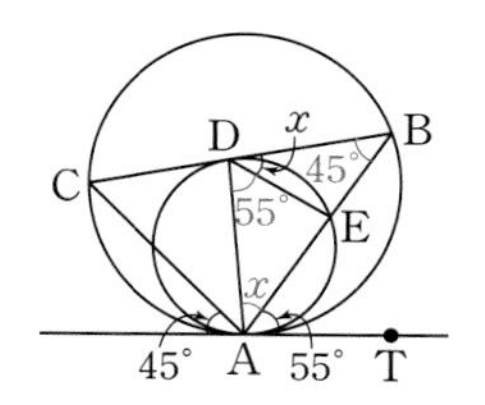

큰 원의 접선 AT와 현 AC가 이루는 각의 성질에 의해

$\angle ABC=45^\circ$

작은 원의 접선 AT와 현 AE가 이루는 각의 성질에 의해

$\angle ADE=55^\circ$

작은 원의 접선 BC와 현 DE가 이루는 각의 성질에 의해

$\angle DAE=\angle BDE=\angle x$

$\triangle ABD$에서

$\angle x+(55^\circ+\angle x)+45^\circ=180^\circ$

$2\angle x=80^\circ$

$\angle x=40^\circ$

서술형 집중 연습

본문 40~41쪽

예제 1 $\left(12+\frac{15\sqrt{3}}{2}\right)\text{cm}^2$	유제 1 $\left(\frac{25\sqrt{3}}{8}+6\right)\text{cm}^2$
예제 2 17 : 10 : 9	유제 2 6 : 5 : 4
예제 3 70°	유제 3 66°
예제 4 -21	유제 4 60°

예제 1

사각형 ABCD는 원에 내접하는 사각형이고 $\angle B=90^\circ$이므로 $\angle D=\boxed{90^\circ}$ ··· 1단계

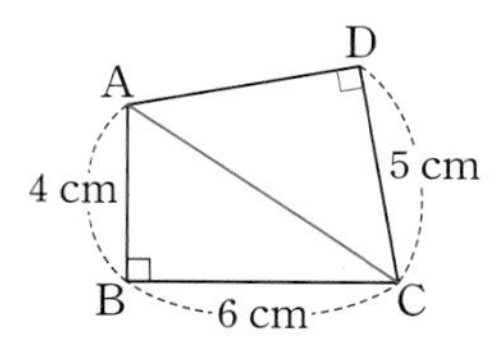

대각선 AC를 그으면 $\triangle ABC$와 $\triangle ADC$는 빗변을 공유하는 직각삼각형이므로 피타고라스 정리에 의해

$\boxed{4}^2+6^2=\overline{AC}^2=5^2+\overline{AD}^2$

$\overline{AD}^2=\boxed{27}$, $\overline{AD}=\boxed{3\sqrt{3}}$ cm ··· 2단계

□ABCD

$=\triangle ABC+\triangle ADC$

$=\frac{1}{2}\times4\times6+\frac{1}{2}\times5\times\boxed{3\sqrt{3}}$

$=\boxed{12+\frac{15\sqrt{3}}{2}}\ (\text{cm}^2)$

따라서 사각형 ABCD의 넓이는 $\left(\boxed{12+\frac{15\sqrt{3}}{2}}\right)\text{cm}^2$이다.

⋯ 3단계

채점 기준표

단계	채점 기준	비율
1단계	$\angle D$의 크기 구하기	30 %
2단계	$\overline{AD}$의 길이 구하기	30 %
3단계	□ABCD의 넓이 구하기	40 %

유제 1

사각형 ABCD는 원에 내접하는 사각형이고 $\angle C=90^\circ$이므로 $\angle A=90^\circ$이고 ⋯ 1단계

$\triangle ABD$는 한 예각의 크기가 60°인 직각삼각형이다.

$\overline{BD}=\sqrt{4^2+3^2}=5(\text{cm})$이므로

$\overline{AD}=5\cos 60^\circ=\frac{5}{2}\ (\text{cm})$

$\overline{AB}=5\sin 60^\circ=\frac{5\sqrt{3}}{2}\ (\text{cm})$ ⋯ 2단계

$\square ABCD=\triangle ABD+\triangle BCD$

$=\frac{1}{2}\times\frac{5}{2}\times\frac{5\sqrt{3}}{2}+\frac{1}{2}\times 4\times 3$

$=\frac{25\sqrt{3}}{8}+6(\text{cm}^2)$

따라서 사각형 ABCD의 넓이는

$\left(\frac{25\sqrt{3}}{8}+6\right)\text{cm}^2$이다. ⋯ 3단계

채점 기준표

단계	채점 기준	비율
1단계	$\angle A$의 크기 구하기	30 %
2단계	$\triangle ABD$의 세 변의 길이 구하기	40 %
3단계	□ABCD의 넓이 구하기	30 %

예제 2

사각형 ABCE는 원에 내접하므로

$\angle AEC=180^\circ-\angle ABC=180^\circ-\boxed{95^\circ}=\boxed{85^\circ}$

사각형 ACDE는 원에 내접하므로

$\angle CAE=180^\circ-\boxed{\angle CDE}=180^\circ-\boxed{130^\circ}=\boxed{50^\circ}$

사각형 ACEF는 원에 내접하므로

$\angle ACE=180^\circ-\boxed{\angle AFE}=180^\circ-\boxed{135^\circ}=\boxed{45^\circ}$

⋯ 1단계

세 호 ABC, CDE, AFE의 길이의 비인 $\widehat{ABC}:\widehat{CDE}:\widehat{AFE}$는 각 호에 대한 원주각의 크기의 비와 같으므로

$\widehat{ABC}:\widehat{CDE}:\widehat{AFE}$

$=\angle AEC:\angle CAE:\angle ACE$

$=85:\boxed{50}:\boxed{45}$

$=\boxed{17}:\boxed{10}:\boxed{9}$

따라서 세 호의 길이의 비를 가장 간단한 자연수의 비로 나타내면 $17:10:9$이다. ⋯ 2단계

채점 기준표

단계	채점 기준	비율
1단계	각 호에 대한 원주각의 크기 구하기	60 %
2단계	세 호의 길이의 비를 가장 간단한 자연수의 비로 나타내기	40 %

유제 2

사각형 ADBC는 원에 내접하므로

$\angle ACB=180^\circ-\angle ADB$

$=180^\circ-108^\circ=72^\circ$

사각형 ABCE는 원에 내접하므로

$\angle ABC=180^\circ-\angle AEC=180^\circ-132^\circ=48^\circ$

$\triangle ABC$에서

$\angle BAC=180^\circ-\angle ACB-\angle ABC$

$=180^\circ-72^\circ-48^\circ=60^\circ$ ⋯ 1단계

세 호 ADB, BC, AEC의 길이의 비인 $\widehat{ADB}:\widehat{BC}:\widehat{AEC}$는 각 호에 대한 원주각의 크기의 비와 같으므로

$\widehat{ADB}:\widehat{BC}:\widehat{AEC}=\angle ACB:\angle BAC:\angle ABC$

$=72:60:48$

$=6:5:4$

따라서 세 호의 길이의 비를 가장 간단한 자연수의 비로 나타내면 $6:5:4$이다. ⋯ 2단계

채점 기준표

단계	채점 기준	비율
1단계	각 호에 대한 원주각의 크기 구하기	60 %
2단계	세 호의 길이의 비를 가장 간단한 자연수의 비로 나타내기	40 %

예제 3

접선과 현 AC가 이루는 각의 성질에 의해

$\angle ABC=\angle\boxed{PAC}=\boxed{40}^\circ$ ⋯ 1단계

$\triangle ABC$는 $\overline{BA}=\overline{BC}$인 이등변삼각형이고 꼭지각의 크기가 $\boxed{40}^\circ$이므로

$\angle ACB=\frac{1}{2}\times(180^\circ-\boxed{40}^\circ)=\boxed{70}^\circ$ ⋯ 2단계

접선과 현 AB가 이루는 각의 성질에 의해

$\angle BAT=\angle\boxed{ACB}=\boxed{70}^\circ$ ⋯ 3단계

채점 기준표

단계	채점 기준	비율
1단계	$\angle ABC$의 크기 구하기	40 %
2단계	$\triangle ABC$의 밑각의 크기 구하기	20 %
3단계	$\angle BAT$의 크기 구하기	40 %

유제 3

접선과 현 AC가 이루는 각의 성질에 의해

$\angle ABC = \angle PAC = 57^\circ$ ··· 1단계

$\triangle ABC$는 $\overline{AC} = \overline{BC}$인 이등변삼각형이고 밑각의 크기가 57°이므로

$\angle ACB = 180^\circ - 2 \times 57^\circ = 66^\circ$ ··· 2단계

접선과 현 AB가 이루는 각의 성질에 의해

$\angle BAT = \angle ACB = 66^\circ$ ··· 3단계

채점 기준표

단계	채점 기준	비율
1단계	$\angle ABC$의 크기 구하기	40 %
2단계	$\triangle ABC$의 꼭지각의 크기 구하기	20 %
3단계	$\angle BAT$의 크기 구하기	40 %

예제 4

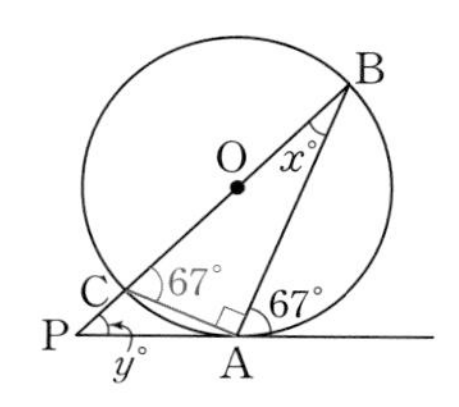

현 AC를 그으면 현 BC는 지름이므로 $\angle BAC = \boxed{90}^\circ$

접선과 현 AB가 이루는 각의 성질에 의해

$\angle ACB = \boxed{67}^\circ$

$\triangle ABC$의 세 내각의 크기의 합은 180°이므로

$x^\circ = 180^\circ - (90^\circ + \boxed{67}^\circ) = \boxed{23}^\circ$

$x = \boxed{23}$ ··· 1단계

$\triangle PAB$에서 $\angle PAB$의 외각의 크기는 나머지 두 내각의 크기의 합과 같으므로

$x^\circ + y^\circ = \boxed{23}^\circ + y^\circ = 67^\circ$

$y = 67 - \boxed{23} = \boxed{44}$ ··· 2단계

따라서 $x - y = \boxed{23} - \boxed{44} = \boxed{-21}$ ··· 3단계

채점 기준표

단계	채점 기준	비율
1단계	x의 값 구하기	40 %
2단계	y의 값 구하기	40 %
3단계	$x-y$의 값 구하기	20 %

유제 4

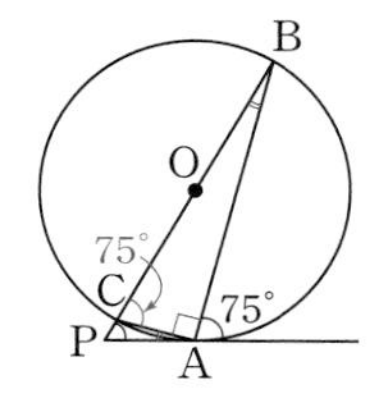

현 AC를 그으면 현 BC는 지름이므로 $\angle BAC = 90^\circ$

접선과 현 AB가 이루는 각의 성질에 의해

$\angle ACB = 75^\circ$ ··· 1단계

$\triangle ABC$의 세 내각의 크기의 합은 180°이므로

$\angle ABC = 180^\circ - (90^\circ + 75^\circ) = 15^\circ$ ··· 2단계

접선과 현 AC가 이루는 각의 성질에 의해

$\angle PAC = \angle ABC = 15^\circ$

$\triangle PAC$에서 $\angle ACB = \angle P + \angle PAC$이므로

$75^\circ = \angle P + 15^\circ$

$\angle P = 60^\circ$ ··· 3단계

채점 기준표

단계	채점 기준	비율
1단계	$\angle ACB$의 크기 구하기	30 %
2단계	$\angle ABC$의 크기 구하기	30 %
3단계	$\angle P$의 크기 구하기	40 %

중단원 실전 테스트 1회

본문 42~44쪽

01 ⑤ **02** ① **03** ④ **04** ② **05** ①
06 ⑤ **07** ① **08** ⑤ **09** ② **10** ②
11 ③ **12** ④ **13** 49° **14** 41° **15** 1 : 2
16 110°

01 사각형 ABCD는 원에 내접하므로

$\angle ABC = 180^\circ - 81^\circ = 99^\circ$

$\angle CBD = \angle ABC - \angle ABD$
$= 99^\circ - 50^\circ = 49^\circ$

$\angle CAD = \angle CBD = 49^\circ$(호 CD에 대한 원주각)

$x = 49$

$\triangle ABC$에서

$y^\circ + \angle ABC + 42^\circ = y^\circ + 99^\circ + 42^\circ = 180^\circ$

$y = 180 - 99 - 42 = 39$

$x - y = 10$

다른 풀이

$\angle ABD = \angle ACD = 50^\circ$(호 AD에 대한 원주각)

$\triangle ACD$에서 $x^\circ + 81^\circ + 50^\circ = 180^\circ$, $x = 49$

사각형 ABCD는 원에 내접하므로

$\angle BAD + \angle BCD = 180^\circ$

$x + y + 42 + 50 = 49 + y + 42 + 50 = 180$, $y = 39$

02 $110^\circ+x^\circ=180^\circ$, $x=70$

$\angle BAD=180^\circ-\angle BCD=\angle DCE=y^\circ$, $y=105$

03 $\triangle APQ$는 $\overline{AP}=\overline{PQ}$인 이등변삼각형이므로

$\angle APQ=180^\circ-2\times55^\circ=70^\circ$

사각형 BPQC는 원에 내접하는 사각형이므로

$\angle C=180^\circ-\angle BPQ=\angle APQ=70^\circ$

04

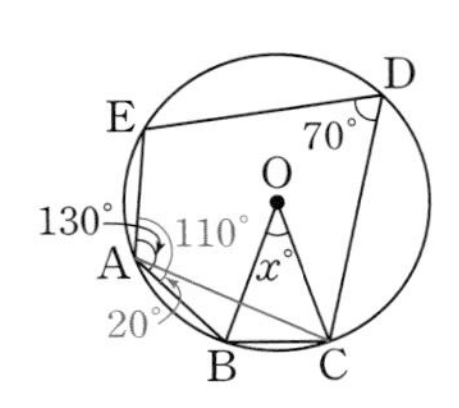

현 AC를 그으면 사각형 ACDE는 원 O에 내접하는 사각형이므로

$\angle CAE=180^\circ-\angle D$

$=180^\circ-70^\circ=110^\circ$

$\angle BAC=\angle BAE-\angle CAE$

$=130^\circ-110^\circ=20^\circ$

$\angle BOC=2\angle BAC$, $x^\circ=2\times20^\circ=40^\circ$, $x=40$

05 ㄱ. 원의 접선과 그 접점을 지나는 반지름은 수직이므로

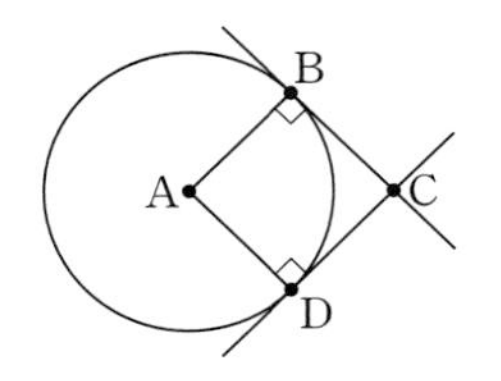

$\angle ABC=\angle ADC=90^\circ$

한 쌍의 대각의 크기의 합이 180°이므로 사각형 ABCD는 원에 내접한다.

ㄴ. $\overline{AB}=\overline{BC}$이고 $\angle ABC=90^\circ$이므로 선분 AC를 지름으로 하는 $\triangle ABC$의 외접원을 그릴 수 있다.

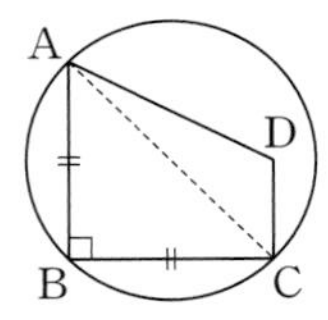

이때 점 D가 위의 그림과 같이 원 위에 있지 않은 경우 사각형 ABCD는 원에 내접하지 않는다.

ㄷ. $\overline{AB}=\overline{CD}$이고 $\overline{AB}/\!/\overline{CD}$인 사각형 ABCD는 평행사변형이다.

평행사변형은 반드시 원에 내접하지는 않는다.

따라서 사각형 ABCD가 반드시 원에 내접하는 것은 ㄱ이다.

06 사각형 ABCD는 원에 내접하는 사각형이므로

$\angle BAD=180^\circ-\angle BCD$

$=180^\circ-94^\circ=86^\circ$

$\angle BAD$의 이등분선이 원과 만나는 A가 아닌 점을 E라 하면

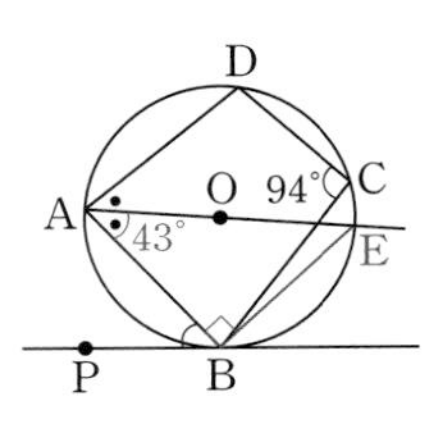

$\angle BAE=\frac{1}{2}\times86^\circ=43^\circ$

현 AE는 원 O의 지름이므로 $\angle ABE=90^\circ$

$\triangle ABE$에서 $\angle AEB=180^\circ-(43^\circ+90^\circ)=47^\circ$

접선과 현이 이루는 각의 성질에 의해

$\angle PBA=\angle AEB=47^\circ$

07 접선과 현이 이루는 각의 성질에 의해

$\angle BDE=\angle BED=\angle DFE=56^\circ$

$\triangle BDE$의 세 내각의 크기의 합은 180°이므로

$\angle B=180^\circ-2\times56^\circ=68^\circ$

접선과 현이 이루는 각의 성질에 의해

$\angle CEF=\angle CFE=\angle EDF=58^\circ$

$\triangle CEF$의 세 내각의 크기의 합은 180°이므로

$\angle C=180^\circ-2\times58^\circ=64^\circ$

삼각형 ABC의 세 내각의 크기의 합은 180°이므로

$\angle A=180^\circ-(68^\circ+64^\circ)=48^\circ$

08 접선과 현이 이루는 각의 성질에 의해

$180^\circ-\angle PAB=180^\circ-100^\circ=80^\circ=\angle ACB$

다른 풀이

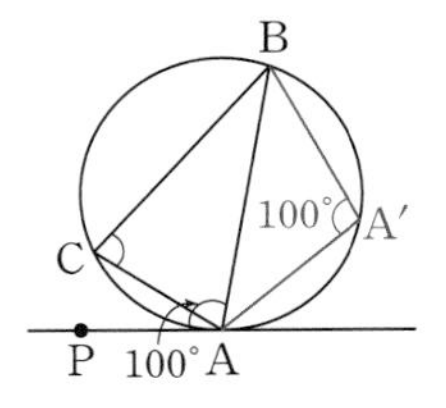

호 AB 위에 한 점 A′을 잡으면 접선과 현이 이루는 각의 성질에 의해

$\angle AA'B=\angle PAB=100^\circ$

사각형 AA′BC는 원에 내접하므로

$\angle ACB=180^\circ-\angle AA'B$

$=180^\circ-100^\circ=80^\circ$

09 접선과 현이 이루는 각의 성질에 의해

$\angle PAC=\angle ABC=102^\circ$

$\triangle PAC$의 세 내각의 크기의 합은 180°이므로

$\angle P=180^\circ-(102^\circ+28^\circ)=50^\circ$

10 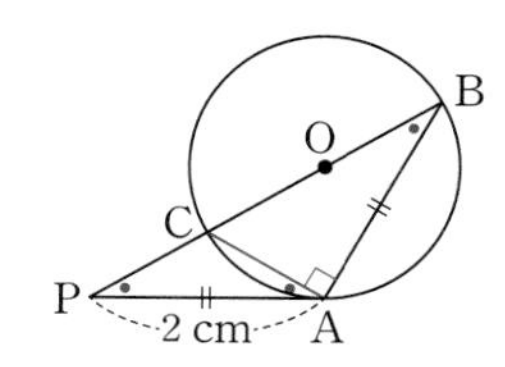

현 AC를 그으면 현 BC는 원의 지름이므로

$\angle BAC=90^\circ$

접선과 현이 이루는 각의 성질에 의해

$\angle PAC=\angle B$

$\triangle PAB$는 이등변삼각형이므로 $\angle B=\angle P$

$\triangle PAB$의 세 내각의 크기의 합은 180°이므로

$\angle P+\angle B+\angle PAB=3\angle B+90^\circ=180^\circ$

$\angle B=30^\circ$

직각삼각형 ABC에서 $\angle B=30^\circ$이므로

$\frac{\overline{AB}}{\overline{BC}}=\frac{2}{\overline{BC}}=\cos 30^\circ$

$\overline{BC}=\frac{2}{\cos 30^\circ}=\frac{4}{\sqrt{3}}=\frac{4\sqrt{3}}{3}(\text{cm})$

따라서 원 O의 반지름의 길이는

$\frac{1}{2}\times\frac{4\sqrt{3}}{3}=\frac{2\sqrt{3}}{3}$ (cm)이므로 원 O의 넓이는

$\pi\times\left(\frac{2\sqrt{3}}{3}\right)^2=\frac{4}{3}\pi(\text{cm}^2)$

11 $\widehat{AC}:\widehat{CP}:\widehat{AP}=3:4:5$이므로

$\angle APC=180^\circ\times\frac{3}{3+4+5}=45^\circ$

$\angle CAP=180^\circ\times\frac{4}{3+4+5}=60^\circ$

$\angle BPD=\angle APC=45^\circ$(맞꼭지각)

$\angle CAP=\angle CPQ'=\angle DPQ=\angle DBP=y^\circ$

$y=60$

$\triangle BDP$에서

$x^\circ=180^\circ-\angle BPD-y^\circ$

$=180^\circ-45^\circ-60^\circ=75^\circ$

$x=75$

따라서 $x-y=75-60=15$

12 $\overline{BC}$는 원 O′의 지름이므로 $\angle BPC=90^\circ$이고

$\angle PCB=180^\circ-(90^\circ+40^\circ)=50^\circ$

접선과 현 BP가 이루는 각의 성질에 의해

$\angle BPQ'=\angle PCB=50^\circ$

$\angle APQ=\angle BPQ'=50^\circ$(맞꼭지각)

접선과 현 AP가 이루는 각의 성질에 의해

$\angle x=\angle APQ=50^\circ$

13 $\angle DAE=\angle DCE=25^\circ$(호 DE에 대한 원주각)이므로 $\angle x=102^\circ+25^\circ=127^\circ$ ··· 1단계

$\angle D=\angle AEC=102^\circ$(호 ABC에 대한 원주각)

사각형 ABCE는 원에 내접하므로

$\angle y=180^\circ-102^\circ=78^\circ$ ··· 2단계

$\angle x-\angle y=127^\circ-78^\circ=49^\circ$ ··· 3단계

채점 기준표

단계	채점 기준	비율
1단계	$\angle x$의 크기 구하기	40 %
2단계	$\angle y$의 크기 구하기	40 %
3단계	$\angle x-\angle y$의 크기 구하기	20 %

14 사각형 ABCD는 원에 내접하므로

$\angle ADC=180^\circ-\angle ABC$

$=\angle ABE=96^\circ$ ··· 1단계

$\triangle BOC$는 $\overline{OB}=\overline{OC}$인 이등변삼각형이므로

$\angle BOC=180^\circ-2\times35^\circ=180^\circ-70^\circ=110^\circ$

$\angle BDC=\frac{1}{2}\angle BOC$

$=\frac{1}{2}\times110^\circ=55^\circ$ ··· 2단계

$\angle x=\angle ADC-\angle BDC$

$=96^\circ-55^\circ=41^\circ$ ··· 3단계

채점 기준표

단계	채점 기준	비율
1단계	$\angle ADC$의 크기 구하기	40 %
2단계	$\angle BDC$의 크기 구하기	40 %
3단계	$\angle x$의 크기 구하기	20 %

15 사각형 ABCD는 원에 내접하므로

$\angle A=180^\circ-54^\circ=126^\circ$

$\triangle ABD$에서

$\angle ADB=180^\circ-(18^\circ+126^\circ)=36^\circ$

따라서 호 AB에 대한 원주각의 크기는 36°이다.

··· 1단계

접선과 현이 이루는 각의 성질에 의해

$\angle CBD=\angle CDP=72^\circ$

따라서 호 CD에 대한 원주각의 크기는 72°이다.

··· 2단계

한 원에서 호의 길이와 원주각의 크기는 정비례하므로

$\widehat{AB}:\widehat{CD}=\angle ADB:\angle CBD$

$=36^\circ:72^\circ=1:2$ ··· 3단계

채점 기준표

단계	채점 기준	비율
1단계	호 AB에 대한 원주각의 크기 구하기	35 %
2단계	호 CD에 대한 원주각의 크기 구하기	35 %
3단계	$\widehat{AB}:\widehat{CD}$를 가장 간단한 자연수의 비로 나타내기	30 %

16

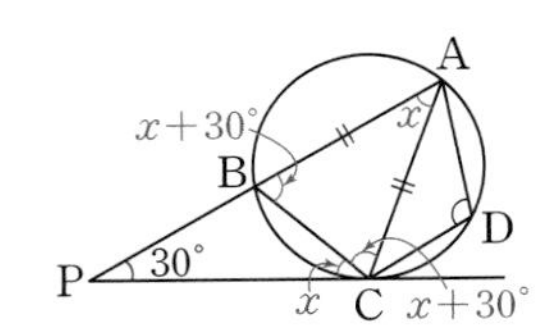

$\angle BAC=\angle x$라 하면

접선과 현 BC가 이루는 각의 성질에 의해

$\angle PCB=\angle BAC=\angle x$

$\triangle PBC$에서 $\angle ABC=\angle x+30°$

$\triangle ABC$는 $\overline{AB}=\overline{AC}$인 이등변삼각형이므로

$\angle ACB=\angle ABC=\angle x+30°$

$\triangle ABC$의 세 내각의 크기의 합은 180°이므로

$3\angle x+60°=180°$

$3\angle x=120°$, $\angle x=40°$ ··· 1단계

사각형 ABCD는 원에 내접하므로

$\angle ADC=180°-\angle ABC$

$=180°-(\angle x+30°)$

$=110°$ ··· 2단계

채점 기준표

단계	채점 기준	비율
1단계	$\triangle ABC$의 내각의 크기 구하기	60 %
2단계	$\angle ADC$의 크기 구하기	40 %

중단원 실전 테스트 2회

본문 45~47쪽

01 ① **02** ② **03** ③ **04** ④ **05** ②
06 ⑤ **07** ② **08** ① **09** ⑤ **10** ②
11 ③ **12** ⑤ **13** 92° **14** 160° **15** 34°
16 52°

01 사각형 ABCE는 원에 내접하므로

$\angle ABC=180°-\angle AEC$

$=180°-63°=117°$

$\angle ABD=\angle ABC-\angle CBD$

$=117°-24°=93°$

02

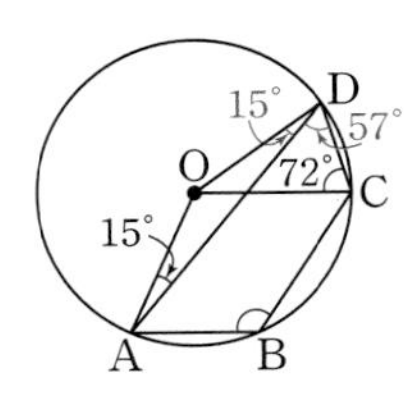

$\overline{DO}$를 그으면 $\triangle OAD$는 $\overline{AO}=\overline{DO}$인 이등변삼각형이므로 $\angle ODA=15°$

$\triangle OCD$는 $\overline{CO}=\overline{DO}$인 이등변삼각형이므로

$\angle ODC=72°$

$\angle ADC=\angle ODC-\angle ODA$

$=72°-15°=57°$

사각형 ABCD는 원 O에 내접하므로

$\angle ABC=180°-\angle ADC$

$=180°-57°=123°$

다른 풀이

$\overline{DO}$를 그으면 $\triangle OAD$는 $\overline{AO}=\overline{DO}$인 이등변삼각형이므로

$\angle AOD=180°-2\times15°=150°$

$\triangle OCD$는 $\overline{CO}=\overline{DO}$인 이등변삼각형이므로

$\angle COD=180°-2\times72°=36°$

$\angle AOC=\angle AOD-\angle COD$

$=150°-36°=114°$

$\angle ABC=\frac{1}{2}\times(360°-114°)=\frac{1}{2}\times246°=123°$

03 $\angle BAC=\angle BDC=48°$(호 BC에 대한 원주각)

$\angle BAD=\angle BAC+\angle CAD$

$=48°+50°=98°$

사각형 ABCD는 원에 내접하는 사각형이므로

$\angle DCE=180°-\angle BCD=\angle BAD=98°$

04 사각형 ABCD는 원에 내접하는 사각형이므로

$\angle QAB=\angle C=180°-\angle x$

$\triangle PBC$에서 $\angle PBC$의 외각의 크기를 구하면

$\angle QBA=35°+(180°-\angle x)=215°-\angle x$

$\triangle QAB$에서

$40°+(180°-\angle x)+(215°-\angle x)=180°$

$2\angle x=255°$

$\angle x=127.5°$

05 사각형 ABCD는 원에 내접하므로

$\angle ADC=180°-\angle ABC$

$=180°-93°=87°$

사각형 ACDE는 원에 내접하므로

$\angle ACD=180°-\angle AED$

$=180^\circ-107^\circ=73^\circ$

$\triangle ACD$에서 $\angle CAD=180^\circ-(87^\circ+73^\circ)=20^\circ$

06 사각형 ABCD가 원에 내접하기 위해서는

$\angle ABC+\angle ADC=180^\circ$

또한 $\angle ABC+\angle ABE=180^\circ$이므로

$\angle ADC=\angle ABE=105^\circ$

$\triangle ACD$에서 $\angle x=180^\circ-(105^\circ+30^\circ)=45^\circ$

07 사각형 ABCD가 원에 내접하기 위해서는 대각의 크기의 합이 180°이다.

즉, $\angle ABC+\angle ADC=180^\circ$

$\angle ABC=\angle ADC$이므로

$\angle ABC=\angle ADC=90^\circ$

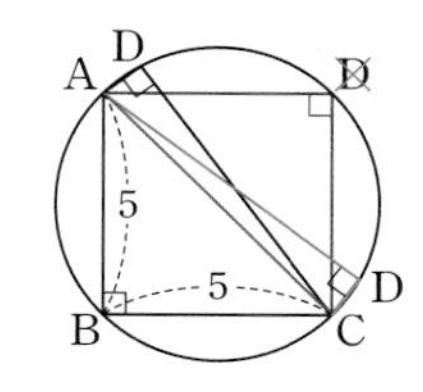

$\overline{AB}=\overline{BC}=5$이므로

$\overline{AD}^2+\overline{CD}^2=\overline{AC}^2=5^2+5^2=50$

이때 네 변의 길이가 모두 자연수이므로 제곱의 합이 50인 두 자연수를 찾으면 두 변 AD와 CD의 길이를 구할 수 있다.

$50=5^2+5^2=1^2+7^2$

$\overline{AD}=\overline{CD}=5$인 경우 사각형 ABCD는 정사각형이 된다.

그러나 사각형 ABCD는 정사각형이 아니므로 두 변 AD와 CD 중 한 변의 길이는 1, 나머지 한 변의 길이는 7이다.

따라서 사각형 ABCD의 넓이는

$\square ABCD=\triangle ABC+\triangle ADC$

$=\frac{1}{2}\times5\times5+\frac{1}{2}\times1\times7$

$=\frac{25}{2}+\frac{7}{2}=16$

08 접선과 현이 이루는 각의 성질에 의해

$\angle ABC=\angle PAC=60^\circ$

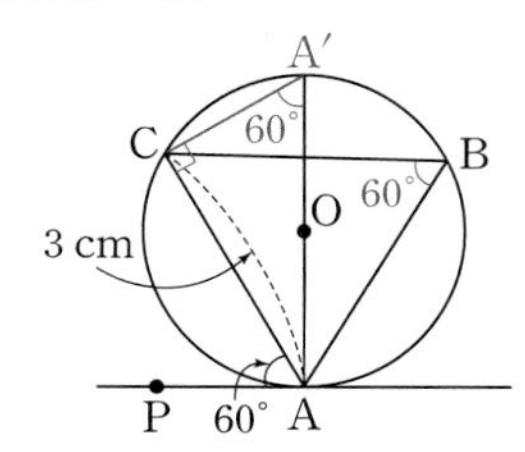

점 A를 지나는 원 O의 지름을 그어 원과 만나는 A가 아닌 점을 A′이라 하면

$\angle AA'C=\angle ABC=60^\circ$(호 AC에 대한 원주각)

현 AA′은 원 O의 지름이므로 $\angle ACA'=90^\circ$

삼각형 AA′C에서 $\frac{3}{\overline{AA'}}=\sin 60^\circ=\frac{\sqrt{3}}{2}$

$\overline{AA'}=2\sqrt{3}$ cm

따라서 원 O의 반지름의 길이는 $\frac{1}{2}\times2\sqrt{3}=\sqrt{3}$ (cm)

이므로 원 O의 넓이는 $\pi\times(\sqrt{3})^2=3\pi(\text{cm}^2)$

09

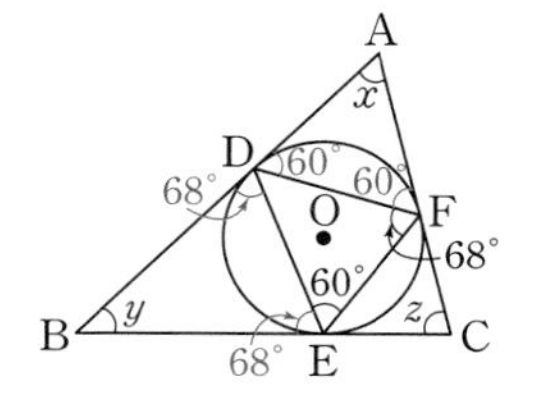

접선과 현 DF가 이루는 각의 성질에 의해

$\angle ADF=\angle AFD=\angle DEF=60^\circ$

$\triangle ADF$에서 $\angle x=180^\circ-2\times60^\circ=60^\circ$

접선과 현 DE가 이루는 각의 성질에 의해

$\angle BDE=\angle BED=\angle DFE=68^\circ$

$\triangle BDE$에서 $\angle y=180^\circ-2\times68^\circ=44^\circ$

$\triangle ABC$에서

$\angle z=180^\circ-(\angle x+\angle y)$

$=180^\circ-(60^\circ+44^\circ)=76^\circ$

따라서

$\angle x-\angle y+\angle z=60^\circ-44^\circ+76^\circ=92^\circ$

10 접선과 현 AB가 이루는 각의 성질에 의해

$\angle BAD=\angle ACB=\angle x$

$\triangle ADC$에서 $\angle CDE=\angle ACD+\angle CAD$

$85^\circ=\angle x+(33^\circ+\angle x)$

$2\angle x=52^\circ$

$\angle x=26^\circ$

11 접선과 현 AC가 이루는 각의 성질에 의해

$\angle ABC=\angle PAC$

$\widehat{AB}=\widehat{AD}$이므로 $\angle ACB=\angle ACD$

이때 $\angle ACD=\angle ACP$이므로

$\triangle ABC\backsim\triangle PAC$(AA 닮음)

따라서 대응변의 길이의 비가 같으므로

$\overline{AC}:\overline{PC}=\overline{BC}:\overline{AC}$

$3:\overline{PC}=2:3$, $\overline{PC}=\frac{9}{2}$

12

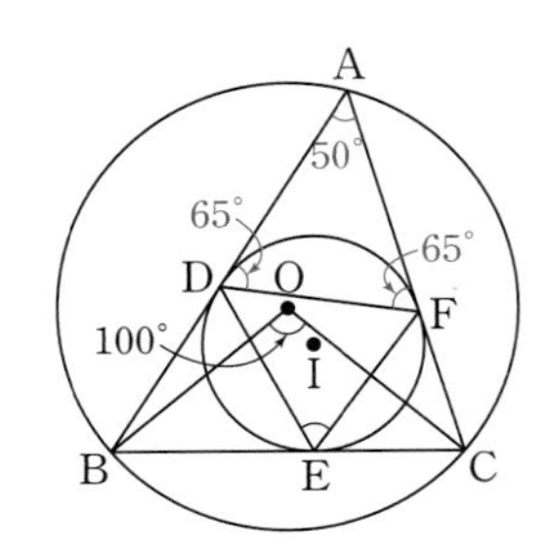

$\angle BAC=\frac{1}{2}\angle BOC$

$=\frac{1}{2}\times 100°=50°$

$\triangle ADF$는 $\overline{AD}=\overline{AF}$인 이등변삼각형이므로

$\angle ADF=\angle AFD$

$=\frac{1}{2}\times(180°-50°)=65°$

접선과 현이 이루는 각의 성질에 의해

$\angle DEF=\angle ADF=65°$

13

$\triangle ACD$는 $\overline{AD}=\overline{CD}$인 이등변삼각형이므로

$\angle ADC=180°-2\times 46°$

$=180°-92°=88°$ ··· 1단계

사각형 ABCD는 원에 내접하는 사각형이므로

$\angle ABC=180°-\angle ADC$

$=180°-88°=92°$ ··· 2단계

채점 기준표

단계	채점 기준	비율
1단계	$\triangle ACD$의 꼭지각의 크기 구하기	50 %
2단계	$\angle ABC$의 크기 구하기	50 %

14

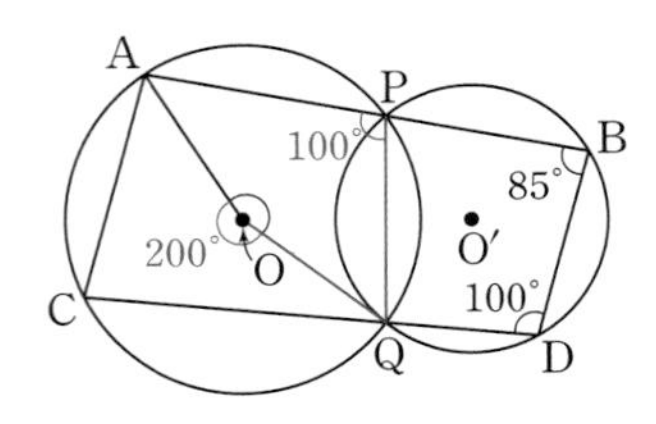

현 PQ, $\overline{OQ}$를 그으면

$\angle APQ=180°-\angle QPB=\angle QDB=100°$

··· 1단계

따라서 $\angle AOQ=360°-2\times 100°=160°$

··· 2단계

채점 기준표

단계	채점 기준	비율
1단계	$\angle APQ$의 크기 구하기	50 %
2단계	$\angle AOQ$의 크기 구하기	50 %

15

접선과 현 AB가 이루는 각의 성질에 의해

$\angle ACB=\angle ABP=73°$ ··· 1단계

$\angle OCA=\angle ACB-\angle OCB$

$=73°-17°=56°$ ··· 2단계

$\triangle OAC$는 $\overline{OA}=\overline{OC}$인 이등변삼각형이므로

$\angle AOC=180°-2\times 56°=68°$

$\angle ABC=\frac{1}{2}\angle AOC$

$=\frac{1}{2}\times 68°=34°$ ··· 3단계

채점 기준표

단계	채점 기준	비율
1단계	$\angle ACB$의 크기 구하기	30 %
2단계	$\angle OCA$의 크기 구하기	30 %
3단계	$\angle ABC$의 크기 구하기	40 %

16

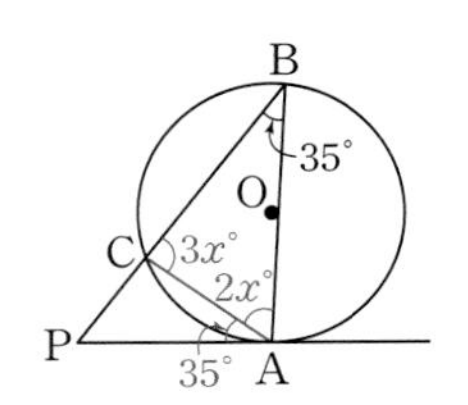

현 AC를 그으면 접선과 현이 이루는 각의 성질에 의해

$\angle PAC=35°$ ··· 1단계

$\widehat{AB}:\widehat{BC}=3:2$이므로 $\angle ACB:\angle BAC=3:2$

$\angle ACB=3x°$, $\angle BAC=2x°$라 하면

$5x+35=180$, $5x=145$, $x=29$

따라서 $\angle ACB=3\times 29°=87°$ ··· 2단계

$\angle ACB=\angle P+\angle PAC$이므로

$\angle P=87°-35°=52°$ ··· 3단계

채점 기준표

단계	채점 기준	비율
1단계	$\angle PAC$의 크기 구하기	30 %
2단계	$\angle ACB$ 또는 $\angle BAC$의 크기 구하기	40 %
3단계	$\angle P$의 크기 구하기	30 %

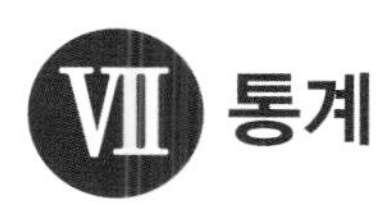

VII 통계

1 | 대푯값과 산포도

개념 체크

본문 50~51쪽

01 10권　02 (1) 7 (2) 6.5
03 (1) 3 (2) 235, 245　04 5.5
05 (1) 4 (2) -1 (3) 4 (4) 2　06 -2
07 B

대표유형

본문 52~55쪽

01 5　02 ③　03 18.5권　04 ③　05 ①
06 최빈값, B　07 ⑤　08 ②
09 평균: 20시간, 중앙값: 16.5시간, 최빈값: 14시간, 중앙값
10 ⑤　11 중앙값: 7건, 최빈값: 5건, 8건
12 ①　13 ③　14 ②　15 ④　16 ⑤
17 ①　18 ⑤　19 ④　20 ③
21 $x=8$, $y=11$　22 ①　23 ③　24 ①

01 세 개의 수 a, b, c의 평균이 7이므로

$\frac{a+b+c}{3}=7$, $a+b+c=21$

다섯 개의 수 a, b, c, 1, 3의 평균은

$\frac{a+b+c+1+3}{5}=\frac{21+4}{5}=\frac{25}{5}=5$

02 A모둠의 기록의 총합은 [197]회,

평균은 [39.4]회이다.

B모둠의 기록의 총합은 [243]회,

평균은 [40.5]회이다.

A, B 두 모둠 학생 11명의 평균을 구하면 [40]회이다.

03 변량이 20개일 때 중앙값은 크기순으로 나열했을 때 열 번째와 열한 번째 변량의 평균이다.

따라서 열 번째 값인 18과 열한 번째 값인 19의 평균을 구하면 중앙값은 18.5권이다.

04 x를 제외한 자료를 크기순으로 나열하면 3, 6, 7, 15, 25이다.

여기에 x가 추가되었을 때, x의 범위에 따라 다음과 같이 중앙값이 달라진다.

(i) $x\leq 6$인 경우

크기순으로 나열했을 때 세 번째 값은 6, 네 번째 값은 7이므로 중앙값은 6과 7의 평균인

$\frac{6+7}{2}=6.5$(편)이다.

그러나 중앙값이 8.5편이므로 이는 불가능하다.

(ii) $7\leq x\leq 15$인 경우

크기순으로 나열했을 때 세 번째 값은 7, 네 번째 값은 x이므로 중앙값은 7과 x의 평균인 $\frac{7+x}{2}$(편)이다.

중앙값이 8.5편이라고 주어졌으므로 $\frac{7+x}{2}=8.5$, $x=10$

이때 10은 주어진 범위($7\leq x\leq 15$)에 속하므로 가능하다.

(iii) $16\leq x$인 경우

크기순으로 나열했을 때 세 번째 값은 7, 네 번째 값은 15이므로 중앙값은 $\frac{7+15}{2}=11$(편)이다.

그러나 중앙값이 8.5편이므로 이는 불가능하다.

(i)~(iii)에 의해 $x=10$이며 주어진 자료는 3, 6, 7, 10, 15, 25이다.

05 중앙값이 24분이므로 크기순으로 나열했을 때 a, b, 24, c, d가 된다.

여기에 통학시간이 28분인 학생이 추가되면 $24<28$이므로 24분이 3번째, c 또는 28분이 4번째 값이 된다.

그러나 중앙값이 변하지 않고 24분이어야 하므로 4번째 값은 c이고

$\frac{24+c}{2}=24$, $c=24$

따라서 4번째 학생의 통학시간은 24분이다.

06 숫자로 나타낼 수 없는 자료이므로 최빈값이 대푯값으로 가장 적절하다.

A를 선호하는 학생은 7명, B를 선호하는 학생은 9명, C를 선호하는 학생은 4명으로 최빈값은 B이다.

07 x를 제외하고는 3건이 2번, 7건이 2번 나머지는 모두 1번씩 나타난다.

이때 최빈값은 7이므로 $x=7$이다.

7, 3, 13, 7, 7, 9, 11, 3, 5, 15의 평균은

$\frac{7+3+13+7+7+9+11+3+5+15}{10}$

$=\frac{80}{10}=8$(건)

08 학생 수가 총 30명이므로 $x+10+5+5+1=30$

$x+21=30$, $x=9$

주어진 표를 완성하면 다음과 같다.

전자기기 개수(개)	1	2	3	4	5
학생 수(명)	9	10	5	5	1

전자기기를 2개 사용하는 학생이 가장 많으므로 최빈값은 2개이다.

09 주어진 자료의 평균은

$\frac{14+17+16+21+47+22+19+14+14+16}{10}$

$=\frac{200}{10}=20$(시간)

주어진 자료를 크기순으로 나열하면

14, 14, 14, 16, 16, 17, 19, 21, 22, 47

따라서 중앙값은 다섯 번째 값과 여섯 번째 값의 평균인 16.5시간이다.

또한 최빈값은 14시간이다.

이 중 평균은 극단적인 값인 47의 영향을 받았고 최빈값은 가장 작은 값이므로 자료의 중심적인 경향을 나타내는 대푯값으로 가장 적절한 것은 중앙값이다.

10 ① 평균은 극단적인 값의 영향을 많이 받는다.

② 중앙값은 자료의 개수가 짝수 개일 경우 자료에 있는 값이 아닐 수도 있다.

③ 중앙값의 개수는 한 개이다.

④ 최빈값은 자료에 없는 값이 될 수 없다.

⑤ 중앙값과 최빈값이 같을 수 있다.
예를 들어 1, 2, 2, 2, 3의 경우 중앙값과 최빈값이 모두 2이다.

11 주어진 자료의 평균이 9건이므로

$\frac{6+5+x+26+4+10+5+8}{8}$

$=\frac{x+64}{8}=9$(건)

$x+64=72$, $x=8$

따라서 주어진 자료는 6, 5, 8, 26, 4, 10, 5, 8이며

이를 크기순으로 나열하면 4, 5, 5, 6, 8, 8, 10, 26이다.

따라서 중앙값은 $\frac{6+8}{2}=7$(건)이고 최빈값은 5건, 8건이다.

12 ㄱ. 득점한 점수의 평균은

$\frac{0\times2+2\times2+3\times1+4\times3+5\times2+6\times1+7\times1}{12}$

$=\frac{42}{12}=\frac{7}{2}=3.5$(점) (참)

ㄴ. 득점한 점수를 크기순으로 나열하면 0, 0, 2, 2, 3, 4, 4, 4, 5, 5, 6, 7이다.
이때 중앙값은 여섯 번째 값과 일곱 번째 값의 평균이므로 $\frac{4+4}{2}=4$(점) (거짓)

ㄷ. 득점한 점수의 최빈값은 4점이다. (거짓)

따라서 옳은 것은 ㄱ이다.

13 편차의 총합은 0이므로

$x+(-0.4)+0.5+1.2+(-0.4)=x+0.9=0$

$x=-0.9$

따라서 (하준이의 휴대폰 사용 시간)$-2=-0.9$이므로

하준이의 휴대폰 사용 시간은

$-0.9+2=1.1$(시간)

14 시우가 푼 페이지 수는 5쪽, 편차는 -2쪽이고

(평균)=(변량)−(편차)이므로

페이지 수의 평균은 $5-(-2)=7$(쪽)이다.

따라서 $A=7+(-1)=6$이고

편차의 총합은 0이므로

$(-2)+5+(-1)+C+(-3)=0$

$C=1$

$B=7+C=7+1=8$

따라서 페이지 수를 크기순으로 나열하면 4, 5, 6, 8, 12이고 중앙값은 6쪽이다.

15 7의 편차가 0.6이므로 평균을 6.4로 구했음을 알 수 있다.

이를 이용하여 원래 자료를 구하면 다음과 같다.

변량	7	6	5	7	8
잘못된 편차	0.6	−0.4	−1.4	0.6	1.6

따라서 처음 변량은 7, 6, 5, 7, 8이며 바르게 구한 평균은 $\frac{7+6+5+7+8}{5}=\frac{33}{5}=6.6$

참고

편차를 바르게 구하면 다음과 같다.

편차의 총합이 0인지 확인하는 과정을 통해 점검할 수 있다.

자료	7	6	5	7	8
편차	0.4	−0.6	−1.6	0.4	1.4

16 (평균)$=\frac{34+37+32+43+45+31}{6}$

$=\frac{222}{6}=37$

(분산)$=\frac{1}{6}\times\{(34-37)^2+(37-37)^2+(32-37)^2$

$+(43-37)^2+(45-37)^2+(31-37)^2\}$

$=\frac{1}{6}\times(9+0+25+36+64+36)$

$=\frac{170}{6}=\frac{85}{3}$

17 (통학시간의 총합)$=x+86$ (분)

(통학시간의 평균)$=\frac{x+86}{7}=14$ (분)

$x+86=98$, $x=12$

따라서 학생 7명의 통학시간의 편차를 구하면 각각 1, −6, 6, −5, −2, −1, 7이다.

(분산)

$=\frac{1}{7}\times\{1^2+(-6)^2+6^2+(-5)^2+(-2)^2+(-1)^2+7^2\}$

$=\frac{152}{7}$

(표준편차)$=\sqrt{\frac{152}{7}}=\frac{2\sqrt{266}}{7}$(분)

18 (평균)

$=\frac{(-2x+5)+(-x+5)+5+(x+5)+(2x+5)}{5}$

$=\frac{25}{5}=5$

(분산)

$=\frac{(-2x)^2+(-x)^2+0^2+x^2+(2x)^2}{5}$

$=\frac{10x^2}{5}=2x^2$

$2x^2=\frac{9}{2}$, $x^2=\frac{9}{4}$

$x>0$이므로 $x=\frac{3}{2}$

19 평균이 3이므로

$\frac{x+4+1+y+2}{5}=\frac{x+y+7}{5}=3$

$x+y+7=15$, $x+y=8$

분산이 3.2이므로

$\frac{(x-3)^2+(4-3)^2+(1-3)^2+(y-3)^2+(2-3)^2}{5}$

$=3.2$

$(x-3)^2+(y-3)^2+6=16$

$x^2+y^2-6(x+y)+18+6=16$

$x^2+y^2=6(x+y)-24+16$

$=6\times8-8=40$

따라서 $x^2+y^2=40$

20 a, b, 3, 7의 평균이 4이므로 편차는 각각

$a-4$, $b-4$, -1, 3이다.

네 편차의 제곱의 평균이 5이므로

편차의 제곱의 합은 20이다.

즉, $(a-4)^2+(b-4)^2+(-1)^2+3^2=20$

$(a-4)^2+(b-4)^2=10$

이때 $a+b+3+7=a+b+10=a+b+4+6$으로 두 자료의 변량의 총합이 같으므로 평균이 4로 같다.

a, b, 4, 6의 편차는 각각

$a-4$, $b-4$, 0, 2이다.

따라서 편차의 제곱의 총합은

$(a-4)^2+(b-4)^2+0^2+2^2=10+4=14$이고

분산은 $\frac{14}{4}=\frac{7}{2}=3.5$

21 평균이 9이므로 $x+19+2+5+y=9\times5$

$x+y+26=45$, $x+y=19$

$y=19-x$ …… ㉠

분산이 34이므로

$(x-9)^2+(19-9)^2+(2-9)^2+(5-9)^2+(y-9)^2$

$=34\times5$

$(x-9)^2+(y-9)^2+165=170$

$(x-9)^2+(y-9)^2=5$ …… ㉡

㉠을 ㉡에 대입하면

$(x-9)^2+(10-x)^2=5$

$2x^2-38x+176=0$

$x^2-19x+88=0$

$(x-8)(x-11)=0$

$x=8$ 또는 $x=11$

이때 $x<y$이므로 ㉠에 의해 $x<19-x$, $x<9.5$

따라서 $x=8$, $y=11$

22 ① 산포도에는 분산, 표준편차 등이 있다.
평균, 중앙값은 산포도가 아니다.

23 운동시간이 가장 고르지 않은 학생은 표준편차가 가장 큰 학생이다.

다섯 명의 학생의 하루 운동 시간의 표준편차를 모두

$\sqrt{a}$꼴로 표현하면 다음과 같다.

학생	재아	연우	승훈	아윤	세한
표준편차(분)	$\sqrt{25}$	$\sqrt{48}$	$\sqrt{50}$	$\sqrt{18}$	$\sqrt{5}$

따라서 표준편차가 가장 큰 학생은 승훈이므로 운동시간이 가장 고르지 않은 학생은 승훈이다.

24 ①~⑤의 그래프는 모두 좌우대칭으로 평균은 가로축의 가운데에 있는 값인 8점이다.
이때 점수의 표준편차가 가장 작은 학생은 평균 8점을 중심으로 점수가 가장 모여 있는 학생으로 ①이다.

기출 예상 문제

본문 56~59쪽

01 ②	02 ③	03 ③	04 ⑤	05 ⑤
06 ④	07 ④	08 귤, 사과		09 ④
10 ⑤	11 ④	12 ㄴ, ㄷ	13 ④	14 ②
15 ③	16 ④	17 ③	18 ④	19 ②
20 ①	21 ③	22 ④	23 ⑤	24 수영

01 23명의 평균 키는 160 cm이므로 23명의 키의 총합은
$23\times160=3680(\text{cm})$
키가 각각 165 cm, 180 cm인 학생 2명이 전학 온 이후 서연이네 반 학생 25명의 키의 총합은
$3680+165+180=4025(\text{cm})$
따라서 학생 25명의 평균 키는
$\frac{4025}{25}=161(\text{cm})$

02 학년별 수면 시간의 총합을 구하면 다음과 같다.

	1학년	2학년	3학년
학생 수(명)	80	100	120
평균 수면 시간(시간)	7.8	7.2	6.3
수면 시간 총합(시간)	624	720	756

따라서 지우네 중학교 1~3학년 학생 300명의 평균 수면 시간은
$\frac{624+720+756}{300}=\frac{2100}{300}=7$(시간)

다른 풀이

지우네 중학교 1~3학년의 학생 수의 비가 4 : 5 : 6이므로 학생 수를 다음과 같이 놓고 식을 세울 수 있다.

(단, $k=20$)

	1학년	2학년	3학년
학생 수(명)	$4k$	$5k$	$6k$
평균 수면 시간(시간)	7.8	7.2	6.3
수면 시간 총합(시간)	$31.2k$	$36k$	$37.8k$

지우네 중학교 1~3학년 학생 300명의 평균 수면 시간은
$\frac{31.2k+36k+37.8k}{4k+5k+6k}=\frac{105k}{15k}=7$(시간)

03 등급을 작은 값부터 크기순으로 나열했을 때 다음과 같다.

0.04, 0, 0.34, 0.81, 0.98, 1
1등급, 2등급, 3등급, 4등급, 5등급

따라서 중앙값은 3등급이다.

04 $a\le b\le c\le d\le e$이므로 a, b, c, d, e의 중앙값은 c이다.
따라서 $c=7$
이때 $4<7$이므로 4라는 변량이 추가되면 $c=7$은 여섯 개의 변량을 크기순으로 나열했을 때 네 번째 값이다.
_, _, _, 7, d, e
중앙값이 변하지 않고 7이 되기 위해서는 세 번째 값 역시 7이 되어야 한다.
따라서 $b=7$

05 5명의 학생의 기록을 크기순으로 나열하면 다음과 같다.
a, b, 161, 167, c
이때 기록이 x cm인 학생이 추가되었을 때 중앙값은 기록을 크기순으로 나열했을 때 3번째와 4번째 값의 평균이다.
(i) $x\le161$일 경우
기록을 크기순으로 나열했을 때 3번째와 4번째 값이 각각 x, 161 또는 b, 161이고 그 평균은 161보다 작거나 같다.
(ii) $161<x<167$일 경우
기록을 크기순으로 나열했을 때 3번째와 4번째 값이 각각 161, x이며 그 평균인 $\frac{x+161}{2}$의 범위는
$161<\frac{x+161}{2}<164$로 164보다 작다.
(iii) $x\ge167$일 경우
기록을 크기순으로 나열했을 때 3번째와 4번째 값

이 각각 161, 167이며 그 평균은 164이다.
따라서 중앙값이 164 cm가 되기 위해서는 $x \geq 167$이어야 한다.

06 자료를 크기순으로 나열하면 다음과 같다.

75	75	80	80	80	85	85	85	85	85
90	90	90	90	90	90	95	95	95	100

중앙값은 85와 90의 평균인 87.5이고 최빈값은 90이다.
$a=87.5$, $b=90$
$a+b=177.5$

07 x를 제외한 변량을 크기순으로 나열하면 다음과 같다.
2, 3, 4, 5, 8, 13, 21
x를 제외한 변량은 모두 서로 다르므로 x가 위의 값 중 하나와 일치하며 그 값이 최빈값이 된다.
또한 평균과 최빈값이 같으므로 다음과 같은 식을 세울 수 있다.
$\frac{4+5+8+x+2+3+13+21}{8}=x$
$x+56=8x$
$7x=56$, $x=8$

08 키위를 좋아하는 학생은
$10-3-3-2=2$(명)이다.
따라서 가장 좋아하는 과일의 최빈값은 도수가 3인 과일인 귤과 사과이다.

09 자료의 총합이 7.7이므로 평균은 $\frac{7.7}{7}=1.1$
자료를 크기순으로 나열하면
0.4, 0.7, 0.7, 1.1, 1.3, 1.5, 2.0
따라서 중앙값은 1.1이고 최빈값은 0.7이다.
이때 시력이 1.1인 학생 한 명이 추가되면
자료의 총합이 8.8이므로 평균은 $\frac{8.8}{8}=1.1$
자료를 크기순으로 나열하면
0.4, 0.7, 0.7, 1.1, 1.1, 1.3, 1.5, 2.0
이므로 중앙값은 1.1과 1.1의 평균인 1.1
최빈값은 0.7, 1.1로 두 개다.
따라서 변하지 않는 대푯값은 평균과 중앙값이다.

10 ① 평균이 중앙값에 비해 매우 크므로 극단적으로 큰 값이 있음을 알 수 있다.
② 18, 21은 자료에 있는 값이지만 중앙값 20은 자료의 개수가 짝수 개인 경우 자료에 없는 값이 될 수 있다.
③ 자료 중 가장 큰 값에 대한 정보는 알 수 없다.
④ 자료의 개수는 최소 7개이다.
자료의 개수가 최소인 경우는 다음과 같이 경우를 나누어 확인할 수 있다.
자료의 개수가 홀수 개인 경우 :
__, 18, 18, 20, 21, 21, __
자료의 개수가 짝수 개인 경우 :
__, 18, 18, 19, 21, 21, __, __
⑤ 도수가 가장 큰 값이 두 개 이상인 경우 그 값이 모두 최빈값이 되므로 18과 21의 도수는 같다.

11 우유 용량의 평균은 [1.03L], 중앙값은 [1L], 최빈값은 [1.8L]이다. 따라서 가장 재고를 많이 확보해야 할 용량은 [최빈값]인 [1.8L]이다.

12 ㄱ. 각 메뉴의 평점의 평균을 구하면 다음과 같다.
A : $\frac{1\times1+2\times2+3\times4+4\times2+5\times1}{10}$
$=\frac{30}{10}=3$(점)
B : $\frac{1\times3+2\times2+3\times1+4\times4}{10}$
$=\frac{26}{10}=2.6$(점)
C : $\frac{2\times1+3\times3+4\times4+5\times2}{10}$
$=\frac{37}{10}=3.7$(점)
따라서 평점의 평균이 가장 작은 메뉴는 B이다.
(거짓)
ㄴ. 열 개의 평점을 크기순으로 나열하면 각각 다음과 같다.
A : 1, 2, 2, 3, 3, 3, 3, 4, 4, 5
B : 1, 1, 1, 2, 2, 3, 4, 4, 4, 4
C : 2, 3, 3, 3, 4, 4, 4, 4, 5, 5
이때 중앙값은 다섯 번째 값과 여섯 번째 값의 평균이므로 A의 평점의 중앙값은 3점, B의 평점의 중앙값은 2.5점, C의 평점의 중앙값은 4점이다.
따라서 평점의 중앙값이 가장 큰 메뉴는 C이다.
(참)
ㄷ. 평점의 최빈값은 도수가 가장 큰 값이므로 A의 평점의 최빈값은 3점, B의 평점의 최빈값은 4점, C의 평점의 최빈값은 4점이다.

따라서 B와 C의 평점의 최빈값은 같다. (참)

따라서 옳은 것은 ㄴ, ㄷ이다.

13 ④ A중학교는 D중학교보다 자율동아리가 5개 더 많다.

⑤ 자율동아리 수의 중앙값은 D중학교의 자율동아리 수이며 이는 평균보다 1 작다.

14 주어진 자료의 평균은

$$\frac{11+8+6+13+12}{5}=\frac{50}{5}=10$$

따라서 편차는 차례로 1, -2, -4, 3, 2이다.

15 편차의 최빈값이 1이기 위해서는 a, b 중 한 값이 1이다.

또한 편차의 총합이 0이 되어야 하므로 나머지 한 값은 -4가 되어야 한다.

따라서 $a^2+b^2=1^2+(-4)^2=17$

16 연속하는 다섯 개의 자연수를 $n-2$, $n-1$, n, $n+1$, $n+2$ ($n>2$인 자연수)라 하면 평균은

$$\frac{(n-2)+(n-1)+n+(n+1)+(n+2)}{5}$$

$$=\frac{5n}{5}=n$$

따라서 편차는 차례로 -2, -1, 0, 1, 2이고 분산은

$$\frac{(-2)^2+(-1)^2+0^2+1^2+2^2}{5}=\frac{10}{5}=2$$

17 문항 수의 평균은

$$\frac{14+9+12+8+9+14+11}{7}=\frac{77}{7}=11(\text{개})$$

편차를 구하면 다음과 같다.

요일	월	화	수	목	금	토	일
편차(개)	3	-2	1	-3	-2	3	0

$$(\text{분산})=\frac{3^2+(-2)^2+1^2+(-3)^2+(-2)^2+3^2+0^2}{7}$$

$$=\frac{36}{7}$$

$$(\text{표준편차})=\sqrt{\frac{36}{7}}=\frac{6}{\sqrt{7}}=\frac{6\sqrt{7}}{7}(\text{개})$$

18 편차의 총합은 0이므로

$(-0.3)+x+0.1+0.3+(-0.1)=0$, $x=0$

$$(\text{분산})=\frac{(-0.3)^2+0^2+0.1^2+0.3^2+(-0.1)^2}{5}$$

$$=\frac{0.2}{5}=0.04$$

$(\text{표준편차})=\sqrt{0.04}=0.2(\text{초})$

19 주어진 자료의 평균이 6이므로

$$\frac{a+b+7+3+9}{5}=\frac{a+b+19}{5}=6$$

$a+b+19=30$

$a+b=11$ …… ㉠

분산이 $\frac{44}{5}$이므로

$$\frac{(a-6)^2+(b-6)^2+(7-6)^2+(3-6)^2+(9-6)^2}{5}$$

$$=\frac{(a-6)^2+(b-6)^2+19}{5}=\frac{44}{5}$$

$(a-6)^2+(b-6)^2+19=44$

$a^2+b^2-12(a+b)+2\times36+19=44$

$a+b=11$를 대입하면

$a^2+b^2=85$ …… ㉡

㉠, ㉡에서

$2ab=(a+b)^2-(a^2+b^2)$

$=11^2-85$

$=121-85$

$=36$

$ab=18$

20 다섯 명의 처음 나이를 a살, b살, c살, d살, e살이라 하면 편차는 차례로 $(a-12)$살, $(b-12)$살, $(c-12)$살, $(d-12)$살, $(e-12)$살이다.

일 년이 지난 후의 나이는 각각

$(a+1)$살, $(b+1)$살, $(c+1)$살, $(d+1)$살, $(e+1)$살이고 모두의 나이가 1씩 늘어났으므로 평균 역시 1 증가한 13살이다.

이때 편차는 각각

$(a+1)-13=(a-12)$(살), $(b-12)$살, $(c-12)$살, $(d-12)$살, $(e-12)$살로 처음과 같고 표준편차는 처음과 같은 $\sqrt{10}$살이다.

21 주어진 자료의 평균을 구하면

$$\frac{(3a-1)+(4a+3)+(5a+1)}{3}=\frac{12a+3}{3}=4a+1$$

따라서 편차는 차례로 $-a-2$, 2, a이고

$$(-a-2)^2+2^2+a^2=3\times\frac{38}{3}=38$$

$2a^2+4a-30=0$

$a^2+2a-15=0$

$(a+5)(a-3)=0$

$a=-5$ 또는 $a=3$

$a>0$이므로 $a=3$

22 A, B, C, D, E 각각의 표준편차를 구하면 다음과 같다.

A. 1, 3, 5, 7, 9의 평균이 5이므로

$$\sqrt{\frac{(-4)^2+(-2)^2+0^2+2^2+4^2}{5}}=2\sqrt{2}$$

B. 1, 2, 3, 4, 5의 평균이 3이므로

$$\sqrt{\frac{(-2)^2+(-1)^2+0^2+1^2+2^2}{5}}=\sqrt{2}$$

C. 3, 6, 9, 12, 15의 평균이 9이므로

$$\sqrt{\frac{(-6)^2+(-3)^2+0^2+3^2+6^2}{5}}=3\sqrt{2}$$

D. 10, 15, 20, 25, 30의 평균이 20이므로

$$\sqrt{\frac{(-10)^2+(-5)^2+0^2+5^2+10^2}{5}}=5\sqrt{2}$$

E. 12, 14, 16, 18, 20의 평균이 16이므로

$$\sqrt{\frac{(-4)^2+(-2)^2+0^2+2^2+4^2}{5}}=2\sqrt{2}$$

따라서 표준편차가 같은 것은 A와 E이다.

23 1, 2반의 평균이 같으므로 두 반 전체의 평균 역시 15점이다.

1반의 분산은 $3^2=9$이므로 1반의 편차 제곱의 총합은 $9\times22=198$이다.

또한 2반의 분산은 $2.5^2=6.25$이므로 2반의 편차 제곱의 총합은 $6.25\times28=175$이다.

따라서 두 반 전체 학생의 분산은

$$\frac{198+175}{22+28}=\frac{373}{50}=7.46$$

따라서 두 반 전체 학생의 점수의 표준편차는 $\sqrt{7.46}$점이다.

24 수영이의 점수를 나열하면 7, 7, 8, 9, 9이다.

$$(\text{평균})=\frac{7\times2+8+9\times2}{5}=\frac{40}{5}=8$$

$$(\text{분산})=\frac{(7-8)^2\times2+(8-8)^2+(9-8)^2\times2}{5}=\frac{4}{5}$$

민영이의 점수를 나열하면 7, 7, 7, 9, 10이다.

$$(\text{평균})=\frac{7\times3+9+10}{5}=\frac{40}{5}=8$$

$$(\text{분산})=\frac{(7-8)^2\times3+(9-8)^2+(10-8)^2}{5}=\frac{8}{5}$$

수영이의 분산이 민영이의 분산보다 더 작으므로 수영이의 사격점수가 평균을 중심으로 더 모여 있다.

고난도 집중 연습

본문 60~61쪽

1 12.5점 **1-1** 16.5개 **2** 225 mm **2-1** 165 cm
3 $2\sqrt{3}$ kg **3-1** $\sqrt{0.1}$초 $\left(\text{또는 } \frac{\sqrt{10}}{10}\text{초}\right)$
4 6 **4-1** $\frac{28}{5}$ (또는 5.6)

1

풀이 전략 중앙값의 정의를 이용하여 알 수 있는 값을 구한 후 크기 순으로 나열한다.

모둠원 6명의 처음 보드게임 점수를 작은 값부터 크기순으로 나열한 것을 a, b, 10, c, d, e라 하면 3번째 학생의 점수와 4번째 학생의 점수의 평균이 중앙값이므로

$$\frac{10+c}{2}=12,\ c=14$$

따라서 모둠원 6명의 점수를 크기순으로 나열하면 다음과 같다.

a, b, 10, 14, d, e

다음 판을 진행했을 때 10점인 학생이 1점을 더 얻으면서 11점이 되고 크기순으로 나열했을 때 3번째인 학생이 11점이 되고 4번째인 학생은 그대로 14점이다. ($b<10$인 경우와 $b=10$인 경우 모두 동일하다.)

따라서 중앙값은 $\frac{11+14}{2}=12.5$(점)

1-1

풀이 전략 중앙값의 정의를 이용하여 알 수 있는 값을 구한 후 크기 순으로 나열한다.

8명의 학생의 팔굽혀펴기 기록을 작은 값부터 크기순으로 나열한 것을 a, b, c, 15, d, e, f, g라 하면

$$\frac{15+d}{2}=16,\ d=17$$

따라서 8명의 학생의 기록을 작은 값부터 나열하면 다음과 같다.

a, b, c, 15, 17, e, f, g

이때 기록이 15개인 학생이 재도전을 해 기록이 16개로 바뀌었으므로 작은 값부터 크기순으로 나열하면 a, b, c, 16, 17, e, f, g이다.

따라서 중앙값은 $\frac{16+17}{2}=16.5$(개)

2

풀이 전략 대푯값의 정의를 이용하여 알 수 있는 값을 구한 후 경우를 나누어 구한다.

다섯 명의 신발 사이즈를 a, b, c, d, e($a\le b\le c\le d\le e$, 단위 : mm)라 했을 때,

ㄱ, ㄷ에 의해 이 중 $c=245$이며 d, e 중 250이 존재한다.
이때 ㄹ에 의해 최빈값의 개수는 두 개이므로
(ⅰ) $a<b=c<d=e$ 또는 (ⅱ) $a=b<c<d=e$ 또는 (ⅲ) $a=b<c=d<e$ 세 가지 경우가 가능하며 그 차가 5 mm이므로 (ⅱ)는 불가능하고 다음과 같은 두 경우로 나눌 수 있다.

(ⅰ) $a<b=c<d=e$

즉, a, 245, 245, 250, 250인 경우
이때 최빈값은 245 mm, 250 mm 두 개이며 그 차는 5 mm이다.
평균이 243 mm가 되기 위해서는

$$\frac{a+245+245+250+250}{5}=\frac{a+990}{5}=243$$

$a+990=1215$, $a=225$
따라서 수연이의 신발사이즈는 225 mm이다.

(ⅲ) $a=b<c=d<e$

즉, a, a, 245, 245, 250인 경우
이때 최빈값은 a mm, 245 mm 두 개이며 그 차가 5 mm가 되기 위해서는 $a=240$이다.
평균을 구하면

$$\frac{240+240+245+245+250}{5}=\frac{1220}{5}=244$$

로 243 mm가 아니다.
따라서 이 경우는 불가능하다.

그러므로 수연이의 신발사이즈는 225 mm이다.

2-1

풀이 전략 대푯값의 정의를 이용하여 알 수 있는 값을 구한 후 경우를 나누어 구한다.

다섯 명의 키를 a, b, c, d, e($a\le b\le c\le d\le e$, 단위 : cm)라 했을 때, ㄱ에 의해 $c=165$
이때 최빈값의 개수는 두 개이며 그 차는 2 cm이므로
(ⅰ) $a<b=c<d=e$ 또는 (ⅱ) $a=b<c<d=e$ 또는 (ⅲ) $a=b<c=d<e$ 세 가지 경우로 나누어 생각할 수 있다.

(ⅰ) $a<b=c<d=e$

즉, a, 165, 165, 167, 167인 경우이다.
이 경우 지현이보다 키가 큰 모둠원은 1명이라는 조건을 만족시킬 수 없다. (지현이의 키가 a cm일 경우에는 4명, 165 cm일 경우에는 2명, 167 cm일 경우에는 더 큰 사람이 없다.)
따라서 이 경우는 불가능하다.

(ⅱ) $a=b<c<d=e$

즉, 164, 164, 165, 166, 166인 경우이다.
이 경우 지현이보다 키가 큰 모둠원은 1명이라는 조건을 만족시킬 수 없다. (지현이의 키가 164 cm일 경우에는 3명, 165 cm일 경우에는 2명, 166 cm일 경우에는 더 큰 사람이 없다.)
따라서 이 경우는 불가능하다.

(ⅲ) $a=b<c=d<e$

즉, 163, 163, 165, 165, e인 경우이다.
이 경우 지현이의 키가 165 cm일 경우 지현이보다 키가 큰 모둠원은 1명이라는 조건을 만족시킨다.

(ⅰ)~(ⅲ)에 의해 지현이의 키는 165 cm이다.

3

풀이 전략 지우의 몸무게를 미지수로 놓고 다섯 명의 학생의 몸무게를 미지수를 이용하여 표현한다.

지우의 몸무게를 $x$kg이라 하면 다섯 명의 학생의 몸무게는 다음과 같다.

학생	지우	건우	아윤	도현	하린
몸무게(kg)	x	$x+6$	$x-1$	$x+8$	$x+2$

다섯 명의 학생의 몸무게의 평균은

$$\frac{x+(x+6)+(x-1)+(x+8)+(x+2)}{5}$$

$$=\frac{5x+15}{5}=x+3(\text{kg})$$

다섯 명의 학생의 몸무게의 편차는 다음과 같다.

학생	지우	건우	아윤	도현	하린
편차(kg)	-3	3	-4	5	-1

$$(\text{분산})=\frac{(-3)^2+3^2+(-4)^2+5^2+(-1)^2}{5}$$

$$=\frac{60}{5}=12$$

$(\text{표준편차})=\sqrt{12}=2\sqrt{3}(\text{kg})$

3-1

풀이 전략 C의 기록을 미지수로 놓고 다섯 명의 학생의 기록을 미지수를 이용하여 표현한다.

C의 기록을 x초라 하면 다섯 명의 학생의 기록은 다음과 같다.

	A	B	C	D	E
기록(초)	$x-0.2$	$x+0.7$	x	$x+0.1$	$x+0.4$

다섯 명의 학생의 달리기 기록의 평균은

$$\frac{5x+1}{5}=x+0.2(\text{초})$$

다섯 명의 학생의 달리기 기록의 편차는 다음과 같다.

	A	B	C	D	E
편차(초)	-0.4	0.5	-0.2	-0.1	0.2

$(\text{분산})=\dfrac{0.16+0.25+0.04+0.01+0.04}{5}$

$=\dfrac{0.5}{5}=0.1$

따라서 표준편차는 $\sqrt{0.1}$초이다.

4

풀이 전략 곱셈 공식을 이용하여 a, b, c의 관계식을 찾는다.

$\dfrac{a+b+c}{3}=2$이고

$\dfrac{(a-2)^2+(b-2)^2+(c-2)^2}{3}=4$이므로

$a+b+c=6$

$a^2+b^2+c^2-4(a+b+c)+4\times3=12$

$a^2+b^2+c^2-4\times6+12=12$

$a^2+b^2+c^2=24$

이때 a, b, c, 6의 평균을 구하면

$\dfrac{a+b+c+6}{4}=\dfrac{12}{4}=3$

분산을 구하면

$\dfrac{(a-3)^2+(b-3)^2+(c-3)^2+(6-3)^2}{4}$

$=\dfrac{a^2+b^2+c^2-6(a+b+c)+9\times3+9}{4}$

$=\dfrac{24-6\times6+27+9}{4}$

$=\dfrac{24}{4}=6$

따라서 a, b, c, 6의 분산은 6이다.

4-1

풀이 전략 곱셈 공식을 이용하여 a, b, c, d의 관계식을 찾는다.

$\dfrac{a+b+c+d}{4}=4$이고

$\dfrac{(a-4)^2+(b-4)^2+(c-4)^2+(d-4)^2}{4}=2$이므로

$a+b+c+d=16$

$a^2+b^2+c^2+d^2-8(a+b+c+d)+16\times4=8$

$a^2+b^2+c^2+d^2-8\times16+64=8$

$a^2+b^2+c^2+d^2=72$

이때 a, b, c, d, 9의 평균을 구하면

$\dfrac{a+b+c+d+9}{5}=\dfrac{25}{5}=5$

분산을 구하면

$\dfrac{(a-5)^2+(b-5)^2+(c-5)^2+(d-5)^2+(9-5)^2}{5}$

$=\dfrac{a^2+b^2+c^2+d^2-10(a+b+c+d)+25\times4+16}{5}$

$=\dfrac{72-10\times16+100+16}{5}$

$=\dfrac{28}{5}$

따라서 a, b, c, d, 9의 분산은 $\dfrac{28}{5}$이다.

서술형 집중 연습

본문 62~63쪽

예제 1 72점 **유제 1** 87점
예제 2 평균 < 중앙값 < 최빈값
유제 2 평균 < 중앙값 < 최빈값
예제 3 20, 25
유제 3 $\dfrac{499}{3}$cm (또는 $166.\dot{3}$ cm)
예제 4 B빵 **유제 4** 재민

예제 1

전체 응시자를 $10k$명, 합격한 응시자를 k명, 불합격한 응시자를 $9k$명이라 하면

전체 응시자의 점수의 합은

$\boxed{59.4}\times10k=\boxed{594k}$(점) ··· 1단계

불합격한 응시자의 점수의 합은

$\boxed{58}\times9k=\boxed{522k}$(점) ··· 2단계

따라서 합격한 응시자의 점수의 합은

$594k-522k=\boxed{72k}$(점)이고

합격자의 평균 점수는 $\dfrac{\boxed{72k}}{k}=\boxed{72}$(점)이다. ··· 3단계

채점 기준표

단계	채점 기준	비율
1단계	전체 응시자의 점수의 합 구하기	30 %
2단계	불합격한 응시자의 점수의 합 구하기	30 %
3단계	합격자의 평균 점수 구하기	40 %

유제 1

전체 합격자를 $5k$명, 10대 합격자를 $4k$명, 10대가 아닌 합격자를 k명이라 하면

전체 합격자의 점수의 합은 $83\times5k=415k$(점) ··· 1단계

10대 합격자의 점수의 합은 $82\times4k=328k$(점) ··· 2단계

따라서 10대가 아닌 합격자의 점수의 합은

$415k-328k=87k$(점)이고

10대가 아닌 합격자의 평균 점수는 $\dfrac{87k}{k}=87$(점)이다.

··· 3단계

채점 기준표

단계	채점 기준	비율
1단계	전체 합격자의 점수의 합 구하기	30 %
2단계	10대 합격자의 점수의 합 구하기	30 %
3단계	10대가 아닌 합격자의 평균 점수 구하기	40 %

예제 2

평균은 점수의 총합이 [164]점이므로

$\frac{\boxed{164}}{20}=\boxed{8.2}$(점) ··· 1단계

중앙값은 열 번째 값인 [8]점과 열한 번째 값인 [9]점의 평균이므로 [8.5]점이다. ··· 2단계

최빈값은 [9]점이다.

따라서 [평균] < [중앙값] < [최빈값] ··· 3단계

채점 기준표

단계	채점 기준	비율
1단계	평균 구하기	40 %
2단계	중앙값 구하기	30 %
3단계	최빈값 구하고 대소 비교하기	30 %

유제 2

평균은 다음과 같이 구할 수 있다.

$\frac{30\times3+40\times3+50\times4+60\times5+70\times3+80\times1+90\times1}{20}$

$=\frac{1090}{20}=54.5$(분) ··· 1단계

중앙값은 작은 값부터 크기순으로 나열했을 때 열 번째 값과 열한 번째 값의 평균이다.

열 번째 값은 50분, 열한 번째 값은 60분이므로 중앙값은

$\frac{50+60}{2}=\frac{110}{2}=55$(분) ··· 2단계

최빈값은 60분이다.

따라서 평균 < 중앙값 < 최빈값 ··· 3단계

채점 기준표

단계	채점 기준	비율
1단계	평균 구하기	40 %
2단계	중앙값 구하기	30 %
3단계	최빈값 구하고 대소 비교하기	30 %

예제 3

편차의 총합이 0이므로

$\boxed{2}x^2+\boxed{7}x+3=0$ ··· 1단계

$(x+\boxed{3})(\boxed{2}x+1)=0$

$x=\boxed{-3}$ 또는 $x=-\frac{1}{2}$ ··· 2단계

$x=\boxed{-3}$일 경우 D의 편차는 $2x+1=-5$이고 D의 값은 [20]

$x=-\frac{1}{2}$일 경우 D의 편차는 $2x+1=\boxed{0}$이고 D의 값은 [25]

따라서 가능한 D의 값은 [20], [25]이다. ··· 3단계

채점 기준표

단계	채점 기준	비율
1단계	편차의 총합이 0임을 이용해 이차방정식 세우기	30 %
2단계	이차방정식 풀기	30 %
3단계	가능한 D의 값 모두 구하기	40 %

유제 3

편차의 총합은 0이므로

$3x^2-4x+1=0$ ··· 1단계

$(x-1)(3x-1)=0$

$x=1$ 또는 $x=\frac{1}{3}$ ··· 2단계

이때 수영이의 키의 편차는 $(-2x+1)$ cm이고 수영이의 키는 평균보다 크므로 $-2x+1>0$이다.

$x<\frac{1}{2}$이므로 $x=\frac{1}{3}$이고 수영이의 키의 편차는 $\frac{1}{3}$cm이므로 수영이의 키는 $166+\frac{1}{3}=\frac{499}{3}$(cm) ··· 3단계

채점 기준표

단계	채점 기준	비율
1단계	편차의 총합이 0임을 이용해 이차방정식 세우기	30 %
2단계	이차방정식 풀기	30 %
3단계	수영이의 키 구하기	40 %

예제 4

A빵의 판매 개수의 평균은 [30]개, 편차는 차례로 −2, [−1], [1], [3], −1이므로 분산은

$\frac{(-2)^2+(\boxed{-1})^2+\boxed{1}^2+\boxed{3}^2+(-1)^2}{5}=\frac{\boxed{16}}{5}$

··· 1단계

B빵의 판매 개수의 평균은 [30]개, 편차는 차례로 [−2], [1], [2], 0, [−1]이므로 분산은

$\frac{(\boxed{-2})^2+\boxed{1}^2+\boxed{2}^2+0^2+(\boxed{-1})^2}{5}=\frac{\boxed{10}}{5}=\boxed{2}$

··· 2단계

따라서 B빵의 판매 개수의 분산이 A빵의 판매 개수의 분산보다 작으므로 [B]빵의 판매 개수가 더 고르다. ··· 3단계

채점 기준표

단계	채점 기준	비율
1단계	A빵의 판매 개수의 분산 구하기	40 %
2단계	B빵의 판매 개수의 분산 구하기	40 %
3단계	판매 개수가 더 고른 빵 구하기	20 %

유제 4

지은이의 준비시간의 총합은 78분, 평균은 $\frac{78}{6}=13$(분)이다.

(단위 : 분)

	월	화	수	목	금	토
지은	10	15	15	14	11	13
편차	-3	2	2	1	-2	0

따라서 지은이의 준비시간의 분산은

$$\frac{(-3)^2+2^2+2^2+1^2+(-2)^2+0^2}{6}=\frac{22}{6}=\frac{11}{3}$$

··· 1단계

재민이의 준비시간의 총합은 78분, 평균은 $\frac{78}{6}=13$(분)이다.

(단위 : 분)

	월	화	수	목	금	토
재민	12	15	15	10	14	12
편차	-1	2	2	-3	1	-1

따라서 재민이의 준비시간의 분산은

$$\frac{(-1)^2+2^2+2^2+(-3)^2+1^2+(-1)^2}{6}=\frac{20}{6}=\frac{10}{3}$$

··· 2단계

재민이의 준비시간의 분산이 지은이의 준비시간의 분산보다 작으므로 재민이의 준비시간이 더 고르다.

··· 3단계

채점 기준표

단계	채점 기준	비율
1단계	지은이의 준비시간의 분산 구하기	40 %
2단계	재민이의 준비시간의 분산 구하기	40 %
3단계	준비시간이 더 고른 사람 구하기	20 %

중단원 실전 테스트 1회

본문 64~66쪽

01 ② **02** ④ **03** ④ **04** ② **05** ④
06 ⑤ **07** ④ **08** ② **09** ③ **10** ①
11 ⑤ **12** ② **13** 250 mm, 260 mm
14 평균: 16 cm, 중앙값: 12 cm, 최빈값: 10 cm, 25 cm
15 -2 **16** B

01 3학년의 남학생 수와 여학생 수의 비가 5 : 4이므로 남학생 수를 $5k$명, 여학생 수를 $4k$명이라 하면 (k는 자연수)
3학년 남학생의 키의 총합은
$166.6\times 5k=833k$(cm)
3학년 여학생의 키의 총합은
$156.25\times 4k=625k$(cm)
따라서 3학년 학생의 키의 평균은
$\frac{833k+625k}{5k+4k}=\frac{1458k}{9k}=\frac{1458}{9}=162$(cm)

02 극단적인 값 210이 있으므로 중앙값이 적절하다.
주어진 자료를 크기순으로 나열하면
23, 26, 28, 28, 30, 31, 32, 210
따라서 중앙값은 $\frac{28+30}{2}=29$(분)

03 a를 제외하고 나머지를 크기순으로 나열하면 다음과 같다.
1, 3, 7, 12, 15, 18, 19, 40
이때 12곡이 중앙값이 되기 위해서는 $a\le 12$이어야 한다.
따라서 보기 중 a의 값으로 가능한 수는 2, 3, 5, 12의 4개이다.

04 중앙값은 $\frac{8+a}{2}$이며 이 값이 최빈값이 되기 위해서는 $a=8$이고 $b>12$이다.
따라서 (평균)=(중앙값)=(최빈값)=8이고
3, 4, 5, 8, 8, 10, 12, b의 평균을 구하면
$\frac{b+50}{8}=8$, $b+50=64$, $b=14$
따라서 $b-a=14-8=6$

05 각 모둠의 연습 결과를 크기순으로 나열하면 다음과 같다.

(단위 : 개)

A모둠	7, 7, 11, 12, 15, 20
B모둠	8, 10, 10, 13, 14

따라서 A모둠의 기록의 평균은 12개, 중앙값은 11.5개, 최빈값은 7개이고

B모둠의 기록의 평균은 11개, 중앙값은 10개, 최빈값은 10개이다.

④ A모둠의 중앙값과 B모둠의 중앙값의 차는 1.5개이다.

참고

⑤ B모둠의 여섯 번째 기록이 17개라면 B모둠 기록의 총합이 72개가 되고 평균은 12개가 되어 두 모둠의 평균이 같아진다.

06 주어진 자료를 크기순으로 나열하면 다음과 같다.

3, 3, 4, 4, 5, 5, 8, 9, 9, 10

이때 평균은 6, 중앙값은 5, 최빈값은 3, 4, 5, 9 네 개이다.

따라서 평균, 중앙값, 최빈값 중 어느 것에도 해당되지 않는 것은 ⑤ 7이다.

07 ④ 분산은 항상 양수이다. (거짓)

1, 1, 1, 1과 같이 자료가 모두 같은 경우 분산은 0이다.

따라서 분산은 항상 0 이상이다.

참고

⑤ 표준편차와 변량은 단위가 같다.

분산의 단위는 변량의 단위의 제곱이다.

이때 표준편차는 분산의 음이 아닌 제곱근이므로 표준편차의 단위는 변량의 단위와 같다.

08 F학생의 교복 사이즈는 110, 편차는 5이므로 평균이 105라는 사실을 알 수 있다.

(편차)=(변량)−(평균)임을 이용하여

a, b, c, d, e를 구하면 다음과 같다.

학생	A	B	C	D	E	F
사이즈	100	90	115	110	105	110
편차	−5	−15	10	5	0	5

교복 셔츠 사이즈의 분산은

$$\frac{(-5)^2+(-15)^2+10^2+5^2+0^2+5^2}{6}=\frac{400}{6}=\frac{200}{3}$$

따라서 표준편차는 $\sqrt{\frac{200}{3}}=\frac{10\sqrt{6}}{3}$

09 모둠원 5명의 배구 수행평가 기록을 17개, a개, b개, c개, d개라 하면

$$\frac{17+a+b+c+d}{5}=17$$

$$\sqrt{\frac{(17-17)^2+(a-17)^2+(b-17)^2+(c-17)^2+(d-17)^2}{5}}=2$$

$$\frac{(a-17)^2+(b-17)^2+(c-17)^2+(d-17)^2}{5}=4$$

$(a-17)^2+(b-17)^2+(c-17)^2+(d-17)^2=20$

이때 기록이 17개인 학생 한 명이 전학 가더라도 평균은 17개로 변하지 않는다.

a개, b개, c개, d개의 평균은 17개이고 표준편차를 구하면

$$\sqrt{\frac{(a-17)^2+(b-17)^2+(c-17)^2+(d-17)^2}{4}}$$

$$=\sqrt{\frac{20}{4}}=\sqrt{5}\text{ (개)}$$

10 (평균)

$$=\frac{(-a)+(2a+1)+(a-3)+(2a-1)+(a-2)}{5}$$

$$=\frac{5a-5}{5}=a-1$$

따라서 편차는 순서대로 $-2a+1$, $a+2$, -2, a, -1이고 분산은 3.2이므로

$$\frac{(-2a+1)^2+(a+2)^2+(-2)^2+a^2+(-1)^2}{5}=3.2$$

$6a^2+10=16$, $6a^2=6$

$a^2=1$

$a>0$이므로 $a=1$

따라서 평균은 $a-1=1-1=0$

참고

주어진 자료는 -1, 3, -2, 1, -1

11 직육면체의 모서리의 길이의 평균이 4이므로

$\frac{4+4x+4y}{12}=4$, $1+x+y=12$

$x+y=11$, $y=11-x$

분산이 $\frac{14}{3}$이므로

$$\frac{4(1-4)^2+4(x-4)^2+4(y-4)^2}{12}=\frac{14}{3}$$

$(x-4)^2+(y-4)^2=5$

$y=11-x$를 위 식에 대입하면

$(x-4)^2+(7-x)^2=5$

$2x^2-22x+60=0$

$x^2-11x+30=0$

$(x-5)(x-6)=0$

$x=5$ 또는 $x=6$

즉, $x=5$, $y=6$ 또는 $x=6$, $y=5$

따라서 세로의 길이와 높이 중 하나는 5, 하나는 6이며 직육면체의 부피는 $1\times x\times y=30$

12 걸음 수가 가장 고른 사람을 찾으려면 다섯 명의 학생의 산포도, 즉 분산 또는 표준편차의 대소를 비교하여야 한다.

a(예은이의 평균 걸음 수)는 알 수 없으며 b, c, d, e는 표준편차가 분산의 음이 아닌 제곱근이라는 사실을 이용하면 다음과 같이 채울 수 있다.

	예은	상헌	서하	나은	서연
분산	450	240	250	302.76	300
표준편차(걸음)	$15\sqrt{2}$	$4\sqrt{15}$	$5\sqrt{10}$	17.4	$10\sqrt{3}$

이때 위의 표의 분산의 대소를 비교하거나 아래 표와 같이 표준편차를 모두 $\sqrt{a}$의 꼴로 바꾸어 표준편차의 대소를 비교할 수 있다.

	예은	상헌	서하	나은	서연
분산	450	240	250	302.76	300
표준편차(걸음)	$\sqrt{450}$	$\sqrt{240}$	$\sqrt{250}$	$\sqrt{302.76}$	$\sqrt{300}$

따라서 분산(또는 표준편차)이 가장 작은 학생은 상헌이므로 걸음 수가 가장 고른 학생은 상헌이다.

13 학생이 총 12명이므로 $x+y+4+1=12$

$x+y=7$ …… ㉠

평균이 252.5 mm이므로

$\frac{240x+250y+260\times4+270\times1}{12}$

$=\frac{240x+250y+1310}{12}=252.5$

$240x+250y+1310=12\times252.5=3030$

$24x+25y+131=303$

$24x+25y=172$ …… ㉡

••• 1단계

㉠, ㉡을 연립하여 풀면

$x=3$, $y=4$ ••• 2단계

따라서 신발 사이즈의 최빈값은 250 mm, 260 mm 두 개이다. ••• 3단계

채점 기준표

단계	채점 기준	비율
1단계	x, y에 대한 방정식 두 개 세우기	40 %
2단계	연립방정식 풀기	40 %
3단계	최빈값 구하기	20 %

14 (평균)

$=\frac{4+5+7+9+10+10+11+12+17+22+24+25+25+27+32}{15}$

$=\frac{240}{15}=16(\text{cm})$ ••• 1단계

중앙값은 크기순으로 나열했을 때 8번째 값이므로 12 cm이다. ••• 2단계

최빈값은 10 cm, 25 cm 두 개이다. ••• 3단계

채점 기준표

단계	채점 기준	비율
1단계	평균 구하기	40 %
2단계	중앙값 구하기	30 %
3단계	최빈값 구하기	30 %

15 편차의 총합은 0이므로

$(-2)+(3x+2)+1+(-2)+(2x^2-1)$

$=2x^2+3x-2=0$ ••• 1단계

$(2x-1)(x+2)=0$

$x=\frac{1}{2}$ 또는 $x=-2$ ••• 2단계

이때 $x=\frac{1}{2}$일 경우 이를 $2x^2-1$에 대입하면

$2x^2-1=2\times\frac{1}{4}-1=-\frac{1}{2}$이다.

편차가 -0.5회인 학생은 편차가 1회인 학생에 비해 윗몸일으키기 횟수가 1.5회 더 작다.

그러나 윗몸일으키기 횟수는 모두 자연수이므로 이는 불가능하다.

따라서 $x=-2$ ••• 3단계

채점 기준표

단계	채점 기준	비율
1단계	이차방정식 세우기	30 %
2단계	이차방정식 풀기	30 %
3단계	x의 값 구하기	40 %

16 A의 평균을 구하면

$\frac{7+5+9+3+11}{5}=\frac{35}{5}=7$

따라서 편차는 차례로 0, -2, 2, -4, 4이고

분산을 구하면 $\frac{0+4+4+16+16}{5}=\frac{40}{5}=8$

••• 1단계

B의 평균을 구하면

$\frac{26+32+28+31+30+27}{6}=\frac{174}{6}=29$

따라서 편차는 차례로 -3, 3, -1, 2, 1, -2이고

분산을 구하면 $\frac{9+9+1+4+1+4}{6}=\frac{28}{6}=\frac{14}{3}$

··· 2단계

이때 $8>\frac{14}{3}$이므로 B의 분산이 더 작고 B가 더 고르다. ··· 3단계

채점 기준표

단계	채점 기준	비율
1단계	A의 분산 구하기	40 %
2단계	B의 분산 구하기	40 %
3단계	더 고른 자료 구하기	20 %

중단원 실전 테스트 2회

본문 67~69쪽

01 ① 02 ② 03 ④ 04 ②
05 ①, ③ 06 ④ 07 ⑤ 08 ③ 09 ④
10 ⑤ 11 ⑤ 12 ② 13 검정 14 1
15 2 16 C

01 20명의 필기구 수의 중앙값은 크기순으로 나열했을 때 10번째 값과 11번째 값의 평균이다.
이때 작은 값부터 크기순으로 나열했을 때 필기구 수가 5개, 6개인 학생이 각각 2명, 4명으로 총 6명이며 7번째부터 11번째 값이 모두 7개이므로 10번째 값과 11번째 값 모두 7개이고 그 평균 역시 7개이다.
따라서 중앙값은 7개이다.

02 다섯 개의 변량 a, b, 1, 10, 4의 중앙값 7은 이를 크기순으로 나열했을 때 세 번째 값이므로 a 또는 b 중 7이 존재한다.
이때 $b=7$이면 $a<7$이므로 7이 크기순으로 나열했을 때 네 번째 값이 되므로 $b\neq7$이다.
따라서 $a=7$이고 $7<b$이다.
네 개의 변량 a, b, 8 ,11, 즉 7, b, 8, 11의 중앙값이 8.5이기 위해서는 크기순으로 나열했을 때 두 번째와 세 번째 위치한 값의 평균이 8.5가 되어야 한다.
따라서 $b=9$
$a=7$, $b=9$이므로 $b-a=2$

03 A모둠의 중앙값과 최빈값이 같기 위해서는 최빈값이 하나뿐이어야 하므로 A모둠의 중앙값과 최빈값은 모두 9개이다.
A모둠의 중앙값과 B모둠의 평균이 같으므로 B모둠의 평균 역시 9개이다.
$$\frac{3+7+(x+4)+18+(2x+2)+5}{6}=9$$
$3x+39=54$, $3x=15$, $x=5$
따라서 주어진 자료는 다음과 같다.

(단위: 개)

A모둠	5 10 7 9 9
B모둠	3 7 9 18 12 5

따라서 A, B 두 모둠을 합쳐 11명의 제기차기 기록의 최빈값은 9개이다.

04 자료를 크기순으로 나열하고 대푯값을 구하면 다음과 같다.

	자료	평균	중앙값	최빈값
A	1, 4, 4, 7, 9	5	4	4
B	3, 4, 6, 7, 7, 9	6	6.5	7
C	1, 2, 5, 5, 6, 7, 9	5	5	5

ㄱ. 평균이 가장 큰 자료는 B이다. (거짓)
ㄴ. 중앙값이 자료에 없는 값인 자료는 B 1개이다. (참)
ㄷ. C는 평균, 중앙값, 최빈값이 모두 같다. (거짓)
따라서 옳은 것은 ㄴ이다.

05 자료의 개수가 6개인데 주어진 상황에서 최빈값과 중앙값이 같기 위해서는 크기순으로 나열했을 때 세 번째와 네 번째 값이 같아야 한다.
$x+2$와 $2x$를 제외한 자료를 크기순으로 나열하면 3, 4, 8, 10이다.
(i) $2x<x+2$일 경우, 즉 $x<2$인 경우
$2x<x+2<4<8<10$이므로 크기순으로 나열했을 때 네 번째 값이 4가 된다.
그러나 세 번째 값이 4가 될 수 없으므로 이 경우는 불가능하다.
(ii) $2x=x+2$일 경우, 즉 $x=2$인 경우
$2x=x+2=4$이고 크기순으로 나열하면 3, 4, 4, 4, 8, 10으로 중앙값과 최빈값이 모두 4로 같다.
따라서 $x=2$는 가능하다.
(iii) $2x>x+2$일 경우, 즉 $x>2$인 경우
$3<4<x+2<2x$이므로 중앙값과 최빈값이 같기 위해서는 크기순으로 나열했을 때 세 번째 값과 네 번째 값이 8로 같아야 한다.
즉, $x+2=8$, $x=6$이고 이때의 자료는 3, 4, 8, 8, 10, 12이다.
(i)~(iii)에 의해 x가 될 수 있는 값은 2, 6이다.

06 (평균)

$=\frac{0\times5+1\times6+2\times5+3\times3+4\times2+5+6+7+8+9}{26}$

$=\frac{68}{26}=\frac{34}{13}$(개)

중앙값은 크기순으로 나열했을 때 열세 번째 값과 열네 번째 값의 평균이므로 2개이다.

최빈값은 1개이다.

따라서 (최빈값) < (중앙값) < (평균)이다.

다른 풀이

중앙값은 크기순으로 나열했을 때 열세 번째 값과 열네 번째 값의 평균이므로 2개이다.

최빈값은 1개이다.

그래프가 왼쪽으로 치우친 모양이므로 평균은 크기가 상대적으로 큰 값의 영향을 받아 중앙값보다 커진다.

따라서 (최빈값) < (중앙값) < (평균)이다.

07 ⑤ 표준편차를 제곱하면 분산이 된다.

참고

③ 편차의 평균은 0이다.
　편차의 총합이 0이므로 편차의 평균은 0이다.

④ 두 집단의 평균이 달라도 분산은 같을 수 있다.
　예 : 0, 0, 0, 0, 0과 1, 1, 1, 1, 1은 평균이 각각 0, 1로 다르지만 분산은 모두 0이다.

08 편차의 총합은 0이므로

$-x+(x^2+x)+(-x-3)+(-2)+(-2x+1)=0$

$x^2-3x-4=0$

$(x-4)(x+1)=0$

$x=4$ 또는 $x=-1$

이때 $x=4$일 경우 B의 편차가 20으로 절댓값이 10보다 커진다.

따라서 $x=-1$이고 편차는 차례로 1, 0, -2, -2, 3이다.

09 그래프가 좌우대칭이므로 점수의 평균은 3점임을 알 수 있다.

(분산)

$=\frac{1}{15}\times\{(1-3)^2\times3+(2-3)^2\times3+(3-3)^2\times3+(4-3)^2\times3+(5-3)^2\times3\}$

$=\frac{30}{15}=2$

참고

현서의 다트점수를 나열하면 다음과 같다.

1, 1, 1, 2, 2, 2, 3, 3, 3, 4, 4, 4, 5, 5, 5

10 편차의 총합은 0이므로

$(-x)+(x-2)+(-3)+(x-1)+4=0$

$x-2=0$, $x=2$

$x=2$를 주어진 표에 대입하면

변량	A	B	C	D	E
편차	-2	0	-3	1	4

(분산) $=\frac{(-2)^2+0^2+(-3)^2+1^2+4^2}{5}=\frac{30}{5}=6$

(표준편차) $=\sqrt{6}$

11 평균이 10이므로

$\frac{x+y+z+21+13}{5}=10$

$x+y+z+34=50$

$x+y+z=16$

편차는 각각 $x-10$, $y-10$, $z-10$, 11, 3이므로

$\frac{(x-10)^2+(y-10)^2+(z-10)^2+121+9}{5}=41.6$

$(x-10)^2+(y-10)^2+(z-10)^2+130=208$

$x^2+y^2+z^2-20(x+y+z)+300=78$

$x^2+y^2+z^2=20(x+y+z)-222$

$=20\times16-222$

$=98$

따라서 $x^2+y^2+z^2=98$

12 A지점과 B지점의 평균 이용 시간이 같으므로 두 지점 전체 평균 이용 시간 역시 1.3시간이다.

이때 A지점의 분산은 0.36이므로 편차 제곱의 총합은

$0.36\times120=43.2$

또, B지점의 분산은 0.49이므로 편차 제곱의 총합은

$0.49\times80=39.2$

두 지점 전체 손님들의 이용 시간의 분산은

$\frac{43.2+39.2}{120+80}=\frac{82.4}{200}=0.412$

13 휴대폰 개수의 총합이 30개이므로

$x^2+5+(x+2)+7+4=30$

$x^2+x-12=0$

$(x+4)(x-3)=0$

$x=-4$ 또는 $x=3$ ··· 1단계

이때 $x+2>0$이므로 $x=3$ ··· 2단계

따라서 검정색 휴대폰의 개수는 9개, 파랑색 휴대폰의 개수는 5개이고 휴대폰 색깔의 최빈값은 검정이다.

··· 3단계

채점 기준표

단계	채점 기준	비율
1단계	이차방정식 세우고 풀기	40 %
2단계	문제의 조건에 맞는 해 고르기	40 %
3단계	최빈값 구하기	20 %

14 평균이 15이므로

$\frac{x+(x+3)+(x-2)+17+9}{5}=15$ ··· 1단계

$3x+27=75$

$3x=48,\ x=16$ ··· 2단계

따라서 x의 편차는 $16-15=1$ ··· 3단계

채점 기준표

단계	채점 기준	비율
1단계	일차방정식 세우기	35 %
2단계	일차방정식 풀기	30 %
3단계	x의 편차 구하기	35 %

15 편차의 총합은 0이므로

$a+b+1+(-3)+(-1)=0$

$a+b=3$ ··· 1단계

분산이 3.2이므로

$\frac{a^2+b^2+1^2+(-3)^2+(-1)^2}{5}=3.2$

$a^2+b^2+11=16$

$a^2+b^2=5$ ··· 2단계

$ab=\frac{(a+b)^2-(a^2+b^2)}{2}$

$=\frac{3^2-5}{2}=\frac{4}{2}=2$ ··· 3단계

참고

$b=3-a$를 $a^2+b^2=5$에 대입하여 풀면 두 편차 중 하나는 1, 다른 하나는 2임을 확인할 수 있다.

채점 기준표

단계	채점 기준	비율
1단계	편차의 총합을 이용하여 $a+b$의 값 구하기	35 %
2단계	분산을 이용하여 a^2+b^2의 값 구하기	35 %
3단계	ab의 값 구하기	30 %

16 A의 평점의 평균을 구하면

$\frac{1\times5+2\times1+3\times2+4\times3+5\times4}{15}=\frac{45}{15}=3$(점)

B의 평점의 평균을 구하면

$\frac{1\times3+2\times2+3\times4+4\times4+5\times2}{15}=\frac{45}{15}=3$(점)

C의 평점의 평균을 구하면

$\frac{1\times1+2\times4+3\times5+4\times4+5\times1}{15}=\frac{45}{15}=3$(점)

세 아이스크림의 평점의 평균은 모두 3으로 같다.

··· 1단계

이때 평점이 더 고른 아이스크림은 평점이 3점을 중심으로 더 모여 있는 아이스크림으로 그래프를 살펴보면 이는 C아이스크림이다.

실제로 세 아이스크림의 평점의 분산을 구해보면 다음과 같다.

A의 평점의 분산은

$\frac{(-2)^2\times5+(-1)^2\times1+0^2\times2+1^2\times3+2^2\times4}{15}$

$=\frac{40}{15}=\frac{8}{3}$

B의 평점의 분산은

$\frac{(-2)^2\times3+(-1)^2\times2+0^2\times4+1^2\times4+2^2\times2}{15}$

$=\frac{26}{15}$

C의 평점의 분산은

$\frac{(-2)^2\times1+(-1)^2\times4+0^2\times5+1^2\times4+2^2\times1}{15}$

$=\frac{16}{15}$ ··· 2단계

C의 분산이 가장 작으므로 C의 평점이 가장 고르다.

··· 3단계

채점 기준표

단계	채점 기준	비율
1단계	A, B, C의 평점의 평균 구하기	30 %
2단계	A, B, C의 평점의 분산 구하기	50 %
3단계	평점이 가장 고른 아이스크림 고르기	20 %

통계

2 | 상관관계

개념 체크 본문 72~73쪽

01 4명　　**02** 3명

03 1명　　**04** 음의 상관관계

05 양의 상관관계

대표유형 본문 74~77쪽

01 풀이 참조　**02** ⑤　**03** ①　**04** ③

05 ④　**06** ④　**07** (14, 14), 28개

08 (1, 6), 5개　**09** ②

10 (1) C, B, A (2) C, A, B　**11** ③　**12** ⑤

13 ㄴ　**14** ⑤　**15** ④　**16** ④　**17** ②

18 (1) ①, ⑤ (2) ②, ③ (3) ④, ⑥　**19** ㄱ, ㄴ　**20** ⑤

21 ㄱ, ㄷ　**22** 풀이 참조　**23** ④　**24** ③

01

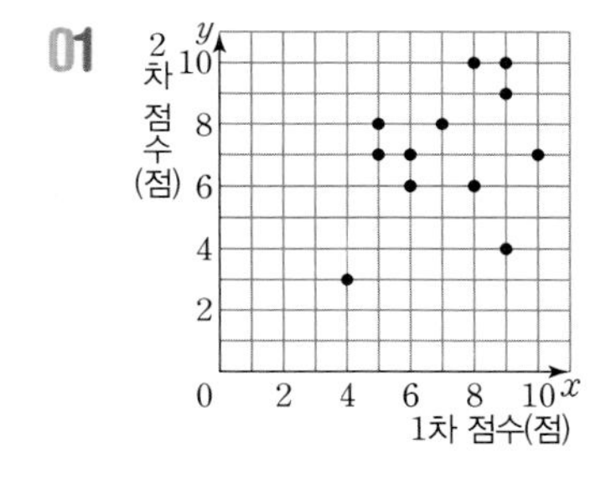

02 ⑤ 1차 점수와 2차 점수가 모두 8점 이상인 학생은 3명이다.

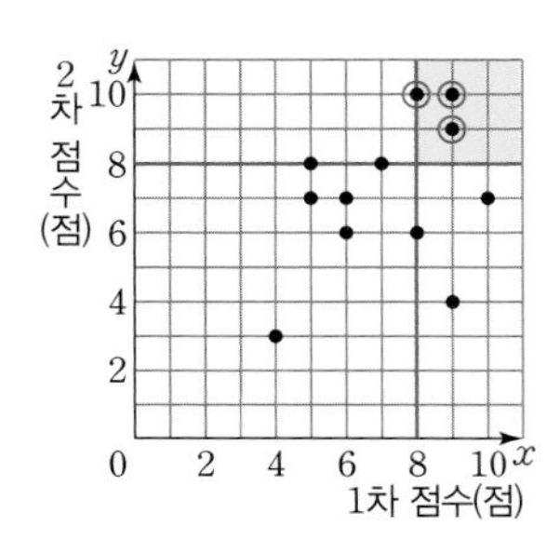

03 직선 $y=x$를 기준으로 색칠한 영역에 속한 학생이 2차 점수보다 1차 점수가 높은 학생이다.

따라서 해당하는 학생은 4명이다.

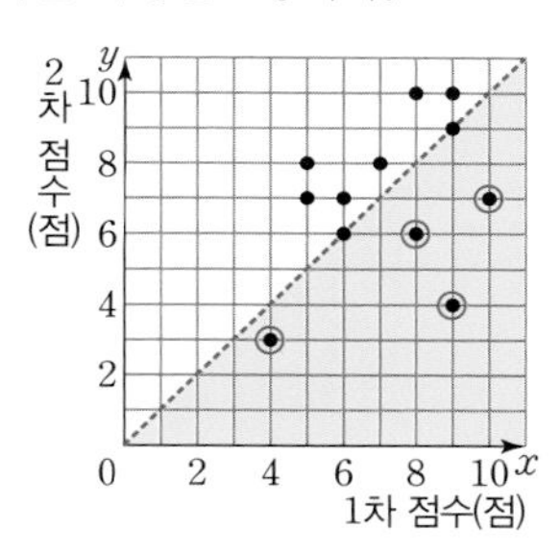

04 ③ 산점도의 각 점이 어떤 년도의 설문결과인지는 주어지지 않았으므로 매해 비율이 증가했다고 할 수 없다.

실제로 설문조사 결과는 2009년 (26.5, 11.0), 2010년 (26.0, 11.0)로 감소하는 경우도 있다.

주어진 산점도는 두 변수 사이의 관계, 즉 "아침식사를 잘 하지 않는다."고 응답한 청소년의 비율과 "가당음료를 자주 마신다."고 응답한 학생의 비율이 양의 상관관계가 있다는 정보는 주지만 매해 비율이 증가하였는지에 대한 정보는 제공하지 않는다.

참고

⑤ x축의 눈금의 크기와 y축의 눈금의 크기가 다른 경우 주의해서 살펴보아야 한다.

05 각 점의 x좌표의 값의 평균을 구하면 된다.

$$\frac{1}{10}\times(24.5+25+26+26.5+27.5+28+29+30+33+34.5)$$

$$=\frac{1}{10}\times 284=28.4(\%)$$

따라서 평균은 28.4%이다.

06 "가당음료를 자주 마신다."라고 응답한 청소년의 비율은 y좌표이므로 y좌표 12개를 크기순으로 나열한 후 여섯 번째 값과 일곱 번째 값의 평균을 구하면 된다.

이때 y좌표를 크기순으로 나열하면 10.5, 11, 11, 11, 13, 15, 15.5, 17, 21.5, 21.5, 25.5, 25.5이므로 여섯 번째 값과 일곱 번째 값의 평균을 구하면

$\frac{15+15.5}{2}=15.25\ (\%)$이다.

따라서 중앙값은 15.25 %이다.

07 다음과 같이 합이 일정한 직선을 그어 확인할 수 있다.

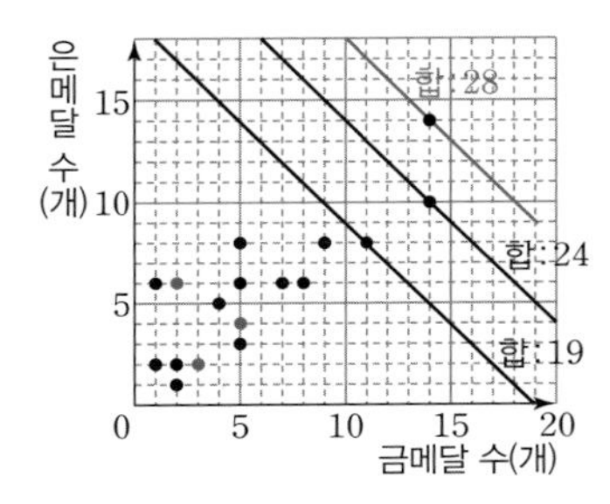

따라서 금메달의 수와 은메달의 수의 합이 가장 큰 점의 좌표는 $(14,\ 14)$이고 그때의 메달 수의 합은 $14+14=28$이다.

08 다음과 같이 기준이 되는 직선 $y=x$를 그은 후 그 직선에서 가장 멀리 떨어져 있는 점을 찾아 구할 수 있다.

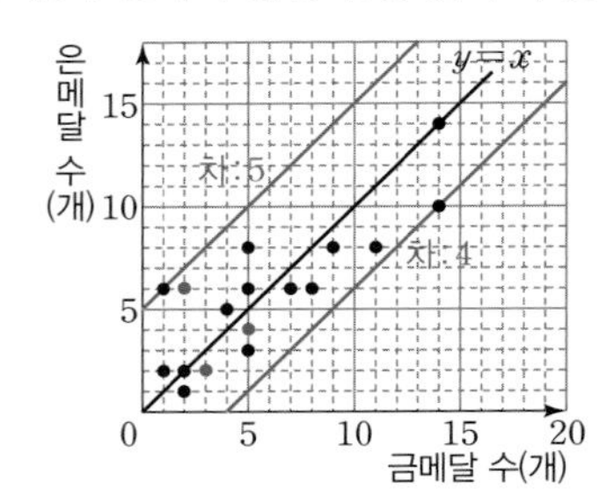

따라서 금메달의 수와 은메달의 수의 차가 가장 큰 점의 좌표는 $(1,\ 6)$이고 그때의 메달 수의 차는 $6-1=5$이다.

09 다음과 같이 기준이 되는 합이 10인 직선을 그은 후 합이 10개 이상인 나라의 수를 구할 수 있다.

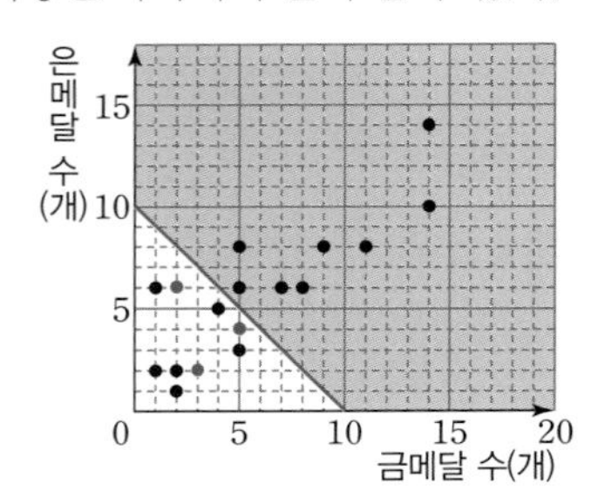

따라서 합이 10개 이상인 나라는 총 8개국이므로 그 비율은 $\frac{8}{17}$이다.

10 (1) [방법 1]로 순위를 결정하기 위해서는 세 점의 x좌표의 크기를 비교하면 된다.
C의 x좌표가 가장 크고 A의 x좌표가 가장 작으므로 C, B, A이다.

(2) [방법 2]로 순위를 결정하기 위해서는 각 점의 x좌표와 y좌표의 합을 비교하면 된다.

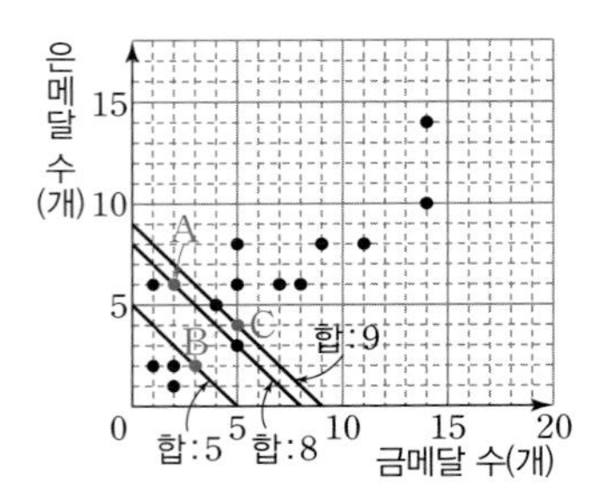

세 점 A, B, C와 x좌표와 y좌표의 합이 같은 직선을 각각 그어보면 위의 그림과 같다.
따라서 합이 가장 큰 점은 C이고 합이 가장 작은 점은 B이다.
따라서 세 점의 순위는 C, A, B이다.

11 2020년의 독서량을 x권, 2021년의 독서량을 y권이라 하면 $\frac{x+y}{2}\geq 15$, 즉 $x+y\geq 30$인 학생 수를 구하면 된다.
x좌표와 y좌표의 합이 30 이상인 영역은 다음 그림과 같다.

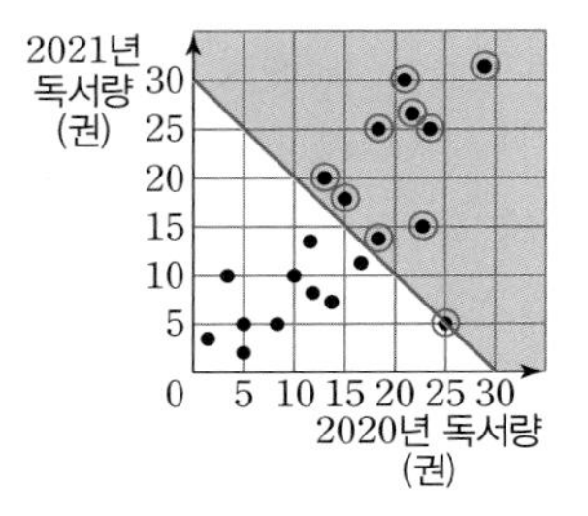

따라서 색칠한 영역에 속하는 점의 개수는 10개이므로 2020년과 2021년의 독서량의 평균이 15권 이상인 학생은 10명이다.

12 좌우 시력의 차가 0.4 디옵터 이상이 되는 영역은 다음 그림과 같다.

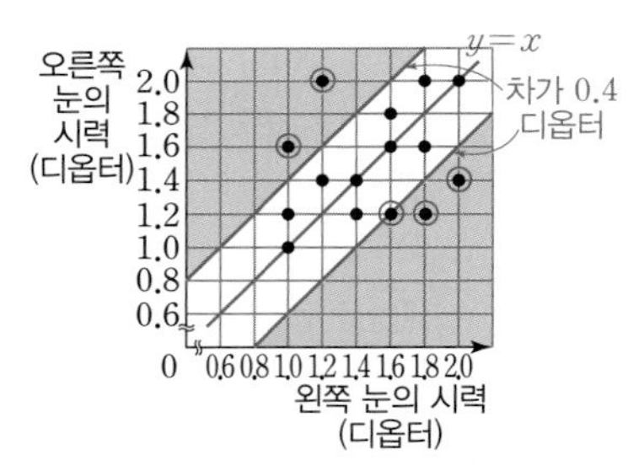

따라서 색칠한 영역에 속하는 점이 5개이므로 좌우 시력의 차가 0.4 디옵터 이상인 것은 5명이다.
따라서 안과진료를 권유받은 비율은 $\frac{5}{15}=\frac{1}{3}$이다.

13 주어진 산점도는 두 변량 사이에 음의 상관관계가 있는 산점도이다.

ㄱ. 머리 길이와 수학점수 : 상관관계가 없다.
ㄴ. 게임 시간과 독서 시간 : 음의 상관관계
ㄷ. 최고기온과 아이스크림 판매량 : 양의 상관관계
따라서 두 변량 사이에 음의 상관관계가 있는 것은 ㄴ이다.

14 가격과 수요량 : 음의 상관관계
가격과 공급량 : 양의 상관관계
과시를 위한 제품의 가격과 그 제품에 대한 수요 : 양의 상관관계
따라서 양의 상관관계가 있는 것은 ㄴ, ㄷ이다.

15 양의 상관관계 : ④
음의 상관관계 : ②, ③
상관관계가 없다. : ①, ⑤

16 ①, ②, ③ : 상관관계가 없다.
④ : 음의 상관관계
⑤ : 양의 상관관계

17 ①

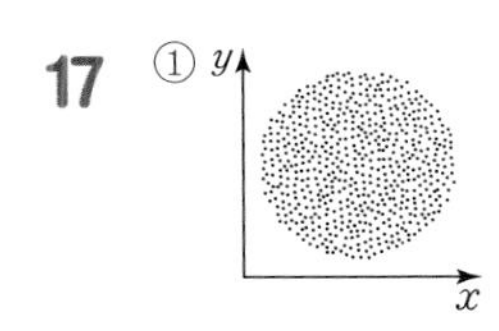

② 중복되는 자료가 있는 경우 점이 중복되므로 산점도의 점 개수가 자료의 개수보다 적을 수 있다.

③

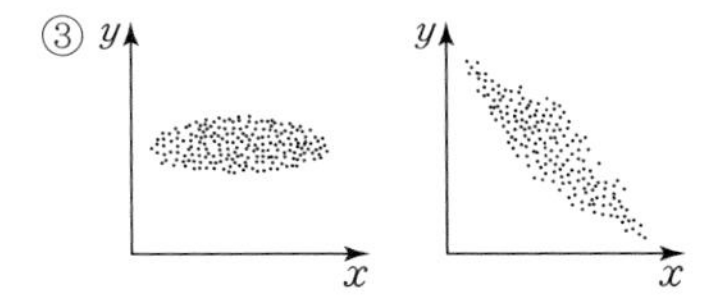

상관관계가 없거나 음의 상관관계가 있는 경우도 있다.

④ 일반적으로 직선에 가까이 모여 있을수록 상관관계가 강하다. 직선의 모양에 따라 상관관계가 없을 수도 있다.

⑤

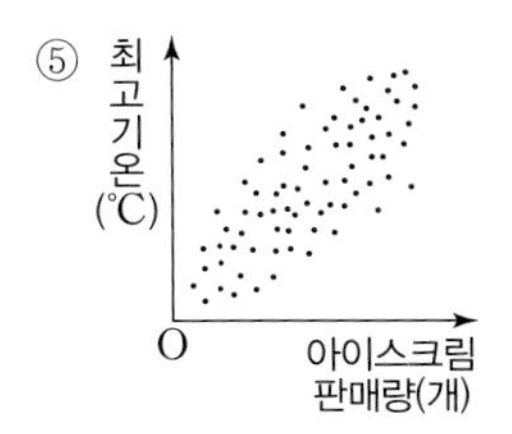

위와 같이 아이스크림 판매량과 최고기온 사이에는 양의 상관관계가 있지만 아이스크림 판매량이 증가했기 때문에 최고기온이 높아진 것은 아니다.

따라서 옳은 것은 ②이다.

18

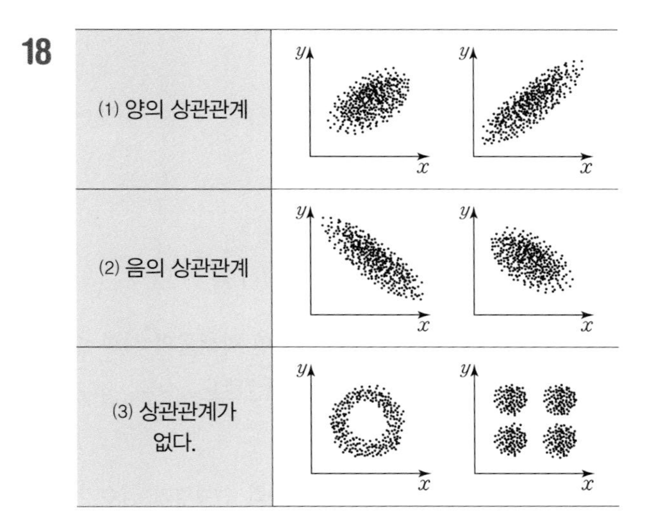

(1) 양의 상관관계		
(2) 음의 상관관계		
(3) 상관관계가 없다.		

19 산점도를 통해 수학점수와 국어점수 사이에는 양의 상관관계가 있음을 확인할 수 있다.
ㄱ. 점들이 대체로 오른쪽 위로 향하는 직선 주위에 모여 있다. (참)
ㄴ. 수학점수가 높은 학생이 대체로 국어점수도 높다. (참)
ㄷ. 게임시간과 국어점수 사이에는 음의 상관관계가 있다. (거짓)
따라서 바르게 해석한 내용은 ㄱ, ㄴ이다.

20 ① 수학점수와 국어점수 사이에는 양의 상관관계가 있다.
② A는 수학점수에 비해 국어점수가 높은 편이다.
③ B는 C보다 국어점수와 수학점수가 모두 높다.
④ A, B, C, D 네 명의 학생 중 두 점수의 합이 가장 큰 학생은 B이다.
따라서 옳은 것은 ⑤이다.

21 ㄱ. 300명의 점수를 조사하여 나타냈는데 점의 개수는 300개가 되지 않으므로 중복되는 점이 있다.
즉, 국어점수도 같고 수학점수도 같은 학생들이 있다. (참)
ㄴ. C의 수학점수가 더 높아질 경우 C가 직선에서 더 멀어지므로 점들이 더 흩어진다.
따라서 더 약한 상관관계가 나타난다. (거짓)
ㄷ. 점 D가 직선에서 가장 멀리 떨어져 있으므로 점 D가 빠진다면 점들이 직선에 더 가까이 모여 있게 되고 더 강한 상관관계가 나타난다. (참)
따라서 바르게 해석한 내용은 ㄱ, ㄷ이다.

22

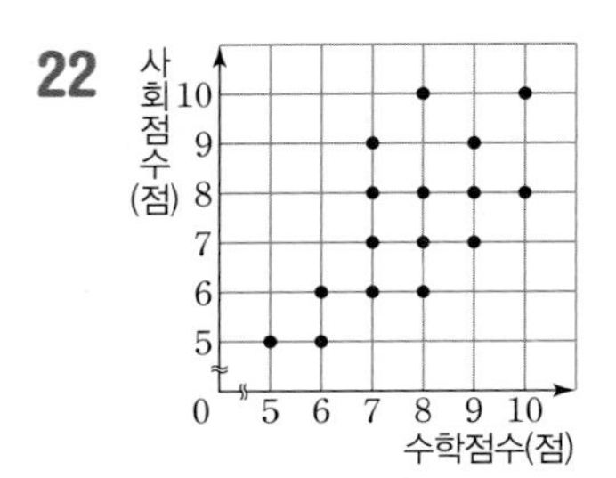

23 ③ 수학 수행평가 점수가 8점인 학생들의 사회 수행평가 점수의 평균은 $\frac{10+8+7+6}{4}=7.75$(점)으로 8점 이하이다.

④ 수학 수행평가 점수보다 사회 수행평가 점수가 높은 학생은 3명이다.

따라서 옳지 않은 것은 ④이다.

24 ① 대체로 수학 수행평가 점수가 높을수록 사회 수행평가 점수가 높다.

② 두 점수의 평균이 8점인 학생은 3명이다.

④ 두 점수의 합이 가장 적은 경우는 10점으로 1명이다.

⑤ 두 변량 사이의 상관관계와 수학점수와 과학점수 사이의 상관관계 모두 양의 상관관계이다.

따라서 옳은 것은 ③이다.

기출 예상 문제

본문 78~79쪽

01 ⑤	**02** ②	**03** 6.5 mm		**04** ②
05 ③	**06** ②	**07** ④	**08** ③	**09** ②
10 풀이 참조		**11** ③	**12** 상관관계가 없다.	

01 ① x좌표가 가장 큰 점과 가장 작은 점의 x좌표는 각각 30, 10이므로 두께가 가장 두꺼운 책과 얇은 책의 두께는 20 mm 차이난다.

② y좌표가 가장 큰 점과 가장 작은 점의 y좌표는 각각 1250, 600이므로 무게가 가장 무거운 책과 가벼운 책의 무게는 650 g 차이난다.

③ 두께가 30 mm로 가장 두꺼운 책이 무게가 1250 g으로 가장 무겁다.

④ 두께는 10 mm로 같지만 무게가 600 g, 700 g으로 다른 책이 있다.

⑤ 무게가 700 g으로 같지만 두께는 10 mm, 13 mm로 다른 책이 있다.

따라서 옳지 않은 것은 ⑤이다.

02

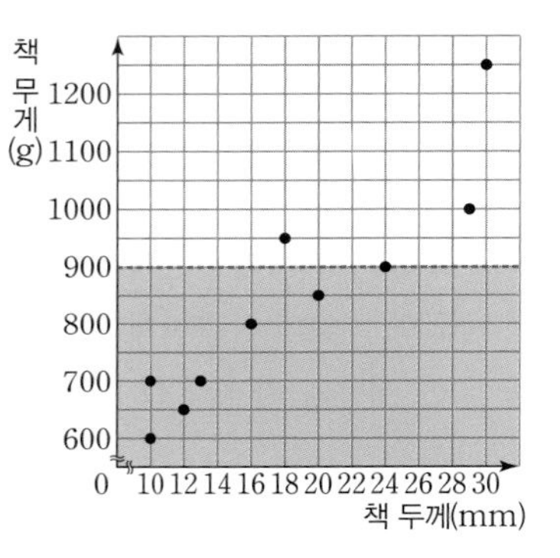

색칠한 영역이 무게가 900 g 미만인 책들이 속하는 영역이다.

색칠한 영역에 속하는 점 6개의 x좌표의 평균을 구하면

$$\frac{10+10+12+13+16+20}{6}$$

$$=\frac{81}{6}=\frac{27}{2}=13.5(\text{mm})$$

따라서 무게가 900 g 미만인 책들의 두께의 평균은 13.5 mm이다.

03 두께가 평균(13.5 mm)보다 작은 책들 중 평균에서 가장 멀리 떨어져 있는 책의 두께는 10 mm이고 그때의 편차는 −3.5 mm이다.

두께가 평균(13.5 mm)보다 큰 책들 중 평균에서 가장 멀리 떨어져 있는 책의 두께는 20 mm이고 그때의 편차는 6.5 mm이다.

따라서 평균에서 가장 멀리 떨어져 있는 책의 두께의 편차는 6.5 mm이다.

04 소묘 점수와 수채화 점수의 합이 14점 이상 16점 이하인 영역은 다음과 같다.

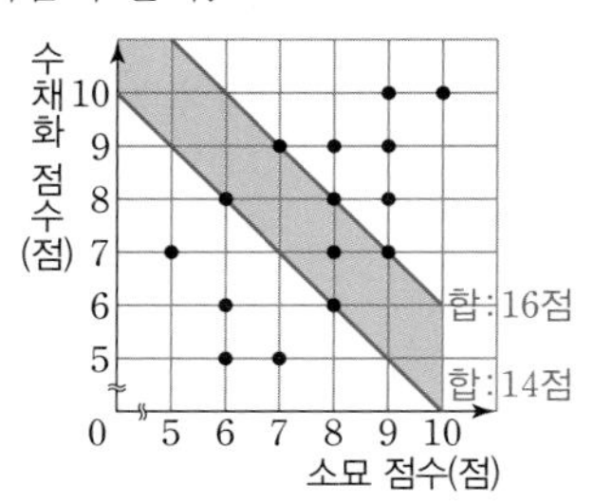

해당하는 영역에 속하는 학생들은 모두 6명이므로 그 비율은 $\frac{6}{15}=\frac{2}{5}$

05 점수의 차가 1점인 학생과 2점인 학생을 산점도에서 연결하면 다음과 같다.

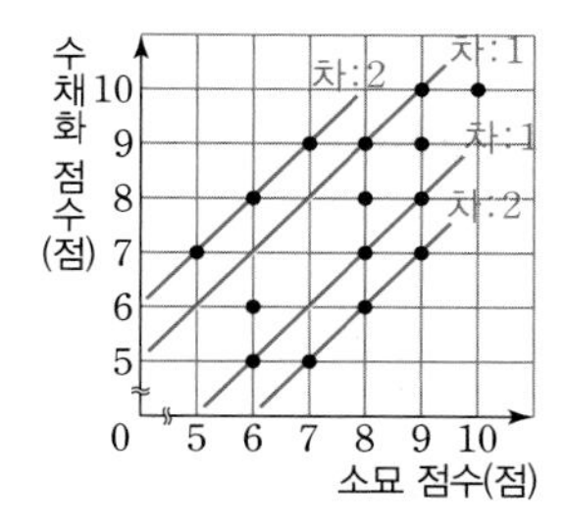

따라서 점수의 차가 1점인 학생은 5명, 2점인 학생은 6명이므로 $a=5$, $b=6$

$a-b=5-6=-1$

06 점수의 합이 같은 점을 연결하면 다음과 같다.

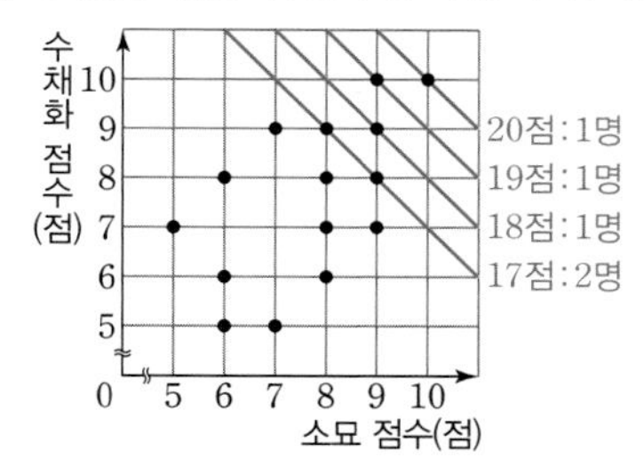

점수의 합이 상위 5명에 속하는 학생들은 점수의 합이 17점 이상인 학생들이다.

따라서 점수의 합이 최소 17점 이상인 학생들의 작품이 전시된다.

07 ㄱ. 음식 열량과 지방 : 양의 상관관계

ㄴ. 겨울철 기온과 난방비 : 음의 상관관계

ㄷ. 공부 시간과 평균 점수 : 양의 상관관계

08 양의 상관관계 : ①, ②, ④

음의 상관관계 : ③

상관관계가 없다. : ⑤

09

분류	양의 상관관계	음의 상관관계	ⓐ 상관관계가 없다.
예시	ⓑ 학습 시간과 성적	ⓒ 근로시간과 여가시간 등	머리 길이와 기억력
산점도	ⓓ	ⓔ	

10

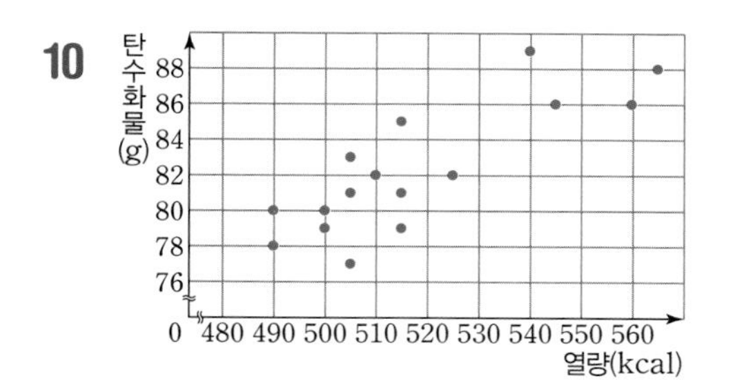

11 ③ 열량의 최빈값은 505 kcal, 515 kcal이다.

12 두 변량 사이의 산점도를 그리면 다음과 같다.

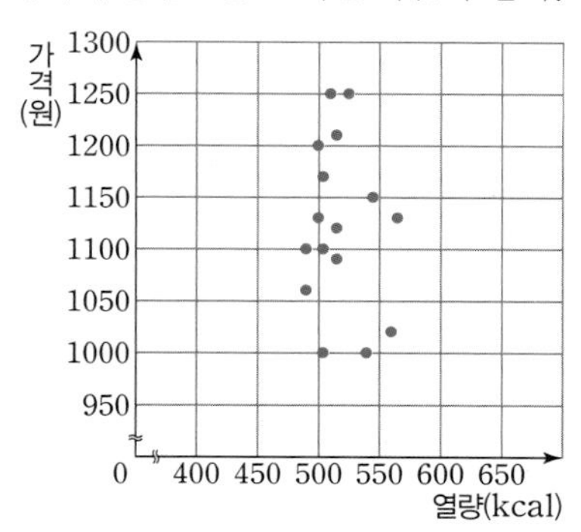

따라서 두 변량 사이에는 상관관계가 없다.

고난도 집중 연습

본문 80~81쪽

1 16명 **1-1** 4명 **2** 80점 **2-1** 45점

3 양의 상관관계, 양의 상관관계

3-1 음의 상관관계 **4** C **4-1** B

1

풀이 전략 x좌표와 y좌표 중 하나라도 10 이상인 영역을 표시한다.

두 번 중 한 번이라도 팔굽혀펴기를 10개 이상 한 학생은 산점도에서 x좌표 또는 y좌표가 10 이상인 학생이므로 해당 영역은 다음과 같다.

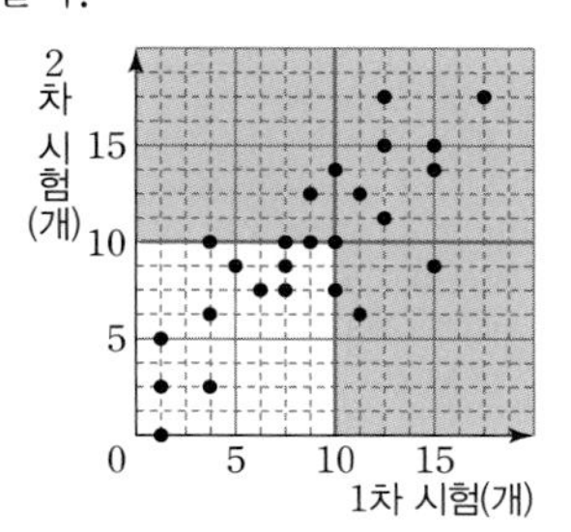

이 영역에 속하는 점은 16개이므로 두 번 중 한 번이라도 팔굽혀펴기를 10개 이상 한 학생은 16명이다.

1-1

풀이 전략 x좌표와 y좌표가 모두 5 이하인 영역을 표시한다.

두 번 모두 팔굽혀펴기를 5개 이하로 한 학생은 산점도에서 x좌표와 y좌표가 모두 5 이하인 학생이므로 해당 영역은 다음과 같다.

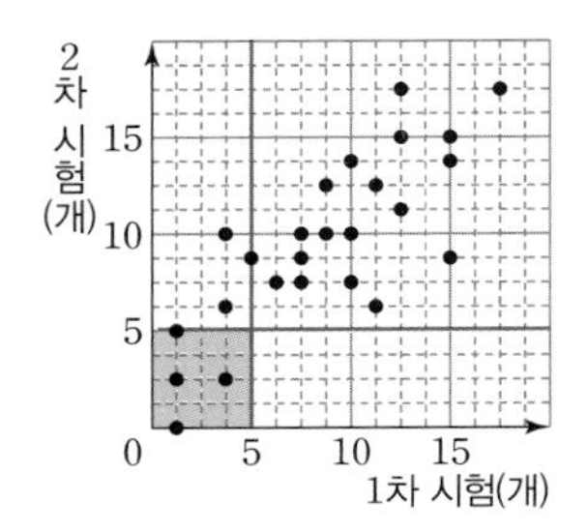

이 영역에 속하는 점은 4개이므로 특별 보충수업을 받는 학생은 4명이다.

2

풀이 전략 먼저 15 %에 해당하는 학생 수를 구한 후 x좌표와 y좌표의 합이 일정한 선을 그어 확인한다.

40명의 15 %는 $40\times0.15=6$(명)이다.

이때 x좌표와 y좌표의 합이 일정한 선을 그은 후 상위 6명을 표시해보면 다음과 같다.

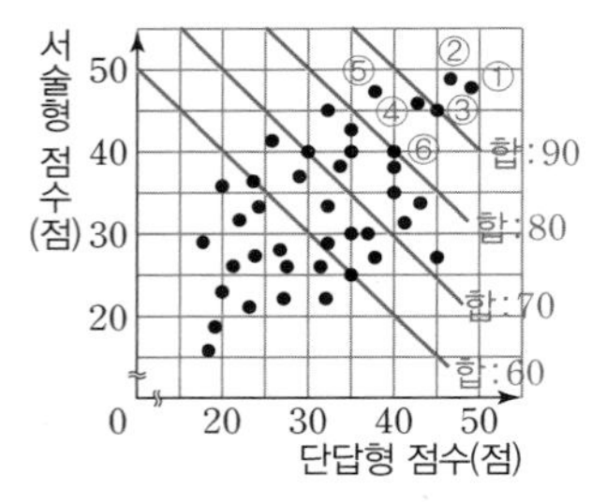

따라서 우수자 표창을 받는 학생은 단답형 점수와 서술형 점수를 합쳐서 80점 이상인 학생이다.

2-1

풀이 전략 먼저 20 %에 해당하는 지원자 수를 구한 후 x좌표와 y좌표의 합이 일정한 선을 그어 확인한다.

20명의 20 %는 $20\times0.2=4$(명)이다.

이때 x좌표와 y좌표의 합이 일정한 선을 그은 후 상위 4명을 표시해보면 다음과 같다.

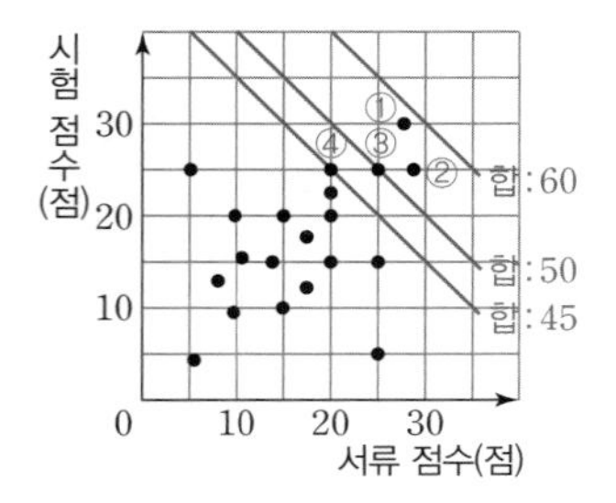

따라서 최종면접 대상자의 커트라인이 되는 점수의 합은 45점이다.

3

풀이 전략 <B> 산점도를 먼저 완성한 후 <A>와 어떤 관계가 있는지 살펴본다.

<B> 산점도를 완성하면 다음과 같은 형태이다.

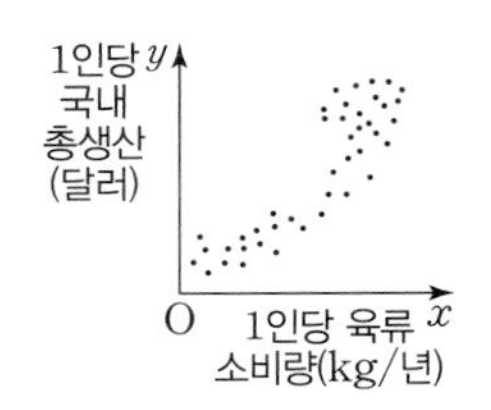

따라서 <A>, <B> 모두 양의 상관관계가 나타남을 확인할 수 있다.

참고

위와 같이 x좌표, y좌표가 바뀌더라도 상관관계는 변하지 않는다.

3-1

풀이 전략 <B> 산점도를 먼저 완성한 후 <A>와 어떤 관계가 있는지 살펴본다.

<B> 산점도를 완성하면 다음과 같은 형태이다.

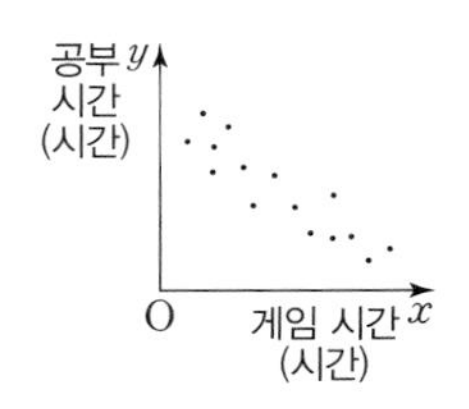

따라서 <B>는 음의 상관관계가 나타남을 확인할 수 있다.

4

풀이 전략 출전 경기 수에 비해 안타 수가 많은 선수가 좌표평면에선 어떤 특징을 가지는지 살펴본다.

출전 경기 수에 비해 안타 수가 많기 위해서는 출전 경기 수는 적고 안타 수는 커야 한다.

이때 x좌표가 안타 수이며 y좌표가 출전 경기 수이므로 원점과 연결한 직선의 기울기인 $\frac{y}{x}$에서 y는 작고 x는 커야 한다.

즉, 원점과 연결했을 때 기울기가 작을수록 출전 경기 수에 비해 안타 수가 많다.

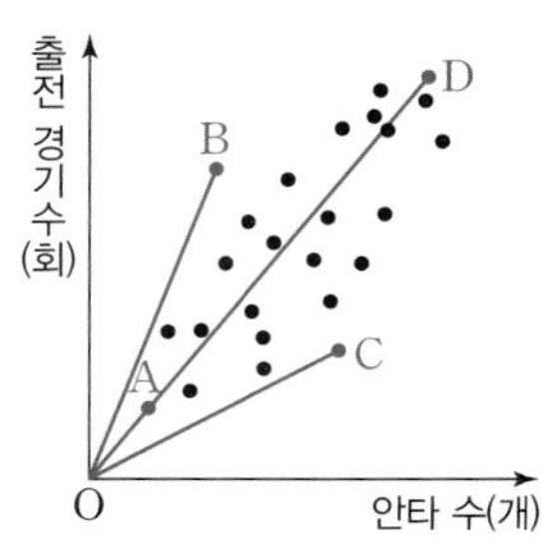

따라서 A, B, C, D 중 출전 경기 수에 비해 안타 수가 가장

많은 선수는 C이다.

4-1

풀이 전략 출전 경기 수에 비해 안타 수가 적은 선수가 좌표평면에선 어떤 특징을 가지는지 살펴본다.

출전 경기 수에 비해 안타 수가 적기 위해서는 출전 경기 수는 많고 안타 수는 적어야 한다.

이때 x좌표가 안타 수이며 y좌표가 출전 경기 수이므로 원점과 연결한 직선의 기울기인 $\frac{y}{x}$에서 y는 크고 x는 작아야 한다.

즉, 원점과 연결했을 때 기울기가 클수록 출전 경기 수에 비해 안타 수가 적다.

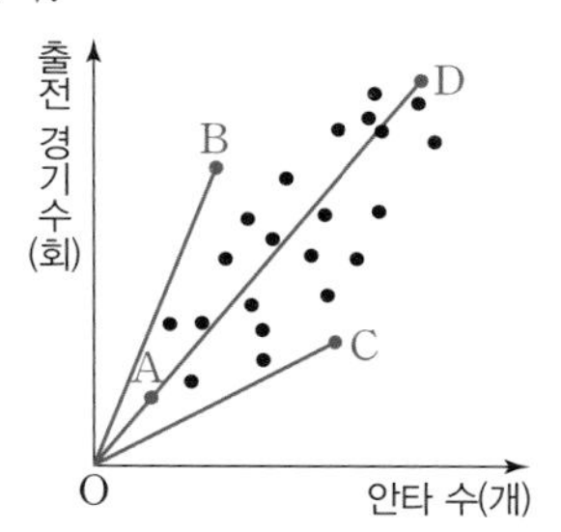

따라서 A, B, C, D 중 출전 경기 수에 비해 안타 수가 가장 적은 선수는 B이다.

서술형 집중 연습

본문 82~83쪽

예제 1 4권 **유제 1** 8.6분

예제 2 75점 **유제 2** 20점

예제 3 음의 상관관계, 높다

유제 3 음의 상관관계, 많다

예제 4 풀이참조, 음의 상관관계

유제 4 풀이참조, 음의 상관관계

예제 1

등교하는 데 걸리는 시간이 7분 이상 10분 이하인 학생들이 속하는 영역은 다음과 같다.

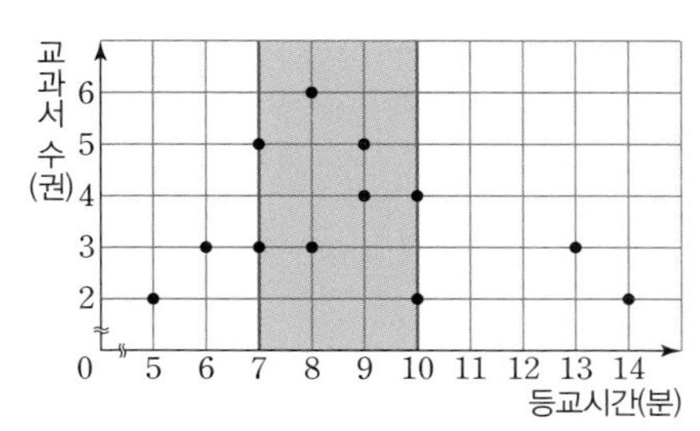

등교하는 데 걸리는 시간이 7분 이상 10분 이하인 학생은 총 [8]명이다. ··· 1단계

교과서 수의 평균을 구하기 위해 이 영역에 속하는 점 [8]개의 y좌표의 평균을 구하자.

y좌표의 총합이 [32]권이므로 평균은 [4]권이다.

따라서 등교하는 데 걸리는 시간이 7분 이상 10분 이하인 학생들의 교과서 수의 평균은 [4]권이다. ··· 2단계

채점 기준표

단계	채점 기준	비율
1단계	산점도를 통해 해당 조건을 만족하는 학생 구하기	60 %
2단계	교과서 수의 평균 구하기	40 %

유제 1

가방에 넣고 다니는 교과서의 수가 4권 이상인 학생들이 속하는 영역은 다음과 같다.

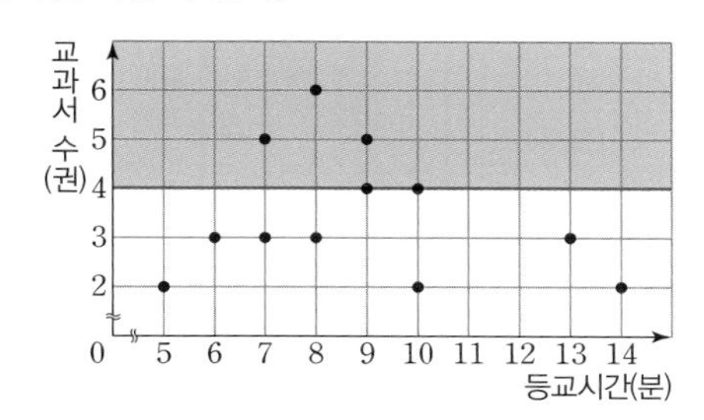

가방에 넣고 다니는 교과서의 수가 4권 이상인 학생은 총 5명이다. ··· 1단계

이들의 등교시간의 평균을 구하기 위해 이 영역에 속하는 점들의 x좌표의 평균을 구하자.

$$\frac{7+8+9\times2+10}{5}=\frac{43}{5}=8.6(\text{분})$$

따라서 교과서의 수가 4권 이상인 학생들의 등교시간의 평균은 8.6분이다. ··· 2단계

채점 기준표

단계	채점 기준	비율
1단계	산점도를 통해 해당 조건을 만족하는 학생 구하기	60 %
2단계	등교시간의 평균 구하기	40 %

예제 2

탈락하지 않은 사람들이 속하는 영역을 색칠하면 다음과 같다.

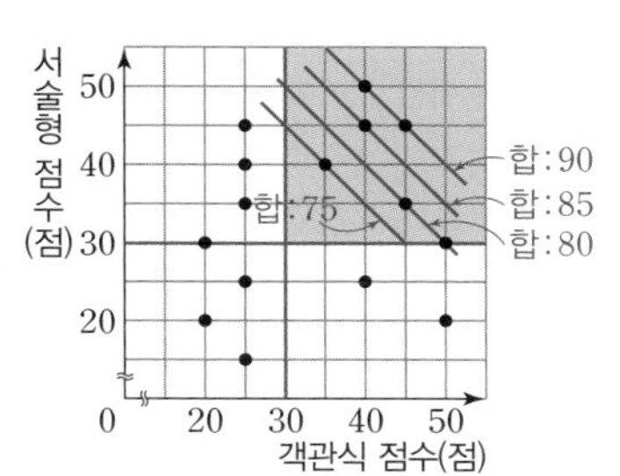

··· 1단계

이때 합이 같은 점을 연결한 선을 그어보면 탈락하지 않은 사람 중 객관식 점수와 서술형 점수의 합이 가장 작은 사람의 점수의 합은 [75]점이다. ••• 2단계

채점 기준표

단계	채점 기준	비율
1단계	탈락하지 않은 사람 구하기	40 %
2단계	탈락하지 않은 사람 중 합이 가장 작은 사람 구하기	60 %

유제 2

탈락하지 않은 사람들이 속하는 영역을 색칠하면 다음과 같다.

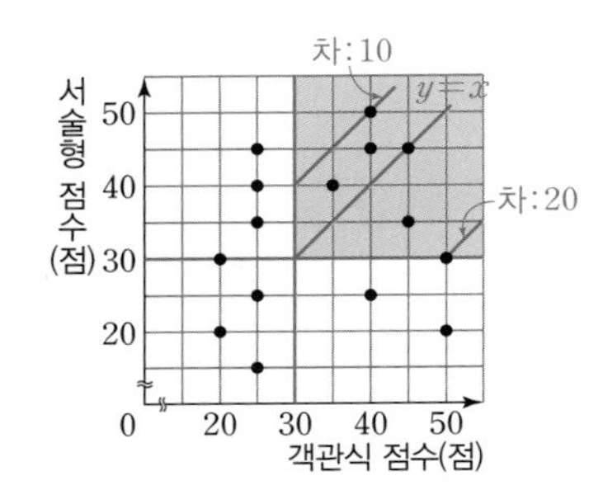

••• 1단계

이때 차가 같은 점을 연결한 선을 그어보면 탈락하지 않은 사람 중 객관식 점수와 서술형 점수의 차가 가장 큰 사람의 점수의 차는 20점이다. ••• 2단계

채점 기준표

단계	채점 기준	비율
1단계	탈락하지 않은 사람 구하기	40 %
2단계	탈락하지 않은 사람 중 차가 가장 큰 사람 구하기	60 %

예제 3

완주기록과 레이싱 점수 사이의 상관관계는 [음의 상관관계]이다. ••• 1단계

대체로 완주기록이 좋을수록 레이싱 점수는 [높다]고 할 수 있다. ••• 2단계

채점 기준표

단계	채점 기준	비율
1단계	상관관계 구하기	50 %
2단계	레이싱 점수가 어떻게 변할지 예측하기	50 %

유제 3

50m 달리기 기록과 윗몸일으키기 횟수 사이의 상관관계는 음의 상관관계이다. ••• 1단계

대체로 50m 달리기 기록이 좋을수록 윗몸일으키기 횟수는 많다고 할 수 있다. ••• 2단계

채점 기준표

단계	채점 기준	비율
1단계	상관관계 구하기	50 %
2단계	윗몸일으키기 횟수가 어떻게 변할지 예측하기	50 %

예제 4

산점도를 완성하면 다음과 같다.

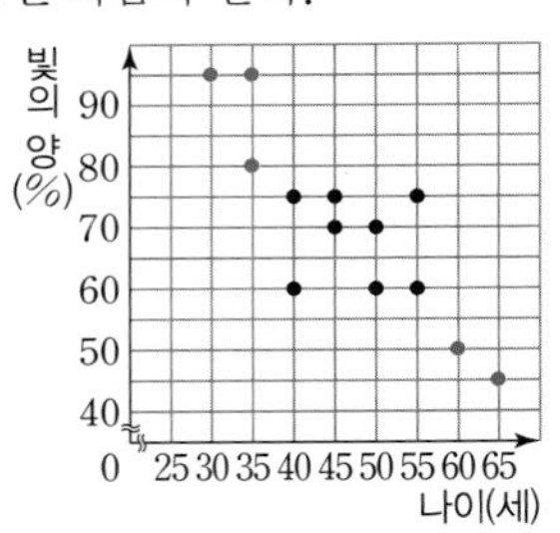

••• 1단계

따라서 나이와 망막까지 도달하는 빛의 양 사이의 상관관계는 [음의 상관관계]이다. ••• 2단계

채점 기준표

단계	채점 기준	비율
1단계	산점도 완성하기	60 %
2단계	상관관계 구하기	40 %

유제 4

산점도를 완성하면 다음과 같다.

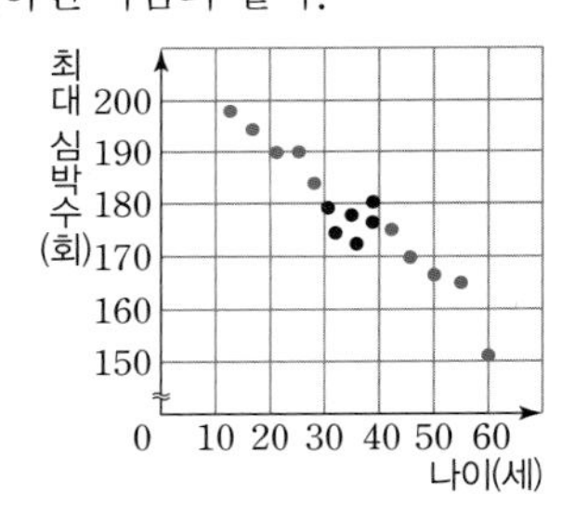

••• 1단계

따라서 나이와 최대 심박수 사이의 상관관계는 음의 상관관계이다. ••• 2단계

채점 기준표

단계	채점 기준	비율
1단계	산점도 완성하기	60 %
2단계	상관관계 구하기	40 %

중단원 실전 테스트 1회

본문 84~86쪽

01 ⑤	02 ③	03 ④	04 ③	05 ②
06 ②	07 ④	08 ②	09 ②	10 ㄴ
11 ⑤	12 ⑤	13 50 %	14 85점	
15 풀이 참조		16 효진, 상관관계가 없다.		

01 수면시간은 y좌표로 표현되므로 적정 수면시간에 해당되는 영역을 표시하면 다음과 같다.

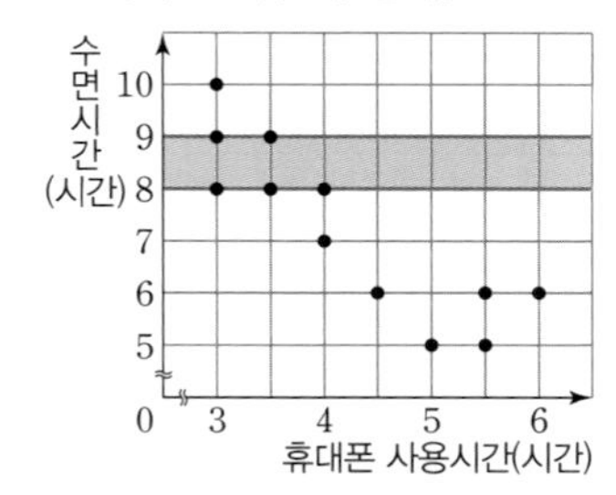

따라서 수면시간이 적정 수면시간에 해당하는 학생은 5명이다.

02 휴대폰 사용시간과 수면시간이 같아지는 직선은 다음과 같다.

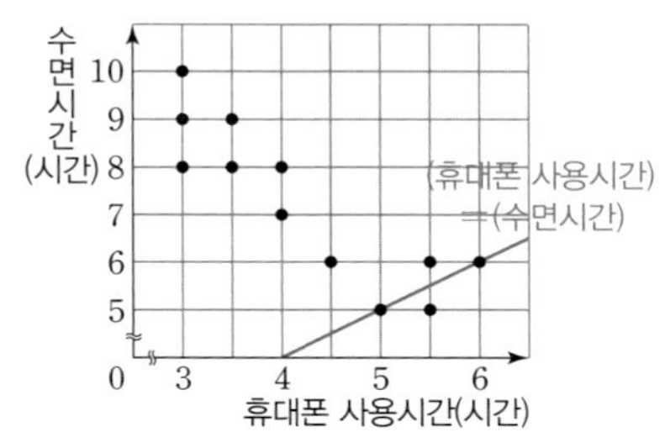

따라서 휴대폰 사용시간과 수면시간이 같은 학생 수는 2명이다.

03 듣기 영역 점수와 독해 영역 점수가 모두 40점 이상인 영역은 다음과 같다.

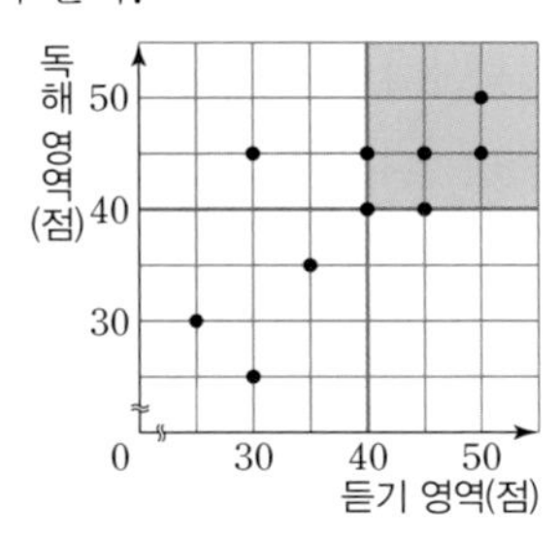

따라서 우수학생 수료증을 받는 학생 수는 6명이다.

04 ① 수영 기록은 x좌표를 비교하면 알 수 있다.
수영 기록이 가장 좋은, 즉 완주하는 데 걸린 시간이 짧은 사람은 A이다.

② 네 사람 중 수영과 자전거 기록의 합이 가장 낮은 사람은 B이다.

③ C의 기록의 합은 41분, D의 기록의 합은 40분 30초로 D의 기록이 더 좋다.
수영과 자전거 기록의 합이 같은 것은 A와 C이다.

④ A는 x좌표에 비해 y좌표가 크므로 자전거에 비해 수영 기록이 더 좋다.

⑤ D는 x좌표에 비해 y좌표가 작으므로 수영에 비해 자전거 기록이 더 좋다.

따라서 옳지 않은 것은 ③이다.

05 차가 21분인 선을 그으면 다음과 같다.

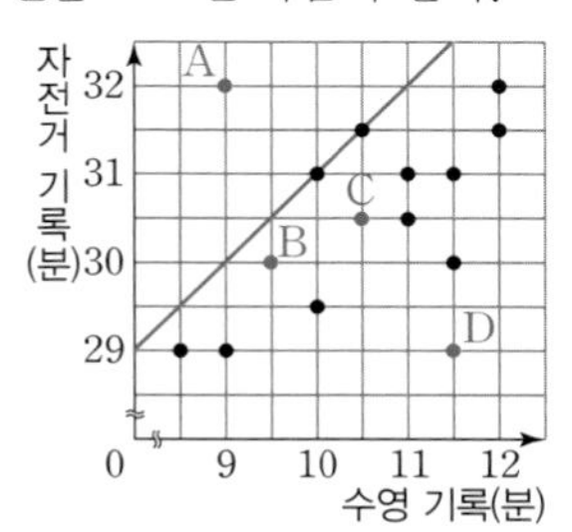

따라서 해당하는 선수의 수는 2명이다.

06 두 번 중 한 번이라도 6점 이하를 받은 학생이 속하는 영역은 다음과 같다.

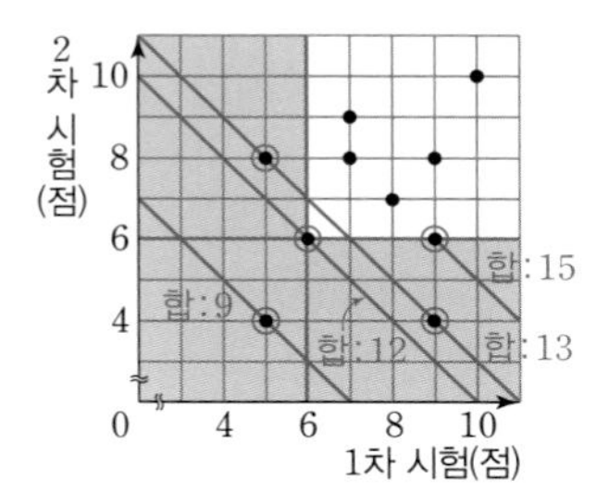

따라서 해당하는 학생은 5명이며 1차 점수와 2차 점수의 합이 9점인 학생 1명, 12점인 학생 1명, 13점인 학생 2명, 15점인 학생 1명이다.
이들의 평균을 구하면

$$\frac{9+12+13\times2+15}{5}=\frac{62}{5}=12.4(\text{점})$$

07 모기의 활동과 질병의 발병률, 한반도의 기온, 모기 알의 생존율, 모기의 서식지 사이에는 양의 상관관계가 있다.
모기의 활동과 강수량 사이에는 음의 상관관계가 있다.

08 모기의 활동과 습도, 모기의 활동과 기온 사이에는 모두 양의 상관관계가 있다.
이때 습도보다 기온이 더 큰 관련이 있다고 하였으므로 모기의 활동과 기온 사이의 산점도가 더 강한 상관관계, 즉 오른쪽 위로 향하는 직선에 더 모여 있는 모습의 산점도가 나타난다.
따라서 (ㄱ)은 ⓑ, (ㄴ)은 ⓐ이다.

09 주어진 산점도는 상관관계가 없다.
과자는 기온에 영향을 받지 않고 꾸준히 비슷한 양이 판매되므로 기온과 과자 판매량 사이에는 상관관계가 없다.
따라서 ㄱ－ㄷ이다.
양의 상관관계 : ㄱ－ㄴ, ㄴ－ㅁ
음의 상관관계 : ㄱ－ㄹ, ㄴ－ㄹ
상관관계가 없다. : ㄱ－ㄷ

10 ㄱ. 왼손의 악력과 오른손의 악력에는 양의 상관관계가 있다. (거짓)
ㄴ. 발의 크기와 키 사이의 상관관계 역시 양의 상관관계이다. (참)
ㄷ. 왼손의 악력이 커질수록 대체로 오른손의 악력은 커진다. (거짓)
따라서 옳은 것은 ㄴ이다.

11 ⑤ 고도가 550 m에 가까운 도시 중 평균기온이 12℃ 초과 13℃ 미만인 도시가 있다.
따라서 고도가 550 m 이상인 도시들의 평균기온은 13℃ 이하이다.

12 $\frac{(\text{평균 수명})}{(\text{평균 새끼 수})}$은 $\frac{(y\text{좌표})}{(x\text{좌표})}$이므로 각 점을 원점과 연결했을 때의 직선의 기울기와 관련지어 생각할 수 있다.
이때 다음과 같이 연결했을 때 B보다 직선의 기울기가 작은 점이 존재하므로 B보다 $\frac{(\text{평균 수명})}{(\text{평균 새끼 수})}$이 작은 점이 있다.

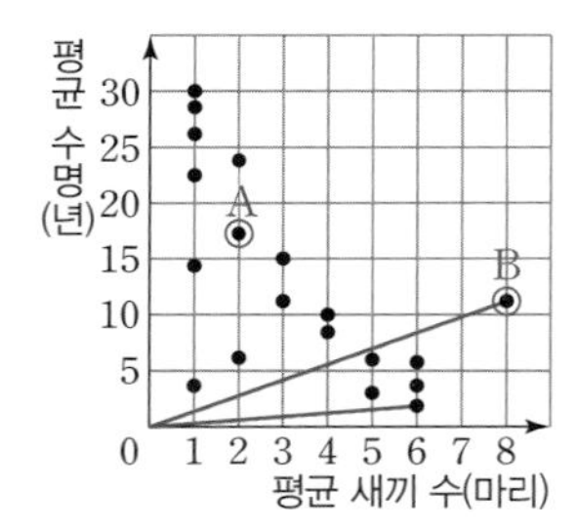

13 수확량이 35 kg 이상이고 나이가 10년 미만인 나무가 속하는 영역은 다음과 같다.

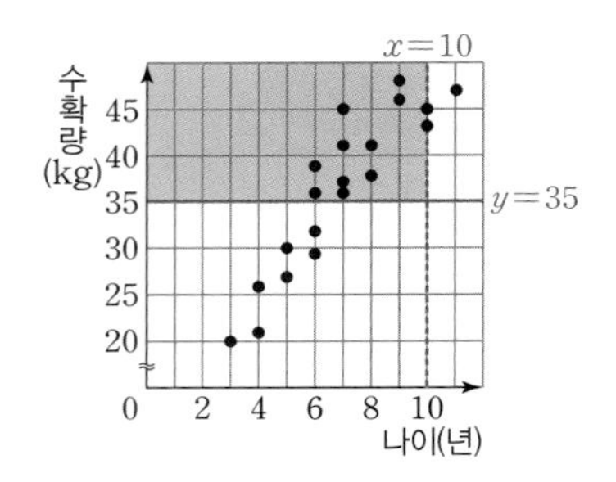

해당 영역에 속하는 나무의 수는 10그루이다. ••• 1단계

따라서 그 비율은 $\frac{10}{20}\times100=50\ (\%)$ ••• 2단계

채점 기준표

단계	채점 기준	비율
1단계	산점도를 통해 해당 조건을 만족하는 나무 수 구하기	60 %
2단계	비율 구하기	40 %

14 실제 점수가 목표 점수보다 높은 학생은 색칠한 영역에 속하는 학생이다.

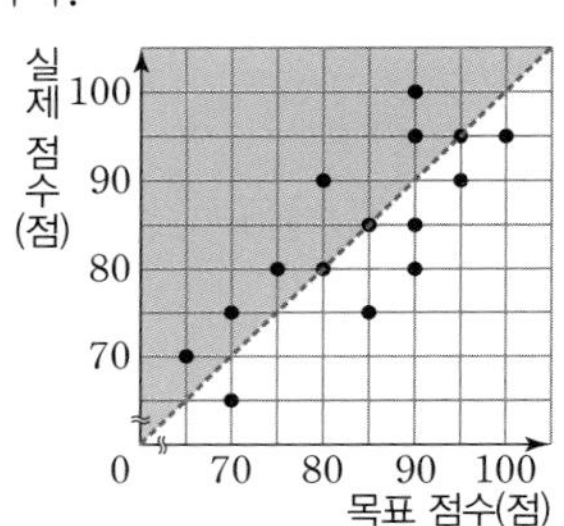

••• 1단계

이들의 실제 점수는 y좌표이므로 그 평균을 구하면

$$\frac{70+75+80+90+95+100}{6}=\frac{510}{6}=85(\text{점})$$

••• 2단계

채점 기준표

단계	채점 기준	비율
1단계	실제 점수가 목표 점수보다 높은 학생 구하기	40 %
2단계	실제 점수의 평균 구하기	60 %

15 배송 거리는 x좌표, 배송 요금은 y좌표이므로 다음과 같이 x좌표는 다르고 y좌표는 같은 점들이 가영이의 말을 뒷받침하는 예시가 된다. ••• 1단계

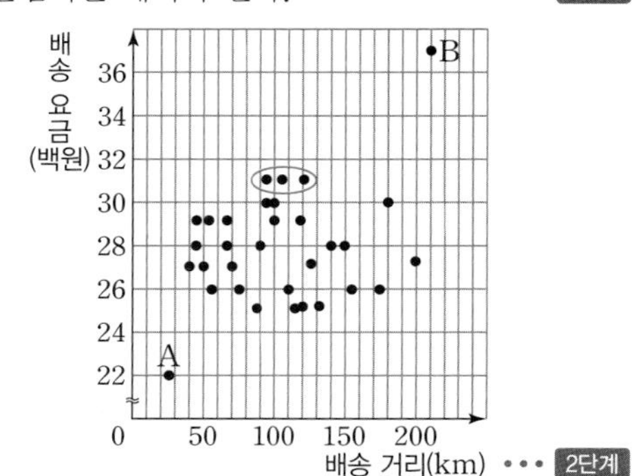

••• 2단계

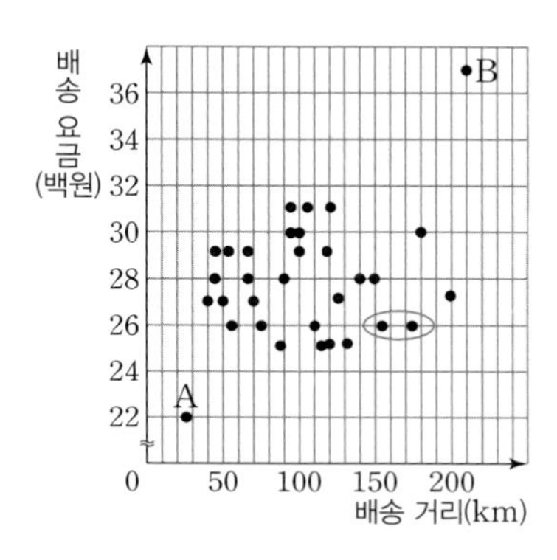

채점 기준표

단계	채점 기준	비율
1단계	x좌표는 다르고 y좌표는 같은 점이 예시라는 것 구하기	60 %
2단계	산점도에 올바로 표시하기	40 %

16 효진이는 옳은 말을 했다. ••• 1단계

극단적인 두 변량을 제외하면 배송 거리와 배송 요금 사이에는 상관관계가 없다. ••• 2단계

지원이와 나연이는 극단적인 두 점에 주목하여 전체적인 상관관계를 올바로 파악하지 못했다.

아영이는 상관관계를 잘못 파악하였으며, 상관관계를 인과관계로 잘못 해석하였다.

채점 기준표

단계	채점 기준	비율
1단계	옳은 말을 한 사람 찾기	50 %
2단계	상관관계 구하기	50 %

중단원 실전 테스트 2회

본문 87~89쪽

01 ② **02** ⑤ **03** ㄱ, ㄹ **04** ④ **05** ④
06 ⑤ **07** ⑤ **08** ④ **09** ⑤ **10** ②
11 ⑤ **12** ① **13** 85점 **14** 4.5시간
15 안타와 볼넷 또는 홈런과 삼진 **16** A

01

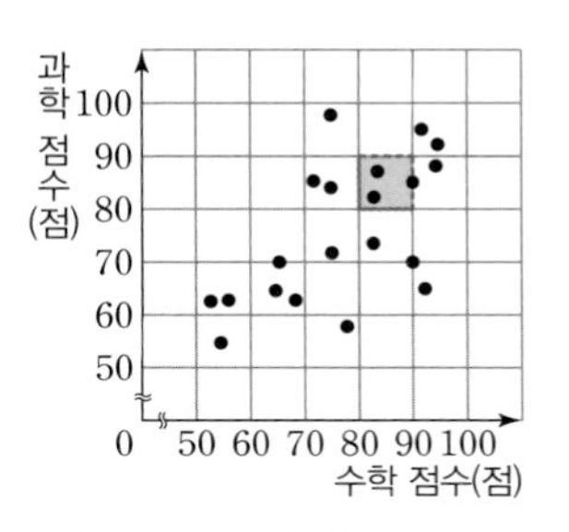

x좌표와 y좌표가 모두 80점 이상 90점 미만인 영역은 위와 같으며 해당 영역에 속하는 점의 개수는 2개이다. 따라서 수학 점수와 과학 점수가 모두 80점대인 학생은 2명이다.

02 중간고사보다 기말고사 평균점수가 상승한 학생은 다음 색칠한 영역에 속하는 학생이다.

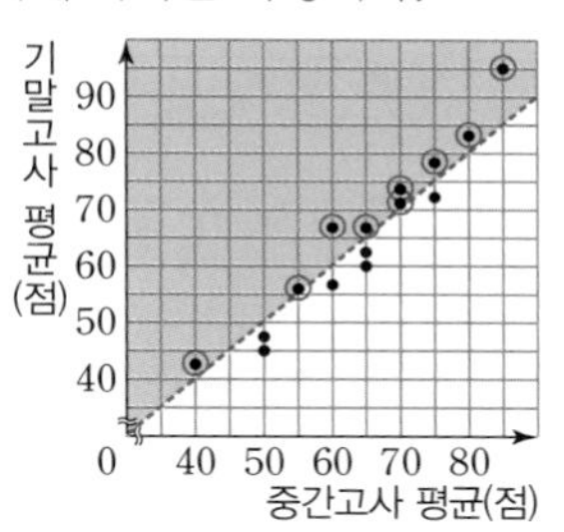

따라서 중간고사보다 기말고사 평균점수가 상승한 학생은 9명이다.

03 ㄱ. 포화지방의 양의 최빈값은 도수가 4인 7 g이다. (참)

ㄴ. 콜레스테롤 양의 최빈값은 도수가 3인 22 mg, 26 mg, 28 mg, 30 mg이다. (거짓)

ㄷ. 콜레스테롤 양의 중앙값은 크기순으로 나열했을 때, 열 번째와 열 한 번째의 평균인

$\frac{26+28}{2}=27$ (mg)이다. (거짓)

ㄹ. 포화지방의 양이 7 g 이상인 음식은 다음 색칠한 영역에 속하는 음식으로 총 13종이 있고 전체의

$\frac{13}{20}\times100=65$ (%)이다. (참)

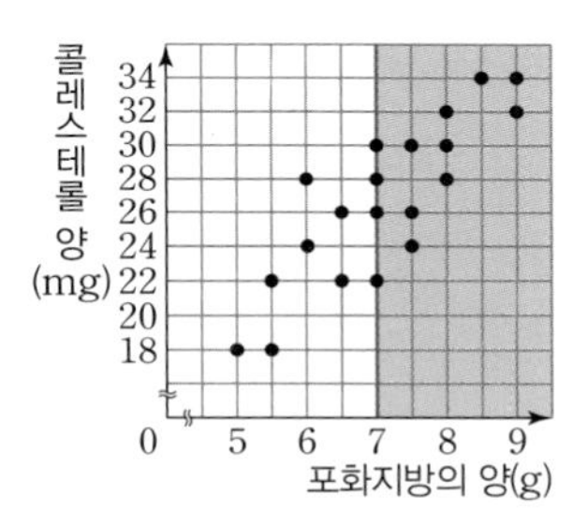

따라서 옳은 것은 ㄱ, ㄹ이다.

04 1차 시기와 2차 시기 기록의 합계가 103초 미만인 선수들은 다음 색칠한 영역에 속하는 선수들이다.

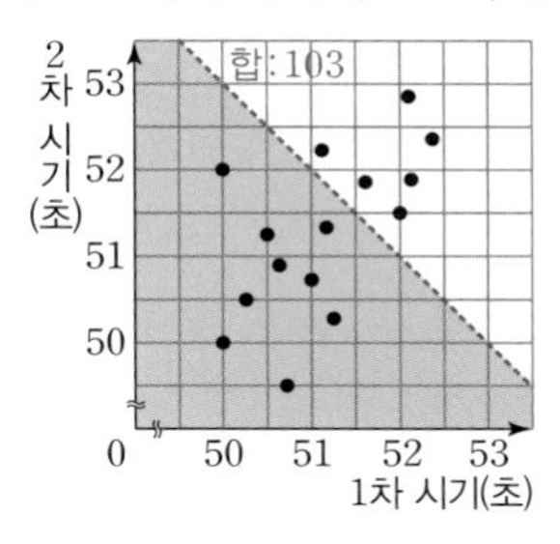

따라서 1차 시기와 2차 시기 기록의 합계가 103초 미만인 선수의 수는 9명이다.

05

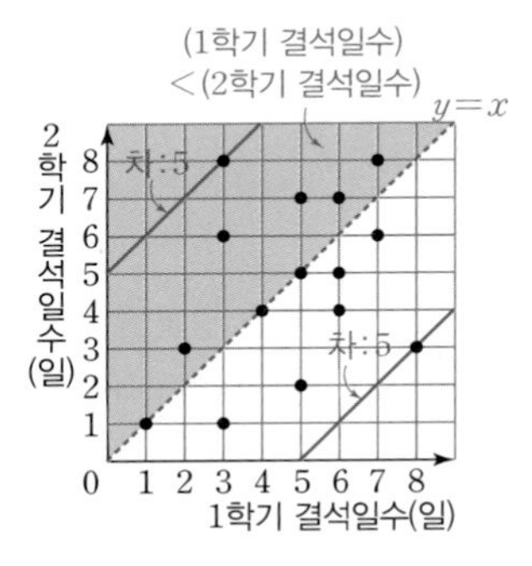

① 1학기보다 2학기에 더 많이 결석한 학생은 6명이다.

② 1, 2학기 결석일수가 같은 학생은 3명이다.

⑤ 1, 2학기 결석일수의 차가 가장 큰 학생의 경우 그 차가 5일이다.

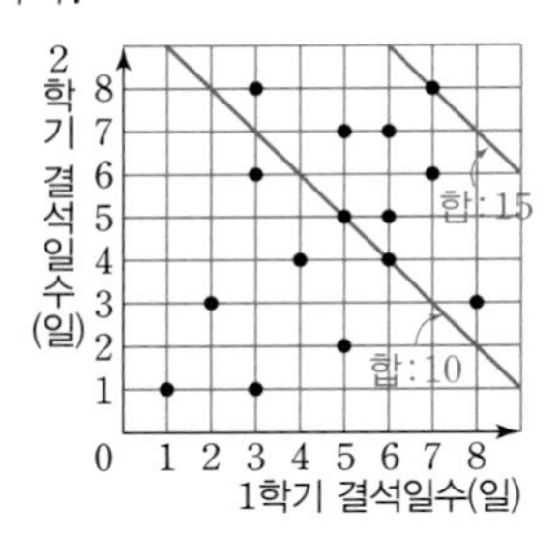

③ 1, 2학기 결석일수의 합이 가장 큰 학생은 총 15일 결석하였다.

④ 1, 2학기 결석일수의 합이 10일인 학생은 2명이다.

따라서 옳지 않은 것은 ④이다.

06 x좌표와 y좌표 중 하나라도 40 이상이거나 $x+y$가 70 이상인 영역은 다음과 같다.

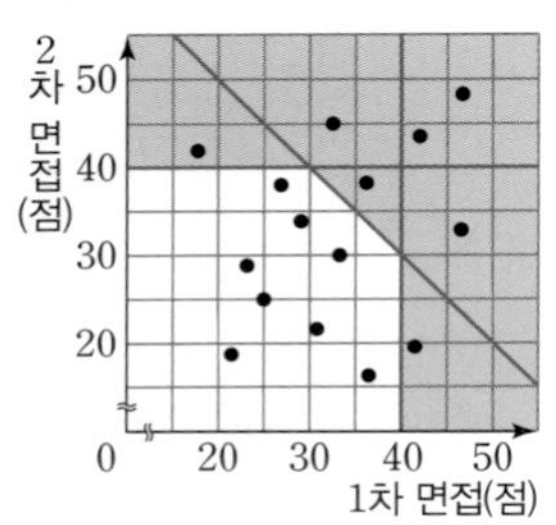

따라서 동아리 합격자의 수는 7명이다.

07 ③ : 음의 상관관계

⑤ : 양의 상관관계

①, ②, ④ : 상관관계가 없다.

08 양의 상관관계 : ①, ②, ③, ⑤

음의 상관관계 : ④

09 수면시간이 줄어들면 집중력, 기억력, 학습의 생산성, 면역력 모두 낮아지는 반면 비만도는 높아진다.

따라서 수면시간과 비만도는 음의 상관관계가 있다.

10 운동시간과 맥박수 사이에는 양의 상관관계가 있다.

양의 상관관계 : ①, ③, ④, ⑤

음의 상관관계 : ②

11 ⑤ 점 A와 D를 제거하면 상관관계가 더 강해진다.

12 ㄱ. 닭고기의 판매량이 증가할 때 대체로 운동복의 판매량은 증가하고 돼지고기의 판매량은 감소한다.
이때 닭고기와 운동복의 판매량은 양의 상관관계, 닭고기와 돼지고기의 판매량은 음의 상관관계가 있다. (참)

ㄴ. 시간은 드러나지 않으므로 돼지고기의 판매량이 갈수록 감소하는 추세라고 할 수 없다. (거짓)

ㄷ. 운동복과 닭고기의 판매량은 양의 상관관계가 있을 뿐 운동복의 판매량의 증가가 닭고기의 판매량의 증가의 원인이라고 할 수 없다. (거짓)

따라서 옳은 것은 ㄱ이다.

13 실기점수가 85점 이상인 사람은 다음 색칠한 영역에 속하는 7명이다.

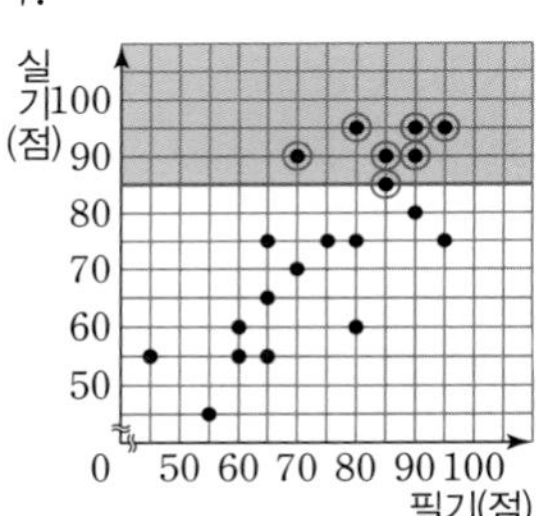

이 사람들의 필기점수, 즉 점의 x좌표의 평균을 구하자.

필기점수의 총합은

$70+80+85\times2+90\times2+95=595$이므로 ··· 1단계

평균은 $\frac{595}{7}=85$(점) ··· 2단계

채점 기준표

단계	채점 기준	비율
1단계	실기점수가 85점 이상인 학생들의 필기점수의 총합 구하기	80 %
2단계	실기점수가 85점 이상인 학생들의 필기점수의 평균 구하기	20 %

14

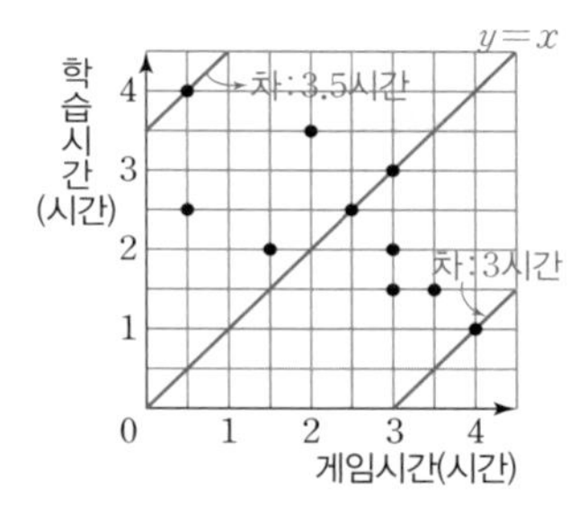

위와 같이 선을 그어 학습시간과 게임시간의 차가 가장 큰 점의 좌표는 (0.5, 4)임을 확인할 수 있다. ••• 1단계

따라서 학습시간과 게임시간의 차가 가장 큰 학생의 학습시간과 게임시간의 합은 4.5시간이다. ••• 2단계

채점 기준표

단계	채점 기준	비율
1단계	학습시간과 게임시간의 차가 가장 큰 점 구하기	60 %
2단계	학습시간과 게임시간의 합 구하기	40 %

15 컴퓨터 사용량과 인쇄용 종이 사용량 사이에는 양의 상관관계가 있다. ••• 1단계

이와 같은 상관관계를 갖는 것은 안타와 볼넷 또는 홈런과 삼진이다. ••• 2단계

채점 기준표

단계	채점 기준	비율
1단계	컴퓨터 사용량과 인쇄용 종이 사용량 사이의 상관관계를 파악하기	40 %
2단계	같은 상관관계를 가지는 변량 찾기	60 %

16 안타와 홈런 사이에는 상관관계가 없다. ••• 1단계

따라서 가장 적절한 산점도는 A이다. ••• 2단계

채점 기준표

단계	채점 기준	비율
1단계	안타와 홈런 사이의 상관관계를 파악하기	40 %
2단계	적절한 산점도 고르기	60 %

실전 모의고사 1회

본문 92~95쪽

01 ①	**02** ④	**03** ④	**04** ①	**05** ①
06 ③	**07** ④	**08** ③	**09** ②	**10** ②
11 ④	**12** ④	**13** ④	**14** ②	**15** ③
16 ④	**17** ④	**18** ②, ④	**19** ④	**20** ③
21 16 m	**22** $\frac{16}{3}\pi-4\sqrt{3}$		**23** 121°	**24** 96°
25 4				

01 한 호에 대한 원주각의 크기는 중심각의 크기의 $\frac{1}{2}$이므로 $\frac{1}{2}\times 60^\circ=30^\circ$

02 $\triangle OAC$는 $\overline{OA}=\overline{OC}$인 이등변삼각형이므로
$\angle AOC=180^\circ-2\times 36^\circ=108^\circ$
$\angle ABC=\frac{1}{2}\times(360^\circ-108^\circ)=126^\circ$

03 한 원에서 호의 길이와 중심각의 크기가 정비례하므로 $\widehat{ABC}$에 대한 중심각의 크기는
$100^\circ\times\frac{18}{12}=150^\circ$
따라서 $\angle x=\frac{1}{2}\times 150^\circ=75^\circ$

04 원주각의 성질에 의해
$\angle BDC=\angle BAC=30^\circ$
$\overline{AC}$, $\overline{BD}$의 교점을 F라 하면
$\triangle CDF$에서 $\angle x=65^\circ+30^\circ=95^\circ$
$\angle AOD=2\angle ACD$
$=2\times 65^\circ=130^\circ$
$\angle y=\angle AED$
$=\frac{1}{2}\times(360^\circ-130^\circ)=115^\circ$
따라서 $\angle y-\angle x=115^\circ-95^\circ=20^\circ$

05 $\angle ADC=\angle ABC=25^\circ$
$\angle QCD=\angle BQD-\angle QDC$
$=78^\circ-25^\circ=53^\circ$
$\angle BAD=\angle BCD=53^\circ$이므로
$\triangle APD$에서
$\angle APC=\angle BAD-\angle ADC$
$=53^\circ-25^\circ=28^\circ$

06 반원에 대한 원주각의 크기가 90°이므로
$\angle ADB=90^\circ$
$\angle ABD=\angle ACD=47^\circ$
$\triangle ADB$에서 $\angle DAB=180^\circ-(90^\circ+47^\circ)=43^\circ$
$\triangle ADP$에서 $\angle APD=180^\circ-(65^\circ+43^\circ)=72^\circ$

07 $\overrightarrow{BO}$와 원 O의 교점 중 B가 아닌 점을 D라 하자.
원주각의 성질에 의해 $\angle A=\angle BDC$
반원에 대한 원주각의 크기는 90°이므로
$\angle BCD=90^\circ$
$\overline{BD}=10$, 피타고라스의 정리에 의해
$\overline{CD}=\sqrt{10^2-8^2}=6$
$\triangle BCD$에서
$\sin A=\sin\angle BDC=\frac{8}{10}=\frac{4}{5}$
$\cos A=\cos\angle BDC=\frac{6}{10}=\frac{3}{5}$
$\sin A+\cos A=\frac{4}{5}+\frac{3}{5}=\frac{7}{5}$

08 한 원에서 같은 길이의 호에 대한 원주각의 크기는 같으므로 $\angle x=32^\circ$

09

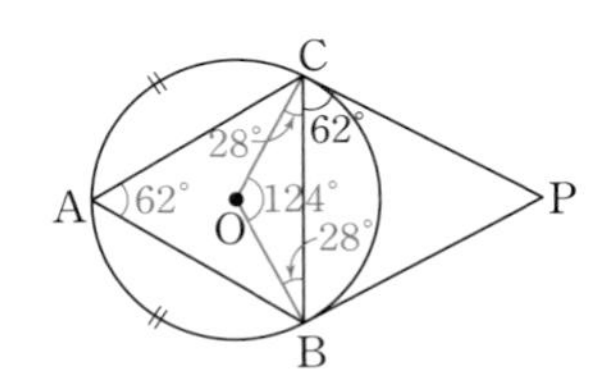

원의 접선의 성질에 의해
$\angle OCP=90^\circ$
따라서 $\angle OCB=90^\circ-62^\circ=28^\circ$
$\triangle OCB$는 이등변삼각형이므로
$\angle BOC=180^\circ-2\times 28^\circ=124^\circ$
$\angle BAC=\frac{1}{2}\times 124^\circ=62^\circ$
$\triangle ABC$는 $\overline{AB}=\overline{AC}$인 이등변삼각형이므로
$\angle x=\angle ABC$
$=\frac{1}{2}\times(180^\circ-62^\circ)=59^\circ$

10 원의 접선의 성질에 의해
$\angle OCP=90^\circ$
$\triangle OCP$에서 $\angle COP=90^\circ-28^\circ=62^\circ=\angle BOC$
$\angle A=\angle BAC=\frac{1}{2}\times 62^\circ=31^\circ$

11

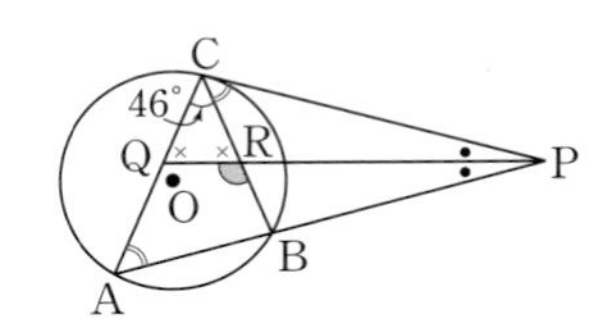

접선 PC와 현 BC가 이루는 각의 성질에 의해

$\angle CAB = \angle PCB$

$\triangle PCR$와 $\triangle PQA$에서

$\angle CRQ = \angle PCR + \angle RPC$

$= \angle QAP + \angle APQ = \angle CQR$

$\triangle CQR$에서 $\angle CQR = \frac{1}{2} \times (180° - 46°) = 67°$

따라서 $\angle QRB = 46° + 67° = 113°$

12 네 명의 수학 점수 평균을 x라 하자.

가연, 나영, 다현, 미연의 점수는 각각 $x+6$, $x-4$, 73, $(x+6)-7$이다.

$\frac{(x+6)+(x-4)+73+(x-1)}{4} = x$

$3x+74=4x$, $x=74$

따라서 네 명의 수학 점수의 평균은 74점이다.

13 3학년 6반 학생 14명 중 윗몸일으키기를 한 횟수를 작은 값에서부터 차례로 나열했을 때 7번째, 8번째 학생의 횟수의 평균이 중앙값이므로 8번째 학생의 윗몸일으키기 횟수는 35회이다.

윗몸일으키기 횟수가 35회인 학생을 한 명 더 포함해도 15명 중 윗몸일으키기 횟수가 8번째인 학생의 횟수는 35회이므로 중앙값은 35회이다.

14 편차의 합은 0이므로

$3+x^2+(x+1)+(-4)+(x^2-1)=0$

$2x^2+x-1=0$

$(2x-1)(x+1)=0$, $x=\frac{1}{2}$ 또는 $x=-1$

x는 정수이므로 $x=-1$

$(\text{분산}) = \frac{3^2+1^2+0^2+(-4)^2+0^2}{5}$

$= \frac{26}{5} = 5.2$

15 평균이 7이므로 $\frac{5+x+7+y+8}{5}=7$, $x+y=15$

각 변량에 대한 편차는 -2, $x-7$, 0, $y-7$, 1이므로

$\sqrt{\frac{(-2)^2+(x-7)^2+0^2+(y-7)^2+1^2}{5}} = \sqrt{2}$

$(x-7)^2+(y-7)^2=5$

$y=15-x$를 대입하면

$(x-7)^2+(8-x)^2=5$

$2x^2-30x+113=5$, $x^2-15x+54=0$

$(x-6)(x-9)=0$, $x=6$ 또는 $x=9$

$x>y$이므로 $x=9$, $y=6$

따라서 $\frac{y}{x}=\frac{2}{3}$

16 A, B는 변량이 퍼져있는 정도가 일치하므로 표준편차가 서로 같다. 즉, $a=b$

C는 A, B와 변량의 개수는 같으나 더 많이 퍼져있으므로 표준편차는 더 크다. 즉, $a<c$

따라서 $c>a=b$

17 $\frac{x+y+z}{3}=8$이므로 $x+y+z=24$

$\frac{(x+3)+(y+3)+(z+3)}{3}$

$= \frac{x+y+z+9}{3} = \frac{33}{3} = 11$

따라서 $a=11$

x, y, z와 $x+3$, $y+3$, $z+3$은 각 변량에 대한 편차가 같으므로 표준편차가 같다.

그러므로 $b=5$

따라서 $ab=55$

18 ② 변량이 중앙으로 몰려있을수록 표준편차가 작은데, 수지의 점수가 가장 중앙에 몰려있으므로 표준편차가 가장 작은 학생은 수지이다.

④ 평균 부근에 기록이 가장 집중되어 있는 학생은 수지이다.

19

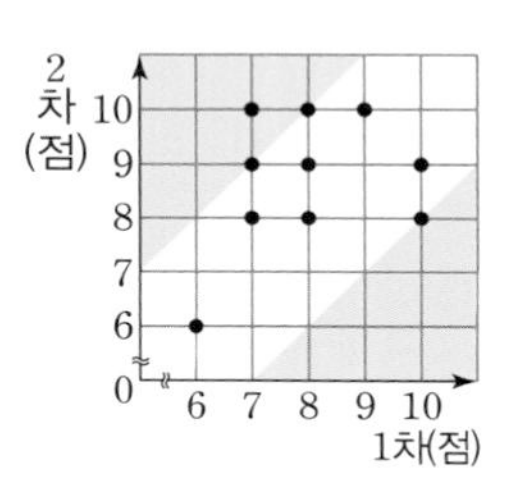

1차와 2차의 점수 차가 2점 이상인 선수는 위의 그림에 표시된 영역의 점에 대한 선수들이며, 그 선수들은 총 4명이다.

20 ③ 지면에서의 높이가 높아질수록 대체로 산소량이 줄어듦으로 두 변량 사이에 음의 상관관계가 있다.

21 무대의 양 끝 점을 각각 A, B라 하고, 원의 중심을 O라 하자.

$\overset{\frown}{AB}$에 대한 원주각의 크기가 30°이므로 중심각의 크기는 $2 \times 30° = 60°$이다. ••• 1단계

$\triangle OAB$는 $\overline{OA}=\overline{OB}$인 이등변삼각형이며, 그 꼭지각의 크기가 60°이므로 정삼각형이다.

따라서 원의 반지름의 길이는 무대의 가로의 길이와 같은 8 m이고, 지름의 길이는 16 m이다. ••• 2단계

채점 기준표

단계	채점 기준	비율
1단계	중심각의 크기를 구한 경우	2점
2단계	지름의 길이를 구한 경우	3점

22 원의 접선은 접점과 원의 중심을 이은 반지름과 수직이므로 $\angle PAO=90^\circ$

$\triangle PAO$에서 $\tan \angle POA=\frac{4\sqrt{3}}{4}=\sqrt{3}$이므로

$\angle POA=60^\circ$

원의 접선의 성질에 의해 $\triangle POA \equiv \triangle POB$이므로

$\angle BOA=2\times 60^\circ=120^\circ$ ··· 1단계

부채꼴 OAB의 넓이는 $\pi\times 4^2\times\frac{120}{360}=\frac{16}{3}\pi$

삼각형 OAB의 넓이는

$\frac{1}{2}\times 4\times 4\times \sin(180^\circ-120^\circ)=4\sqrt{3}$

따라서 $\overset{\frown}{AB}$와 $\overline{AB}$로 둘러싸인 활꼴의 넓이는

$\frac{16}{3}\pi-4\sqrt{3}$ ··· 2단계

채점 기준표

단계	채점 기준	비율
1단계	$\angle BOA$의 크기를 구한 경우	2점
2단계	활꼴의 넓이를 구한 경우	3점

23 원의 접선은 접점과 원의 중심을 이은 반지름과 수직이므로 $\angle OAP=\angle OBP=90^\circ$이고,

$\angle AOB=180^\circ-56^\circ=124^\circ$

$\angle ACB=\frac{1}{2}\angle AOB$

$=\frac{1}{2}\times 124^\circ=62^\circ$ ··· 1단계

$\triangle OAC\equiv\triangle OCB$(SSS 합동)이므로

$\angle OCA=\frac{1}{2}\times 62^\circ=31^\circ$

$\triangle OAC$는 $\overline{OA}=\overline{OC}$인 이등변삼각형이므로

$\angle OAC=\angle OCA=31^\circ$

따라서 $\angle PAC=90^\circ+31^\circ=121^\circ$ ··· 2단계

채점 기준표

단계	채점 기준	비율
1단계	$\angle ACB$의 크기를 구한 경우	2점
2단계	$\angle PAC$의 크기를 구한 경우	3점

24 보조선 AD, CD를 그으면 삼각형 ACD에서

원주각의 성질에 의해 $\overset{\frown}{ABC}$에 대한 원주각의 크기는 $\angle CAT=72^\circ$이다.

한 원에서 같은 길이의 호에 대한 원주각의 크기는 같으므로 $\overset{\frown}{AB}$, $\overset{\frown}{BC}$에 대한 원주각의 크기는 각각

$\frac{1}{2}\times 72^\circ=36^\circ$이다. ··· 1단계

즉, $\angle BAC=\angle BCA=36^\circ$이고, $\triangle BAC$에서

$\angle ABC=180^\circ-(36^\circ+36^\circ)=108^\circ$ ··· 2단계

한 원에서 호의 길이와 원주각의 크기는 정비례하고 $\overset{\frown}{CD}:\overset{\frown}{AD}=4:5$이므로 $\angle CBD:\angle ABD=4:5$

따라서 $\angle ABD=\frac{5}{9}\times 108^\circ=60^\circ$

$\triangle ABE$에서 $\angle AED=36^\circ+60^\circ=96^\circ$ ··· 3단계

채점 기준표

단계	채점 기준	비율
1단계	원주각의 크기를 구한 경우	1점
2단계	$\angle ABC$의 크기를 구한 경우	1점
3단계	$\angle AED$의 크기를 구한 경우	3점

25 $\frac{8+a+b+9}{4}=8=\frac{7+a+b+10}{4}$이므로 원래의 변량에 대한 평균은 8이다. ··· 1단계

$\frac{(8-8)^2+(a-8)^2+(b-8)^2+(9-8)^2}{4}=3$이므로

$(a-8)^2+(b-8)^2=11$

원래의 변량에 대한 분산은

$\frac{(7-8)^2+(a-8)^2+(b-8)^2+(10-8)^2}{4}$

$=\frac{(a-8)^2+(b-8)^2+5}{4}=\frac{16}{4}=4$ ··· 2단계

채점 기준표

단계	채점 기준	비율
1단계	원래의 변량에 대한 평균을 구한 경우	2점
2단계	원래의 변량에 대한 분산을 구한 경우	3점

실전 모의고사 2회

본문 96~99쪽

01 ③	**02** ⑤	**03** ④	**04** ③	**05** ③
06 ③	**07** ④	**08** ③	**09** ③	**10** ②
11 ②	**12** ④	**13** ⑤	**14** ②	**15** ⑤
16 ①	**17** ②, ③	**18** ③	**19** ④	**20** ②
21 67°	**22** 16°	**23** 35°	**24** 35	**25** 7

01 $\triangle BCD$에서 $\angle y=180^\circ-(24^\circ+32^\circ)=124^\circ$

$\angle BOD=360^\circ-2\times 124^\circ=112^\circ$

$\angle x=\frac{1}{2}\angle BOD$

$=\frac{1}{2}\times 112^{\circ}=56^{\circ}$

따라서 $\angle y-\angle x=68^{\circ}$

02 ① $\angle x=\frac{1}{2}\times 120^{\circ}=60^{\circ}$

② $\angle x=360^{\circ}-2\times 110^{\circ}=140^{\circ}$

③ $\angle x=\frac{1}{2}\times 64^{\circ}=32^{\circ}$

④ $\angle x=\frac{1}{2}\times 150^{\circ}=75^{\circ}$

⑤ $\angle x=2\times 105^{\circ}=210^{\circ}$

03 한 원에서 같은 길이의 현에 대한 중심각의 크기가 같으므로

$\angle AOB=\frac{1}{5}\times 360^{\circ}=72^{\circ}$

04 $\triangle BCP$에서

$\angle BCP+\angle CBP=60^{\circ}$

$\angle BOA+\angle COD$

$=2\angle BCP+2\angle CBP$

$=2\times 60^{\circ}=120^{\circ}$

따라서 $\overparen{AB}+\overparen{CD}=2\times\pi\times 9\times\frac{120}{360}=6\pi$

05 원주각의 성질에 의해 $\angle BAC=\angle BDC$

즉, $\angle BAP=\angle CDP$

$\angle APB=\angle DPC$ (맞꼭지각)

따라서 $\triangle APB\backsim\triangle DPC$ (AA 닮음)

$\overline{DC}:\overline{CP}=\overline{AB}:\overline{BP}=6:3=2:1$

$\overline{CP}=6$

$\overline{CP}=\overline{CB}$이므로 $\triangle CBP$는 이등변삼각형이다.

한 원에서 같은 길이의 현에 대한 원주각의 크기가 같으므로

$\angle ACB=\angle CAB=\angle CDB$

즉, $\angle PCB=\angle CDB$

$\angle PBC$는 공통

$\triangle PCB\backsim\triangle CDB$ (AA 닮음)

따라서 $\triangle CDB$는 $\overline{DB}=\overline{DC}$인 이등변삼각형이므로

$\overline{PD}=12-3=9$

06 반원에 대한 원주각의 크기는 90°이므로

$\angle ABC=90^{\circ}$

$\angle ABD=\angle ACD=46^{\circ}$

따라서 $\angle x=90^{\circ}-46^{\circ}=44^{\circ}$

07 한 원에서 같은 길이의 호에 대한 원주각의 크기가 같으므로

$\angle BDC=\angle ADB=25^{\circ}$, $\angle ODC=25^{\circ}+25^{\circ}=50^{\circ}$

반원에 대한 원주각의 크기는 90°이므로

$\angle ACD=90^{\circ}$

$\triangle ACD$에서 $\angle DAC=90^{\circ}-50^{\circ}=40^{\circ}$

$\angle DBC=\angle DAC=40^{\circ}$

08 $\angle PQC=180^{\circ}-75^{\circ}=105^{\circ}$

따라서 $\angle PQB=75^{\circ}$

$\angle x=180^{\circ}-75^{\circ}=105^{\circ}$

09 사각형 ABCD의 네 꼭짓점이 한 원 위에 있으므로

$\angle x+\angle y=180^{\circ}$

그 원의 중심이 $\overline{BC}$ 위에 있으므로 $\overline{BC}$는 원의 지름이고, 반원에 대한 원주각의 크기가 90°이므로

$\angle CDB=90^{\circ}$

$\triangle BCD$에서 $\angle y=90^{\circ}-34^{\circ}=56^{\circ}$

따라서 $\angle x=180^{\circ}-56^{\circ}=124^{\circ}$이고,

$\angle x-\angle y=68^{\circ}$

10 접선 PT와 현 AT가 이루는 각의 성질에 의해

$\angle ACT=\angle ATP=70^{\circ}$

반원에 대한 원주각의 크기가 90°이므로

$\angle ATC=90^{\circ}$

따라서 $\angle CAT=90^{\circ}-70^{\circ}=20^{\circ}$

$\angle x=\angle CAT=20^{\circ}$

11

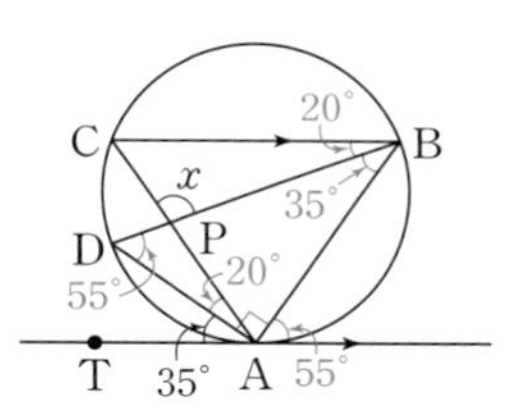

$\overline{BD}$가 원의 지름이고, 반원에 대한 원주각의 크기가 90°이므로 $\angle BAD=90^{\circ}$

$\overline{BA}$와 $\overleftrightarrow{AT}$가 이루는 예각의 크기는 $90^{\circ}-35^{\circ}=55^{\circ}$이고, 접선 AT와 현 AB가 이루는 각의 성질에 의해

$\angle BDA=55^{\circ}$

$\overleftrightarrow{AT}\,/\!/\,\overleftrightarrow{BC}$이므로 $\angle ABC=55^{\circ}$

접선 AT와 현 AD가 이루는 각의 성질에 의해

$\angle DBA=\angle DAT=35^{\circ}$

따라서 $\angle CBD=55^{\circ}-35^{\circ}=20^{\circ}$

원주각의 성질에 의해 $\angle CAD=\angle CBD=20^{\circ}$이고

$\triangle$ADP에서

$\angle x=\angle \mathrm{APD}=180^\circ-(55^\circ+20^\circ)=105^\circ$

12 원의 접선의 성질에 의해 $\overline{\mathrm{BD}}=\overline{\mathrm{BE}}$

따라서 $\angle \mathrm{BED}=\frac{1}{2}\times(180^\circ-60^\circ)=60^\circ$

접선과 현이 이루는 각의 성질에 의해

$\angle \mathrm{EFD}=\angle \mathrm{BED}=60^\circ$

$\triangle$DEF에서 $\angle x=180^\circ-(55^\circ+60^\circ)=65^\circ$

13 자료의 평균이 5이므로

$\frac{2+3+8+3+5+7+a+b}{8}=5$, $a+b=12$

a, b를 제외하고 2가 한 개, 3이 두 개 있으므로 a, b를 추가하여 자료의 최빈값이 2, 3이 되기 위해서는 a, b 중 하나는 2이고, 나머지 하나는 다른 변량과 같지 않은 어떤 수이다.

$a>b$이므로 $a=10$, $b=2$이고, $a-b=8$이다.

14 ② 모든 변량의 합은 430으로 평균은

$\frac{430}{20}=21.5$(시간)이다.

15 편차의 합은 항상 0이므로

$1+2+(-3)+x+(-2)=0$

$x=2$

따라서 사회 과목 점수는 $70+2=72$(점)

16 편차의 합은 항상 0이므로

$(-3x^2+2)+(-6)+(x^2-1)+(3x^2-2x)+4+(3x-5)=0$

$x^2+x-6=0$

$(x+3)(x-2)=0$

$x=-3$ 또는 $x=2$

$x<0$이므로 $x=-3$

따라서 변량 F에 대한 편차는 $-9-5=-14$이고,

$\mathrm{F}=15-14=1$

17 ② 분산은 편차의 제곱의 평균이다.

③ 평균이 커도 표준편차가 작을 수 있다.

18 세 자료 A, B, C는 각각 열 한 개의 변량으로 이루어져있다.

A와 C는 변량이 퍼져있는 정도가 같으므로 표준편차가 같다. 즉, $a=c$

B는 A에 비해 변량이 더 넓게 퍼져있으므로 표준편차가 더 크다. 즉, $a<b$

따라서 $a=c<b$

19

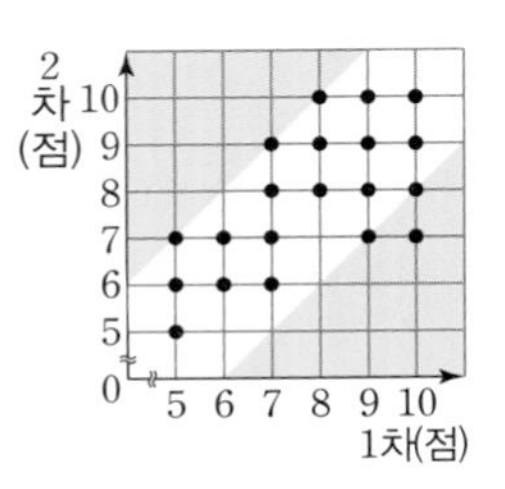

1차와 2차의 점수의 차가 2점 이상인 학생은 위의 그림에 표시된 영역의 점에 대한 학생들이며, 그 수는 6명이다.

따라서 $\frac{6}{20}\times100=30(\%)$

20 표에서 나이가 늘어날수록 기초대사량이 줄어드는 음의 상관관계를 관찰할 수 있으며, 그에 해당하는 산점도는 ②이다.

21 보조선 BC를 그으면 원주각과 중심각의 크기 사이의 관계에 의해

$\angle \mathrm{CBD}=\frac{1}{2}\angle \mathrm{COD}$

$=\frac{1}{2}\times46^\circ=23^\circ$ ··· 1단계

반원에 대한 원주각의 크기는 90°이므로

$\angle \mathrm{ACB}=90^\circ$

$\triangle$BCE에서

$\angle x=180^\circ-(90^\circ+23^\circ)=67^\circ$ ··· 2단계

채점 기준표

단계	채점 기준	비율
1단계	원주각의 크기를 구한 경우	2점
2단계	$\angle x$의 크기를 구한 경우	3점

22 보조선 AC를 그으면

원주각의 성질에 의해

$\angle \mathrm{CAD}=\angle \mathrm{CBD}=33^\circ$

$\triangle$ACE에서 $\angle \mathrm{ACB}=\angle x+33^\circ$ ··· 1단계

한 원에서 같은 길이의 현에 대한 원주각의 크기는 모두 같으므로

$\angle \mathrm{ABD}=\angle x+33^\circ$, $\angle \mathrm{BAC}=\angle x+33^\circ$

$\triangle$ABC에서

$(\angle x+33^\circ)+(\angle x+33^\circ+33^\circ)+(\angle x+33^\circ)=180^\circ$

$3\angle x+132^\circ=180^\circ$

$\angle x=16^\circ$ ••• 2단계

채점 기준표

단계	채점 기준	비율
1단계	원주각의 성질을 이용하여 원주각을 미지수로 나타낸 경우	2점
2단계	$\angle x$의 크기를 구한 경우	3점

23 원주각의 성질에 의해

$\angle BAC=\angle BDC=30^\circ$ ••• 1단계

$\angle CAD=\angle DCT=\angle x$

따라서 $\angle x+30^\circ=65^\circ$

$\angle x=35^\circ$ ••• 2단계

채점 기준표

단계	채점 기준	비율
1단계	$\angle BAC$의 크기를 구한 경우	2점
2단계	$\angle x$의 크기를 구한 경우	3점

24 a, b, c의 평균이 8이므로 $\frac{a+b+c}{3}=8$

$a+b+c=24$ ••• 1단계

$4a+2$, $4b+1$, $4c+6$의 평균은

$\frac{(4a+2)+(4b+1)+(4c+6)}{3}$

$=\frac{4a+4b+4c+9}{3}$

$=\frac{4(a+b+c)+9}{3}$

$=\frac{96+9}{3}=35$ ••• 2단계

채점 기준표

단계	채점 기준	비율
1단계	$a+b+c$의 값을 구한 경우	2점
2단계	평균을 구한 경우	3점

25 A모둠 10명의 수학 점수의 편차의 제곱의 평균이 $2^2=4$이므로, 편차의 제곱의 합은 40이다.

B모둠 8명의 수학 점수의 편차의 제곱의 평균이 x^2이므로, 편차의 제곱의 합은 $8x^2$이다. ••• 1단계

두 모둠의 평균이 같으므로 A, B 두 모둠을 합쳤을 때도 평균이 같고, 각 학생들의 편차도 같다.

18명의 학생들의 수학 점수의 편차의 제곱의 합은 $8x^2+40$이고, 표준편차가 $2\sqrt{6}$점이므로

$\frac{8x^2+40}{18}=(2\sqrt{6})^2=24$

$8x^2=392$, $x^2=49$, $x=7$ ••• 2단계

채점 기준표

단계	채점 기준	비율
1단계	각 모둠의 편차의 제곱의 합을 구한 경우	2점
2단계	x의 값을 구한 경우	3점

실전 모의고사 3회

본문 100~103쪽

01 ① **02** ① **03** ④ **04** ④ **05** ③
06 ① **07** ④ **08** ⑤ **09** ③ **10** ②
11 ② **12** ③ **13** ⑤ **14** ⑤ **15** ③
16 ④ **17** ③ **18** ④ **19** ①
20 ③, ④ **21** 14° **22** 38° **23** 65° **24** 65°
25 92점

01 $\angle BDC=\frac{1}{2}\angle BOC=\frac{1}{2}\times 76^\circ=38^\circ$

$\angle AEB=\angle ADB=55^\circ-38^\circ=17^\circ$

02 보조선 BE를 그으면

$\angle DEB=180^\circ-135^\circ=45^\circ$

$\angle AEB=96^\circ-45^\circ=51^\circ$

$\angle AOB=2\times 51^\circ=102^\circ$

$\triangle OAB$는 $\overline{OA}=\overline{OB}$인 이등변삼각형이므로

$\angle x=\frac{1}{2}\times(180^\circ-102^\circ)=39^\circ$

03 $\angle ADB=\angle AFB=22^\circ$

$\angle x=\angle AEC=\angle ADC=22^\circ+13^\circ=35^\circ$

$\angle y=\angle DBF=\angle DAF$

$\overline{AF}/\!/\overline{CD}$이므로 $\angle DAF=\angle ADC$ (엇각)

따라서 $\angle y=\angle x=35^\circ$

$\angle x+\angle y=70^\circ$

04

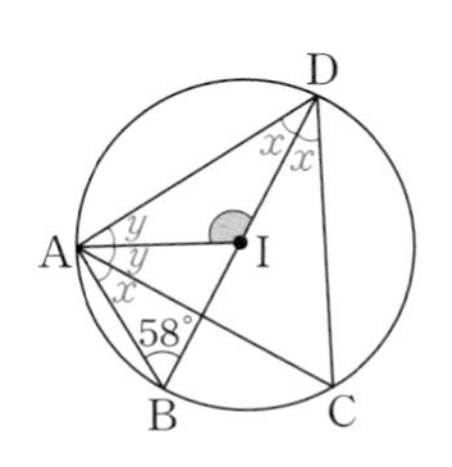

내심은 세 각의 이등분선의 교점이다.

$\angle CDB=\angle BDA=\angle x$, $\angle DAI=\angle CAI=\angle y$라 하자.

$\angle CAB=\angle CDB=\angle x$

$\triangle ABD$에서

$58° + 2\angle x + 2\angle y = 180°$
$\angle x + \angle y = 61°$
$\triangle ADI$에서 $\angle AID = 180° - 61° = 119°$

05 반원에 대한 원주각의 크기는 $90°$이므로
$\angle ACB = 90°$
한 원에서 같은 길이의 호에 대한 원주각의 크기가 같으므로
$\angle CBD = \angle ABD = 23°$
$\triangle PBC$에서
$\angle x = 180° - (90° + 23°) = 67°$

06 $\angle DCE = \angle DBE = 25°$
반원에 대한 원주각의 크기는 $90°$이므로
$\angle ADC = 90°$
$\triangle ADC$에서
$32° + 90° + (\angle x + 25°) = 180°$
$\angle x = 33°$

07 반원에 대한 원주각의 크기가 $90°$이므로
$\angle ACB = 90°$
$\angle CPB = \angle DPA = 42°$이므로
$\triangle PCB$에서 $\angle x = 180° - (42° + 90°) = 48°$

08 원의 중심으로부터의 거리가 같은 두 현의 길이는 서로 같으며, 한 원에서 길이가 같은 두 현에 대한 중심각의 크기가 같고, 한 원에서 중심각의 크기가 같은 두 호의 길이가 서로 같으므로
$\widehat{AB} = \widehat{DC}$
$\widehat{ABC} = \widehat{AB} + \widehat{BC} = \widehat{DC} + \widehat{BC} = \widehat{DCB}$
따라서 $\angle A = \angle D$
$\angle D = 180° - 70° = 110°$이므로
$\angle A = 110°$

09 ㄱ. 한 원에서 중심각의 크기가 같은 두 호의 길이는 서로 같으므로 $\widehat{AB} = \widehat{DE}$
ㄴ. 한 원에서 중심각의 크기가 같은 두 호의 길이는 서로 같으므로 $\widehat{AB} = \widehat{BC}$이고, $\widehat{DE} = \frac{1}{2}\widehat{ABC}$
ㄷ. 한 원에서 중심각의 크기가 같은 두 현의 길이는 서로 같으므로 $\overline{BC} = \overline{DE}$
ㄹ. 현의 길이는 중심각의 크기에 정비례하지는 않으므로 $\overline{AC} \neq 2\overline{DE}$
ㅁ. $2 \times \triangle ODE = \square OABC$이므로
$\triangle OAC \neq 2 \times \triangle ODE$
따라서 옳은 것은 ㄱ, ㄴ, ㄷ이다.

10 반원에 대한 원주각의 크기는 $90°$이므로
$\angle ACB = 90°$
한 원에서 같은 길이의 호에 대한 원주각의 크기가 같으므로
$\angle ACE = \frac{1}{3}\angle ACB$
$= \frac{1}{3} \times 90° = 30°$
한 원에서 호의 길이와 원주각의 크기는 정비례하므로
$\angle ABC : \angle BAC = 2 : 3$
삼각형 ABC의 세 내각의 크기의 합에서
$\angle ABC + \angle BAC = 90°$이므로
$\angle BAC = 90° \times \frac{3}{5} = 54°$
$\overline{AB}$와 $\overline{CE}$의 교점을 F라 하면
$\angle x = \angle AFC = 180° - (54° + 30°) = 96°$

11 삼각형 ABQ에서 $\angle QBP = \angle A + 38°$
$\triangle CBP$에서
$\angle BCD = 42° + (\angle A + 38°) = \angle A + 80°$
$\square ABCD$에서
$\angle A + \angle BCD = \angle A + (\angle A + 80°) = 180°$
$\angle A = 50°$

12 a, b, c의 평균이 5이므로
$\frac{a+b+c}{3} = 5$, $a+b+c = 15$
7, a, b, c, 13의 평균은
$\frac{7+a+b+c+13}{5} = \frac{35}{5} = 7$

13 인선이네 반 31명의 국어 성적의 중앙값은 작은 값에서부터 차례로 나열했을 때 16번째 학생의 국어 성적이므로 16번째 학생의 국어 성적은 76점이다.
이 반에 국어 성적이 75점인 학생이 들어오면 그 때의 중앙값은 16번째, 17번째 학생의 점수의 평균인데, 16번째 학생의 성적은 75점, 17번째 학생의 성적은 76점이다.
따라서 중앙값은 $\frac{75+76}{2} = 75.5$(점)

14 편차의 합은 항상 0이므로
$2 + (x^2 + x) + (-6) + 3 + (x^2 - 2) = 0$
$2x^2 + x - 3 = 0$

$(x-1)(2x+3)=0$

$x=1$ 또는 $x=-\frac{3}{2}$

x가 정수이므로 $x=1$

학생 5명의 과학 성적의 분산은

$\frac{2^2+2^2+(-6)^2+3^2+(-1)^2}{5}=10.8$

15 다현이의 키에 대한 편차를 x라 하자.

가연, 나영, 다현, 하영이의 키에 대한 편차는 각각 4, -1, x, $4-2=2$인데 편차의 합은 항상 0이므로

$4+(-1)+x+2=0$

따라서 $x=-5$

따라서 네 사람 키의 분산은

$\frac{4^2+(-1)^2+(-5)^2+2^2}{4}=\frac{23}{2}$

16 $a<a+1<b<c<c+1$이므로 주어진 자료의 중앙값은 b이다.

따라서 $b=7$

$\frac{a+(a+1)+7+c+(c+1)}{5}=7$이므로 $a+c=13$, 즉

$c=13-a$

$\frac{(a-7)^2+(a-6)^2+0^2+(6-a)^2+(7-a)^2}{5}=\frac{26}{5}$

$(a-6)^2+(a-7)^2=13$

$2a^2-26a+85=13$

$a^2-13a+36=0$

$(a-4)(a-9)=0$

$a=4$ 또는 $a=9$

$a+1<c$이므로 $a=4$, $c=9$

17 A, B반의 평균이 서로 같으므로, 두 반을 합친 50명에 대한 평균과 각 변량에 대한 편차를 구하면 기존의 평균과 편차와 일치한다.

A반의 분산은 2.5, B반의 분산은 3이다.

A반 학생들의 편차의 제곱의 평균이 2.5이므로,

A반 학생들의 편차의 제곱의 합은 $2.5\times20=50$이다.

B반 학생들의 편차의 제곱의 평균이 3이므로,

B반 학생들의 편차의 제곱의 합은 $3\times30=90$이다.

따라서 두 반 전체 50명의 편차의 제곱의 합은

$50+90=140$이고 분산은 $\frac{140}{50}=2.8$

18 편차의 합은 항상 0이므로

$(-2)+0+4+x+(-3)=0$

$x=1$

따라서 5명의 학생들의 키의 분산은

$\frac{(-2)^2+0^2+4^2+1^2+(-3)^2}{5}=6$

19 ㄷ. 분산은 편차의 제곱의 평균이다.

ㄹ. 표준편차는 분산의 양의 제곱근이다.

따라서 옳은 것은 ㄱ, ㄴ이다.

20 ①, ⑤: x의 값이 증가함에 따라 y의 값이 대체로 감소한다.

②: x의 값이 증가함에 따라 y의 값이 대체로 증가한다.

③, ④: x의 값이 증가함에 따라 y의 값이 대체로 증가하는지 감소하는지 분명하지 않다.

21 큰 원에서 접선 PA와 큰 원의 현 AD가 이루는 각의 성질에 의해

$\angle DCA=\angle DAP=35^\circ$ ··· 1단계

$\triangle ABC$에서

$\angle ABD=48^\circ+35^\circ=83^\circ$ ··· 2단계

원 밖의 한 점을 지나는 두 접선의 길이는 서로 같으므로 $\overline{PB}=\overline{PA}$

따라서 $\triangle ABP$는 이등변삼각형이므로

$\angle BAP=\angle ABP=83^\circ$

$\triangle ABP$에서

$\angle x=180^\circ-2\times83^\circ=14^\circ$ ··· 2단계

채점 기준표

단계	채점 기준	비율
1단계	$\angle DCA$의 크기를 구한 경우	1점
2단계	$\angle ABD$의 크기를 구한 경우	2점
3단계	$\angle x$의 크기를 구한 경우	2점

22 보조선 OT를 그으면

원주각과 중심각의 크기 사이의 관계에 의해

$\angle AOT=2\angle ACT$

$=2\times64^\circ=128^\circ$

$\angle POT=180^\circ-\angle AOT$

$=180^\circ-128^\circ=52^\circ$ ··· 1단계

접선의 성질에 의해 $\angle OTP=90^\circ$이므로

$\triangle OTP$에서

$\angle x=180^\circ-(90^\circ+52^\circ)=38^\circ$ ··· 2단계

채점 기준표

단계	채점 기준	비율
1단계	$\angle POT$의 크기를 구한 경우	3점
2단계	$\angle x$의 크기를 구한 경우	2점

23 보조선 PC를 그으면

접선과 현이 이루는 각의 성질에 의해

$\angle PCA=\angle QPA=\angle x$

반원에 대한 원주각의 크기는 90°이므로

$\angle APC=90^\circ$

$\angle CPB=90^\circ-\angle x$ ··· 1단계

△PCB에서 $\angle PCA=\angle PBC+\angle BPC$이므로

$\angle x=40^\circ+(90^\circ-\angle x)$

$\angle x=65^\circ$ ··· 2단계

채점 기준표

단계	채점 기준	비율
1단계	각의 크기를 미지수를 이용하여 나타낸 경우	2점
2단계	$\angle x$의 크기를 구한 경우	3점

24 원 밖의 한 점을 지나는 두 접선의 길이는 같으므로

$\overline{BD}=\overline{BE}$

따라서 △BDE는 이등변삼각형이고,

$\angle BED=\frac{1}{2}\times(180^\circ-74^\circ)=53^\circ$ ··· 1단계

접선과 현이 이루는 각의 성질에 의해

$\angle DFE=\angle DEB=53^\circ$

△DEF에서 $\angle DEF=180^\circ-(62^\circ+53^\circ)=65^\circ$

··· 2단계

채점 기준표

단계	채점 기준	비율
1단계	$\angle BED$의 크기를 구한 경우	2점
2단계	$\angle DEF$의 크기를 구한 경우	3점

25 앞선 세 번의 영어 성적의 평균이 84점이므로, 앞선 세 번의 영어 성적의 합은 $84\times3=252$(점) ··· 1단계

4번의 영어 성적의 평균이 $84+2=86$(점)이므로 4번의 영어 성적의 합은 $86\times4=344$(점) ··· 2단계

따라서 4번째의 영어 시험 성적은 $344-252=92$(점)

··· 3단계

채점 기준표

단계	채점 기준	비율
1단계	세 번의 영어 성적의 합을 구한 경우	2점
2단계	네 번의 영어 성적의 합을 구한 경우	2점
3단계	4번째의 영어 시험 성적을 구한 경우	1점

최종 마무리 50제

본문 104~111쪽

01 ③	02 ④	03 ②	04 ④	05 ③
06 ①	07 ⑤	08 ⑤	09 ③	10 ③
11 ⑤	12 ①	13 ②	14 ⑤	15 ①
16 ④	17 ①	18 ②	19 ③	20 ①
21 ③	22 ⑤	23 ④	24 ③	25 ②
26 ①	27 ③	28 ①	29 ⑤	30 ②
31 ④	32 ⑤	33 ③	34 ②	35 ①
36 ②	37 ②, ③	38 ⑤	39 ②	40 ③
41 ⑤	42 ④	43 ①	44 ④	45 ③
46 ⑤	47 ①	48 ②	49 ④	50 ③

01 원주각과 중심각 사이의 관계에 의해

$\angle ABC=\frac{1}{2}\times240^\circ=120^\circ$

$\angle AOC=360^\circ-240^\circ=120^\circ$

사각형 OABC에서

$\angle x+2\angle x+120^\circ+120^\circ=360^\circ$

$3\angle x=120^\circ$, $\angle x=40^\circ$

02 원주각과 중심각 사이의 관계에 의해

$\angle BOC=2\times54^\circ=108^\circ$

△BOC는 $\overline{OB}=\overline{OC}$인 이등변삼각형이므로

$\angle OBC=\frac{1}{2}\times(180^\circ-108^\circ)=36^\circ$

03

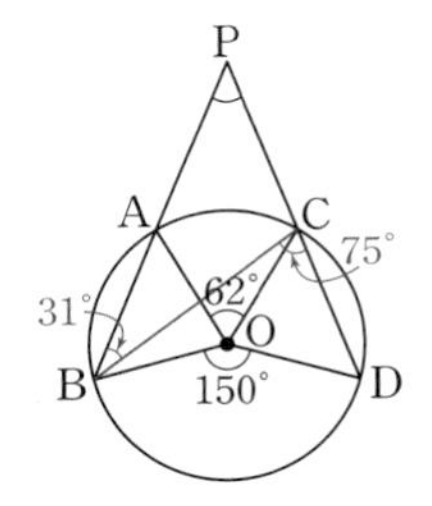

현 BC를 그으면

$\angle ABC=\frac{1}{2}\angle AOC$

$=\frac{1}{2}\times62^\circ=31^\circ$

$\angle BCD=\frac{1}{2}\angle BOD$

$=\frac{1}{2}\times150^\circ=75^\circ$

△PBC에서 $\angle P+\angle PBC=\angle BCD$

$\angle P+31^\circ=75^\circ$, $\angle P=44^\circ$

04 △PBD에서 $\angle PBD$의 외각의 크기의 성질에 의해

$\angle PDB=\angle ABD-\angle BPD$

$=71^\circ-30^\circ=41^\circ$

$\angle BAC=\angle BDC=41^\circ$(호 BC에 대한 원주각)

$\triangle ABE$에서 $\angle x$는 $\angle AEB$의 외각이므로

$\angle x=\angle ABE+\angle BAE$

$=71^\circ+41^\circ=112^\circ$

05 $\angle ABD=\angle ACD=40^\circ$(호 AD에 대한 원주각)

$\angle CBD=\angle ABC-\angle ABD$

$=110^\circ-40^\circ=70^\circ$

따라서 호 CD에 대한 원주각의 크기는 70°이다.

06 $\angle ABC=\angle ADC=62^\circ$(호 AC에 대한 원주각)

$\angle ACB=90^\circ$(반원에 대한 원주각)

$\triangle ABC$에서

$\angle BAC=180^\circ-(\angle ABC+\angle ACB)$

$=180^\circ-(62^\circ+90^\circ)=28^\circ$

07

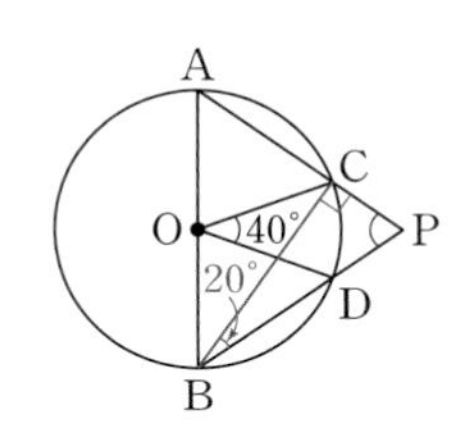

현 BC를 그으면 호 CD에 대한 중심각의 크기가 40°이므로 호 CD에 대한 원주각인

$\angle CBD=\frac{1}{2}\times40^\circ=20^\circ$

반원에 대한 원주각의 크기가 90°이므로

$\angle ACB=90^\circ$

$\angle BCP=180^\circ-90^\circ=90^\circ$

$\triangle PBC$에서

$\angle P=180^\circ-(\angle CBP+\angle BCP)$

$=180^\circ-(20^\circ+90^\circ)=70^\circ$

08

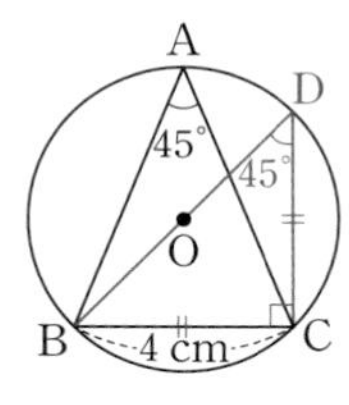

지름인 $\overline{BD}$를 그으면

$\angle BDC=\angle BAC=45^\circ$(호 BC에 대한 원주각)

$\angle BCD=90^\circ$(반원에 대한 원주각)

따라서 $\triangle BCD$는 $\overline{BC}=\overline{CD}$인 직각이등변삼각형이므로 $\overline{BD}=\frac{4}{\sin 45^\circ}=\frac{4}{\frac{\sqrt{2}}{2}}=4\sqrt{2}$(cm)이고 원의 반지름의 길이는 $\frac{1}{2}\times4\sqrt{2}=2\sqrt{2}$ (cm)

따라서 원 O의 넓이는

$\pi\times(2\sqrt{2})^2=8\pi(\text{cm}^2)$

다른 풀이

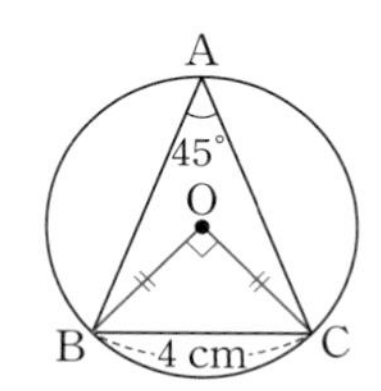

$\angle BOC=2\angle BAC=2\times45^\circ=90^\circ$

따라서 $\triangle BOC$는 $\overline{OB}=\overline{OC}$인 직각이등변삼각형이며

$\overline{OB}=4\sin 45^\circ=4\times\frac{\sqrt{2}}{2}=2\sqrt{2}$(cm)

09 $\angle ACE=\angle ADE=54^\circ$(호 AE에 대한 원주각)

$\angle ACB=90^\circ$(반원에 대한 원주각)

$\angle BCE=\angle ACB-\angle ACE$

$=90^\circ-54^\circ=36^\circ$

10 $\widehat{BC}=\widehat{CD}$이므로 $\angle CBD=\angle BAC=23^\circ$

$\triangle ABC$에서 $23^\circ+(\angle x+23^\circ)+\angle y=180^\circ$

$\angle x+\angle y=134^\circ$

11 $\widehat{AB}:\widehat{CD}=3:4$이므로

$\angle ACB:\angle CBD=3:4$

$\angle CBD=36^\circ\times\frac{4}{3}=48^\circ$

$\triangle BCP$에서 $\angle APB$는 $\angle BPC$의 외각이므로

$\angle APB=\angle PBC+\angle BCP$

$=48^\circ+36^\circ=84^\circ$

12

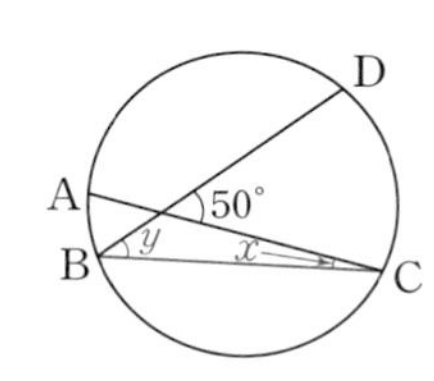

호 AB에 대한 원주각의 크기를 $\angle x$, 호 CD에 대한 원주각의 크기를 $\angle y$라 하면

$\angle x+\angle y=50^\circ$

이때 호 AB에 대한 중심각의 크기는 $2\angle x$, 호 CD에 대한 중심각의 크기는 $2\angle y$이므로

$\widehat{AB}+\widehat{CD}$의 길이는 다음과 같이 구할 수 있다.

$36\pi\times\frac{2\angle x+2\angle y}{360^\circ}=36\pi\times\frac{\angle x+\angle y}{180^\circ}$

$=36\pi\times\frac{50^\circ}{180^\circ}$

$=36\pi\times\frac{5}{18}=10\pi$

13

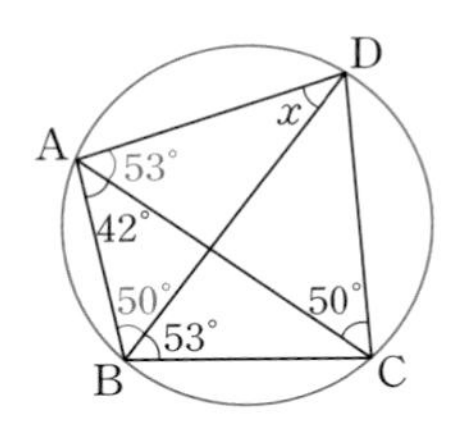

네 점이 한 원 위에 있기 위해서는

$\angle CAD=\angle CBD=53^\circ$(호 CD에 대한 원주각)

$\angle ABD=\angle ACD=50^\circ$(호 AD에 대한 원주각)

$\triangle ABD$에서

$\angle x=180^\circ-(53^\circ+42^\circ)-50^\circ=35^\circ$

14 네 점 A, B, C, D가 한 원 위에 있으므로

$\angle BAC=\angle BDC=64^\circ$

$\triangle CDE$에서 $\angle DCE+\angle DEC=\angle BDC$

$\angle DCE=64^\circ-45^\circ=19^\circ$

15 사각형 ABCD는 원에 내접하므로

$\angle ADC=180^\circ-\angle ABC$

$=180^\circ-102^\circ=78^\circ$

$\triangle ACD$에서

$\angle ACD=180^\circ-(61^\circ+78^\circ)=41^\circ$

16 사각형 ABCD는 원에 내접하므로

$\angle A+\angle C=180^\circ$

$\angle A:\angle C=7:13$이므로

$\angle A=180^\circ\times\frac{7}{7+13}=180^\circ\times\frac{7}{20}=63^\circ$

17 사각형 ABCD는 원에 내접하므로

$\angle PDC=180^\circ-\angle ADC=\angle ABC=82^\circ$

$\triangle PCD$에서 $\angle PCD=180^\circ-(20^\circ+82^\circ)=78^\circ$

18

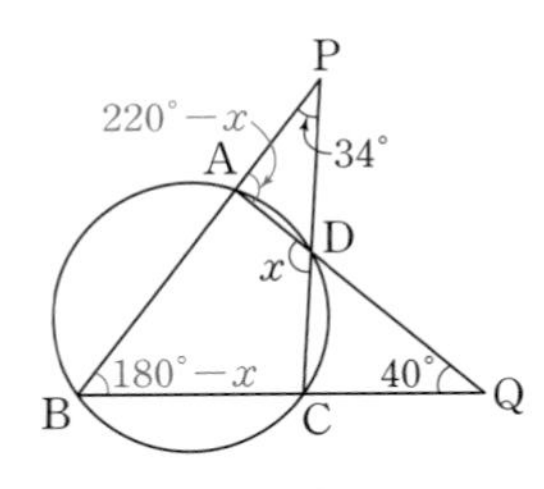

사각형 ABCD는 원에 내접하므로

$\angle B=180^\circ-\angle x$

$\triangle ABQ$에서

$\angle PAQ=(180^\circ-\angle x)+40^\circ=220^\circ-\angle x$

$\triangle PAD$에서

$\angle x=(220^\circ-\angle x)+34^\circ$

$2\angle x=254^\circ$, $\angle x=127^\circ$

19

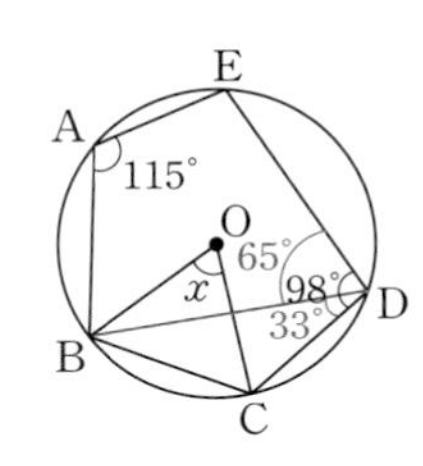

현 BD를 그으면

사각형 ABDE는 원에 내접하므로

$\angle BDE=180^\circ-115^\circ=65^\circ$

$\angle BDC=98^\circ-65^\circ=33^\circ$

$\angle BDC$는 호 BC에 대한 원주각이므로

$\angle x=2\times\angle BDC$

$=2\times33^\circ=66^\circ$

20

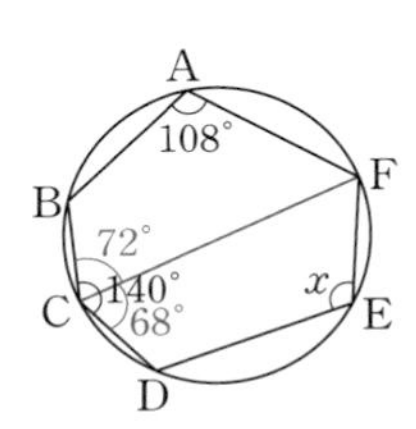

현 CF를 그으면

사각형 ABCF는 원에 내접하므로

$\angle BCF=180^\circ-108^\circ=72^\circ$

$\angle DCF=140^\circ-72^\circ=68^\circ$

사각형 CDEF는 원에 내접하므로

$\angle x=180^\circ-\angle DCF$

$=180^\circ-68^\circ=112^\circ$

21 원에 내접하는 사각형은 대각의 크기의 합이 180°인 사각형이므로 보기 중 정사각형, 직사각형, 등변사다리꼴이다.

22 접선과 현 AB가 이루는 각의 성질에 의해

$\angle ADB=\angle PAB=40^\circ$

$\triangle ABD$에서 $\angle BAD=180^\circ-(55^\circ+40^\circ)=85^\circ$

사각형 ABCD는 원에 내접하므로

$\angle BCD=180^\circ-\angle BAD$

$=180^\circ-85^\circ=95^\circ$

23

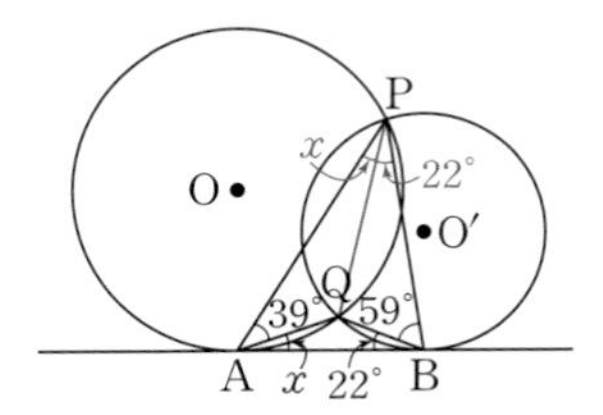

현 PQ를 그으면

접선과 현 AQ가 이루는 각의 성질에 의해

$\angle APQ = \angle BAQ = \angle x$

접선과 현 BQ가 이루는 각의 성질에 의해

$\angle BPQ = \angle ABQ = 22°$

$\triangle PAB$에서

$(\angle x + 22°) + (\angle x + 39°) + (22° + 59°) = 180°$

$2\angle x + 142° = 180°$, $2\angle x = 38°$

$\angle x = 19°$

24 $\triangle PAB$는 $\overline{PA} = \overline{PB}$인 이등변삼각형이므로

$\angle PBA = \frac{1}{2} \times (180° - 50°) = 65°$

접선과 현 AB가 이루는 각의 성질에 의해

$\angle ACB = \angle PBA = 65°$

$\widehat{AB} = \widehat{AC}$이므로 $\overline{AB} = \overline{AC}$이고

$\angle ABC = \angle ACB = 65°$

$\triangle ABC$에서 $\angle BAC = 180° - 2 \times 65° = 50°$

25 $\triangle DEF$에서 $\angle EDF = 180° - (50° + 68°) = 62°$

접선과 현 EF가 이루는 각의 성질에 의해

$\angle CEF = \angle CFE = \angle EDF = 62°$

$\triangle CEF$에서

$\angle x = 180° - 2 \times 62° = 180° - 124° = 56°$

26 접선과 현 AC가 이루는 각의 성질에 의해

$\angle PCA = \angle ADC = 116°$

$\triangle PAC$에서 $\angle P = 180° - (34° + 116°) = 30°$

27

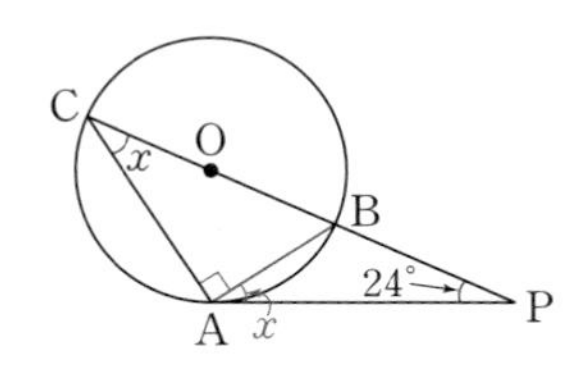

현 AB를 그으면

$\angle BAC = 90°$(반원에 대한 원주각)

또한 접선과 현 AB가 이루는 각의 성질에 의해

$\angle PAB = \angle ACB = \angle x$

$\triangle PAC$에서 $\angle x + (90° + \angle x) + 24° = 180°$

$2\angle x + 114° = 180°$, $2\angle x = 66°$

$\angle x = 33°$

28 접선과 현 BT, CT가 이루는 각의 성질에 의해

$x° = \angle BTQ = \angle CTQ = \angle CFT = 47°$

접선과 현 ET, DT가 이루는 각의 성질에 의해

$y° = \angle ETP = \angle DTQ = \angle DAT = 65°$

따라서 $x - y = 47 - 65 = -18$

29 두 정사각형의 한 변의 길이를 각각 a cm, b cm라 하면 $4a + 4b = 40$, $a + b = 10$

이때 두 정사각형의 한 변의 길이의 평균은

$\frac{a+b}{2} = \frac{10}{2} = 5$(cm)

30 세 수 a, b, c의 평균이 7이므로 $\frac{a+b+c}{3} = 7$

$a + b + c = 21$

다섯 개의 수 a, b, c, 4, 7의 평균을 구하면

$\frac{a+b+c+4+7}{5} = \frac{21+11}{5} = \frac{32}{5} = 6.4$

31 자료의 개수가 짝수 개일 때는 자료를 작은 값부터 크기순으로 나열한 후 한가운데 있는 두 값의 평균이 그 자료의 중앙값이다.

이때 그 값이 자료 안에 있는 값이기 위해서는 한가운데 있는 두 값이 같은 수여야 한다.

x를 제외하고 자료를 크기순으로 나열하면

2, 5, 7, 12, 13, 16, 17

따라서 중앙값이 자료 안에 있는 값이 되기 위해서는 $x = 12$

32 a, 2, 7의 중앙값이 a이기 위해서는 $2 \le a \le 7$

a, 5, 10의 중앙값이 5이기 위해서는 $a \le 5 < 10$

그러므로 $2 \le a \le 5$이고 a는 자연수이므로 a의 값이 될 수 있는 수는 2, 3, 4, 5이다.

따라서 이 수를 모두 더한 값은 14이다.

33 x, 7, 1, 10, 2, 5는 7, 1, 10, 2, 5가 모두 다르므로 x의 값이 최빈값이 된다.

그 값이 평균이므로

$\frac{x+7+1+10+2+5}{6} = x$

$x + 25 = 6x$

$5x = 25$, $x = 5$

34 주어진 자료를 x를 제외하고 크기순으로 나열하면 11, 13, 14, 14, 16, 18, 18, 19, 20이다.

이때 최빈값은 14뿐이므로 $x = 14$이다.

따라서 x를 포함한 10개의 자료를 크기순으로 나열하면 11, 13, 14, 14, 14, 16, 18, 18, 19, 20이고 이 중 다섯 번째 값과 여섯 번째 값의 평균을 구하면

$\frac{14+16}{2}=15$가 중앙값이다.

35 (평균)

$=\frac{3+4+5+6\times2+7\times3+8\times5+9\times7+10\times6}{26}$

$=\frac{208}{26}=8$(점)

중앙값은 크기순으로 나열했을 때 열세 번째 값과 열네 번째 값의 평균이므로 $\frac{8+9}{2}=8.5$(점)이다.

최빈값은 9점이다.

따라서 (평균)<(중앙값)<(최빈값)이다.

다른 풀이

중앙값은 크기순으로 나열했을 때 열세 번째 값과 열네 번째 값의 평균이므로 8.5점

최빈값은 9점

그래프가 오른쪽으로 치우친 모양이므로 평균은 크기가 상대적으로 작은 값의 영향을 받아 중앙값보다 작아진다.

따라서 (평균)<(중앙값)<(최빈값)이다.

36 ② 편차의 절댓값이 작을수록 평균에 가까이 있다.

37 편차의 총합은 0이므로

$x^2-5x+6=0$

$(x-2)(x-3)=0$

$x=2$ 또는 $x=3$

38 연속하는 다섯 개의 짝수를 $2n$, $2n+2$, $2n+4$, $2n+6$, $2n+8$(n은 자연수)이라 하면 평균은

$\frac{2n+(2n+2)+(2n+4)+(2n+6)+(2n+8)}{5}$

$=\frac{10n+20}{5}=2n+4$

편차는 각각 -4, -2, 0, 2, 4이고 분산은

$\frac{(-4)^2+(-2)^2+0^2+2^2+4^2}{5}=\frac{40}{5}=8$

39 편차의 총합은 0이므로 $2x-6=0$, $x=3$

따라서 주어진 자료의 편차는

2, 4, -5, -2, 1이고 분산은

$\frac{2^2+4^2+(-5)^2+(-2)^2+1^2}{5}=\frac{50}{5}=10$

이므로 표준편차는 $\sqrt{10}$이다.

40 $\frac{a+b+c}{3}=5$, $a+b+c=15$ ...... ㉠

$\frac{(a-5)^2+(b-5)^2+(c-5)^2}{3}=\frac{8}{3}$

$(a-5)^2+(b-5)^2+(c-5)^2=8$

$a^2+b^2+c^2-10(a+b+c)+3\times25=8$ ...... ㉡

㉠을 ㉡에 대입하면

$a^2+b^2+c^2-10\times15+75=8$

$a^2+b^2+c^2=83$

41 평점의 분포가 가장 고른 영화는 평점이 평균 주위에 가장 모여 있는 영화이므로 해당되는 그래프는 ⑤이다.

42 자료의 빈 칸을 채우면 다음과 같다.

자료	A	B	C	D	E
분산	0.01	1	$\frac{1}{25}$	12	10
표준편차	0.1	1	$\frac{1}{5}$	$2\sqrt{3}$	$\sqrt{10}$

이때 변량이 평균에서 가장 많이 흩어져 있는 자료는 분산 또는 표준편차가 가장 큰 자료이므로 자료 D이다.

43 발크기가 230 mm 이상 240 mm 미만인 학생이 속하는 영역을 색칠하면 다음과 같다.

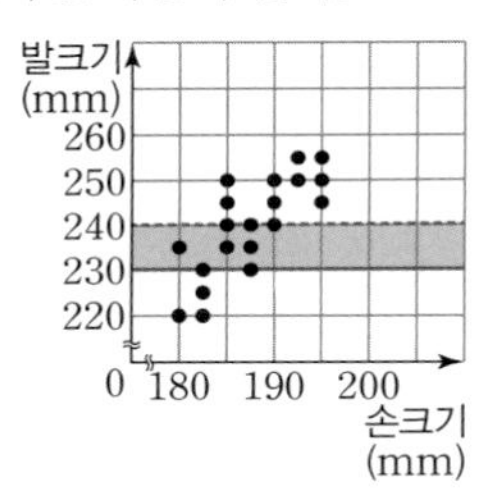

해당 영역에 속하는 점 개수는 5개이므로 발크기가 230 mm 이상 240 mm 미만인 학생 수는 5명이다.

44 말하기 수행평가보다 글쓰기 수행평가를 잘 본 학생이 속하는 영역을 색칠하면 다음과 같다.

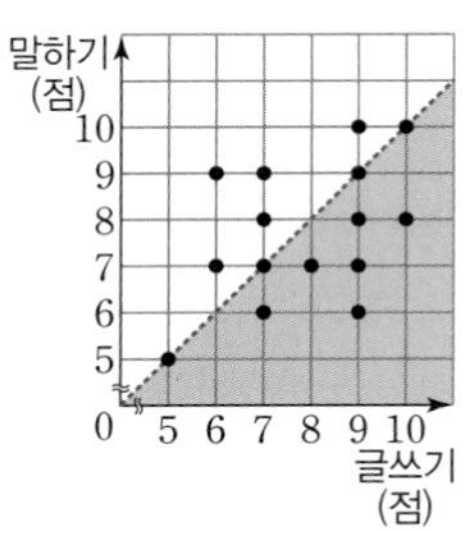

해당 영역에 속하는 점 개수는 6개이므로 말하기 수행평가보다 글쓰기 수행평가를 잘 본 학생은 6명이다.

이 6명의 글쓰기 수행평가 점수의 평균을 구하면

$\frac{7+8+9\times3+10}{6}=\frac{52}{6}=\frac{26}{3}$(점)

45 왼손과 오른손의 악력이 10 kg 이상 차이나는 학생이 속하는 영역을 색칠하면 다음과 같다.

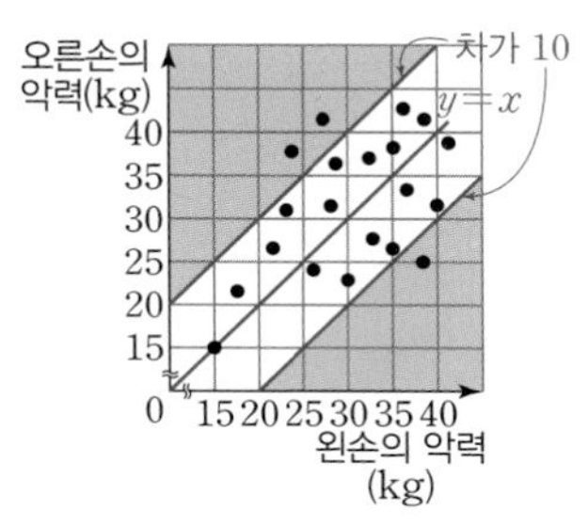

해당 영역에 속하는 점 개수는 3개이므로 왼손과 오른손의 악력이 10 kg 이상 차이나는 학생은 3명이고 그 비율은 $\frac{3}{20}\times100=15(\%)$

46 영어점수와 수학점수의 평균이 80점 이상이기 위해서는 영어점수와 수학점수의 합이 160점 이상이어야 한다.

해당 영역을 색칠하면 다음과 같다.

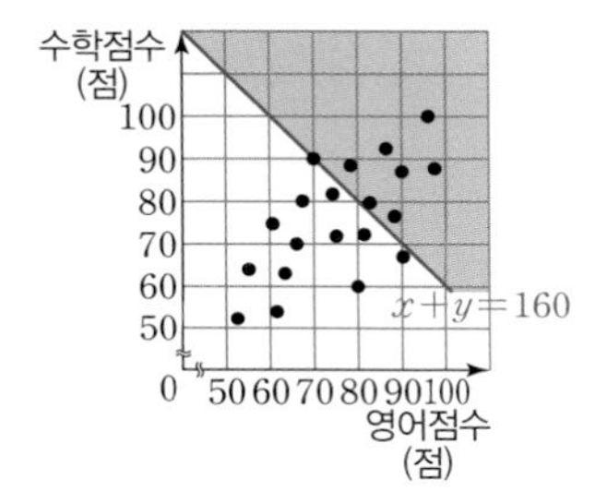

해당 영역에 속하는 점 개수는 8개이므로 영어점수와 수학점수의 평균이 80점 이상인 학생은 8명이다.

47 음의 상관관계: ①

양의 상관관계: ②, ③, ④, ⑤

48 산의 높이와 산꼭대기의 기온 사이에는 음의 상관관계가 있다.

따라서 산점도로 적절한 것은 ②이다.

양의 상관관계: ①

상관관계가 없다.: ③, ④, ⑤

49 ④ C가 D보다 저축을 많이 한다.

50 ㄱ. 산점도에서 대체로 음의 상관관계가 있으므로 홍역 예방접종률이 높아질수록 대체로 발생 건수는 감소한다. (참)

ㄴ. 홍역 예방접종률이 40 % 이하일 때 발생 건수는 800건 이상이고 60 % 이상일 때 발생 건수는 400건 미만이므로 발생 건수가 반 이상 줄어들었다. (참)

ㄷ. 발생 건수가 200건 미만인 해는 21년, 200건 이상인 해는 14년으로 발생 건수가 200건 미만인 해가 더 많다. (거짓)

따라서 옳은 것은 ㄱ, ㄴ이다.

MEMO

꿈을 키우는 인강

시험 대비와 실력향상을 동시에! 교과서별 맞춤 강의

EBS중학프리미엄

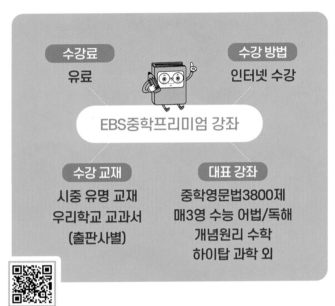